これから学ぶ
文科系の基礎数学
－小数・分数から微積分まで－

鑰山 徹 著
KAGIYAMA TORU

工学図書株式会社

まえがき

近年，学生達の「学力低下」が社会問題としてしばしば取り上げられています．著者も文系の大学でコンピュータ関連の講義・演習をおこなっていて，学生達の算数能力・数学能力の低下を実感しています．例えば，

$$0.1 \times 0.1 = 0.1 \quad (正しくは，0.1 \times 0.1 = 0.01),$$
$$x \times 0 = x \quad (正しくは，x \times 0 = 0)$$

といった計算間違いに出会う機会が増えています．中には，苦し紛れに，次のような勝手な計算方式を「考案？」する学生もいます．

$$\frac{90}{90+10} = \frac{90}{90} + \frac{90}{10} = 1 + 9 = 10 \qquad \left(正しくは \quad \frac{90}{100} = \frac{9}{10}\right)$$
$$\frac{90}{90+10} = \frac{\cancel{90}}{\cancel{90}+10} = \frac{1}{10}$$

文系の学生は数式に接する機会が少なく，計算の仕方を忘れてしまったということかも知れません．また，マークシート方式が広まったため計算過程をおろそかにする癖がついたということかも知れません．いずれにせよ，このような計算もできないようでは社会に出てから困ることになるでしょう．

世の中には，「今や，計算などは電卓やパソコンを用いればよい」と考える人もいるようです．確かに簡単な計算は電卓などで済ますことができます．しかし，その答が正しいかどうかが判断できないのであれば，そのような道具を使う意味はありません．電卓やパソコンの計算結果が正しいかどうかを判断するためには，やはり基礎的な計算能力を身につけておかなければならないのではないでしょうか．

まして，**経済学部・経営学部・商学部・情報学部などに所属する学生**は，計算と無縁ではいられません．実際，これらの学部では経営活動や経済的事象などを数式化して議論します．すなわち**数学**はこれらの学問を行うにあたって不可欠な**道具**です．そのため，数学を学習しておくことは，これらの学問を理解するための必要条件であるといえます．

本書は，そのような前提の上で書かれた**数学の復習書**です．文系の大学生や専門学校生を対象として考えていますが，理系の学生が再確認のために利用することもできるでしょう．

本書の内容の大半は小学校・中学校・高校で教えられているものであり，そのため，既知の事柄もたくさん見出せるはずです．だからといって軽視せず，「**キチンと復習する**」という積極的な姿勢で本書を活用してください．もっとも，「微分」や「積分」などは全く教わってこない学生もいるようですから，人によっては初めて接する事柄もあるかもしれません．いずれにせよ，**本書の内容は，大学で学問を学ぶにあたって理解しておくべき基本**です．本書の内容を十分に理解したかどうかが，その後の大学での学習に大きく影響することになるでしょう．

ところで，世の中には，数学の勉強といえば，「**意味もわからず公式を丸暗記**」という人がい

るようですが，そのような勉強は時間の無駄であり全く意味がありません．様々な概念を正確に理解し，数式の中でそれらを正しく使用できるようにすることが，数学における本当の勉強です．そのためには，それら概念に関する説明を丹念に読んだのち，

「演習問題を数多く解いてみる」

ことが必要です．間違ってもかまいません．どこで間違えたかをしっかり把握し次回から間違えないようにすることが真の理解につながるのです．そのためには，答だけを出そうとするのではなく，**計算の過程をしっかりノートに記述する必要**があります．とにかく，**間違いをおそれないこと**が大切です．

そこで，本書でも，なるべく問題を掲げるようにしました．「**例題**」で解き方を解説した後，「**問**」を設けています．各問は，例題の解き方にならって自分で解答してみてください．また，各章には章末に「**復習問題**」，「**発展問題**」を付けていますから，それらにもチャレンジしてみましょう．その際，計算過程をきちんと記述することを忘れないでください．

なお，文学や語学といった学問では，わからないところがあってもとりあえず先に進んでみることが推奨されます．しかし，数学のような学問では，わからないところがあった場合，先に進んでも意味はありません．わからないことをわからないまま先に進んでもさらにわからなくなるだけです．また，他人が一瞬で理解した1行の意味を理解するのに，何時間も，あるいは何日もかかるかも知れません．しかし，他人と時間競争をする必要はありません．人より時間がかかってもよいのです．**わからないことを自分のペースで一つずつクリアしながら先に進む姿勢**が大切なのです．これは，「地道な努力の積み重ね」に他なりません．

学生諸君が，本書を通じて，数学に対するコンプレックスをなくし，大学での学習に邁進できることを期待しています．

なお，本書を出版するにあたり充分に検討・推敲・校正をおこなったつもりですが，それでも誤謬等がないとは言い切れません．読者諸氏のご叱責をいただければ幸いです．

最後になりましたが，著者の原稿を丹念に読んでいただき，数々の有益なコメントをいただいた千葉経済大学教授の鈴木信夫氏，工学図書の川村悦三氏に，心から感謝いたします．

平成15年9月
著者しるす

目　次

第1章　数と四則演算 …………… 1
- 1.1　数の分類 ………… 1
- 1.2　最大公約数と最小公倍数 ……… 5
- 1.3　分数の計算 ………… 8
- 1.4　四則演算と算術式 ………… 12
- まとめ ………… 17
- 復習問題 ………… 18
- 発展問題 ………… 19

第2章　文字式の計算 …………… 20
- 2.1　文字式とは ………… 20
- 2.2　1次式の計算 ………… 23
- 2.3　単項式の乗除算 ………… 25
- 2.4　整式の加減算 ………… 28
- 2.5　整式の乗算 ………… 29
- まとめ ………… 32
- 復習問題 ………… 32
- 発展問題 ………… 33

第3章　因数分解 …………… 34
- 3.1　因数分解とは ………… 34
- 3.2　基本的な因数分解 ………… 34
- 3.3　整式の除算 ………… 41
- 3.4　因数定理の利用 ………… 42
- 3.5　整式の最大公約数と最小公倍数 ……… 44
- 3.6　分数式 ………… 44
- まとめ ………… 46
- 復習問題 ………… 46
- 発展問題 ………… 47

第4章　方程式 …………… 48
- 4.1　1次方程式 ………… 48
- 4.2　連立1次方程式 ………… 53
- 4.3　2次方程式 ………… 57
- まとめ ………… 61
- 復習問題 ………… 61
- 発展問題 ………… 62

第5章　関数とグラフ …………… 63
- 5.1　関数の基本 ………… 63
- 5.2　比例と反比例 ………… 65
- 5.3　1次関数 ………… 68
- 5.4　2次関数 ………… 72
- 5.5　その他の関数 ………… 78
- まとめ ………… 79
- 復習問題 ………… 79
- 発展問題 ………… 80

第6章　不等式 …………… 81
- 6.1　不等式の基本 ………… 81
- 6.2　関数の値の範囲 ………… 82
- 6.3　1次不等式 ………… 84
- 6.4　2次不等式 ………… 85
- 6.5　絶対値 ………… 88
- まとめ ………… 89
- 復習問題 ………… 90
- 発展問題 ………… 90

第7章　集合 …………… 91
- 7.1　集合の基礎 ………… 91
- 7.2　基本的な集合演算 ………… 93
- 7.3　集合の要素の個数 ………… 97
- まとめ ………… 98
- 復習問題 ………… 98
- 発展問題 ………… 99

第8章　数列と級数 …………… 100
- 8.1　数列と一般項 ………… 100
- 8.2　等差数列と等比数列 ………… 101
- 8.3　級数 ………… 103
- 8.4　その他の数列 ………… 106
- 8.5　数列の帰納的定義 ………… 108
- まとめ ………… 111
- 復習問題 ………… 111
- 発展問題 ………… 112

第9章　指数と対数 …………… 113
- 9.1　指数 ………… 113
- 9.2　対数 ………… 117
- 9.3　指数関数と対数関数 ………… 120
- まとめ ………… 122
- 復習問題 ………… 122
- 発展問題 ………… 123

第 10 章　極限 …………………… 124
10.1　数列の極限 …………………… 124
10.2　無限級数 …………………… 126
10.3　関数の極限 …………………… 128
　　まとめ …………………… 132
　　復習問題 …………………… 132
　　発展問題 …………………… 133

第 11 章　微分 …………………… 134
11.1　微分係数 …………………… 134
11.2　導関数 …………………… 135
11.3　微分の公式 …………………… 136
11.4　高次導関数 …………………… 141
　　まとめ …………………… 143
　　復習問題 …………………… 143
　　発展問題 …………………… 144

第 12 章　微分の応用 …………………… 145
12.1　接線 …………………… 145
12.2　関数の増減と極値 …………………… 146
12.3　関数の凹凸と変曲点 …………………… 150
12.4　方程式と不等式 …………………… 152
　　まとめ …………………… 153
　　復習問題 …………………… 153
　　発展問題 …………………… 154

第 13 章　積分 …………………… 155
13.1　不定積分 …………………… 155
13.2　定積分 …………………… 159
13.3　定積分と面積 …………………… 163
13.4　微積分の基本定理 …………………… 165
　　まとめ …………………… 166
　　復習問題 …………………… 166
　　発展問題 …………………… 167

補講　データの整理と分析 …………………… 168
補.1　統計とグラフ …………………… 168
補.2　度数分布表とヒストグラム …………………… 169
補.3　代表値 …………………… 171
補.4　データの散らばり …………………… 172
補.5　相関関係 …………………… 174
　　まとめ …………………… 176

問の解答 …………………… 177
まとめの解答 …………………… 196
復習問題の解答 …………………… 197
発展問題の解答 …………………… 204
参考文献 …………………… 214
索引 …………………… 215

第1章　数と四則演算

> 数と呼ばれるものにはいくつか種類がある．本章では，数の分類を再整理し，それらの持つ性質を学習する．また，演算の種類・演算順位を理解する．これらは，数学の基本として重要である．

1.1　数の分類

A）自然数

原始において，仕留めた獲物の数や集めてきた木の実の数などを知ることは，当時の経済活動の基本であった．これらは対象を「数える」ことで達成できる．この，モノを数えるときに用いる数

$$1, 2, 3, 4, \cdots$$

を**自然数**という．自然数は最も早く発見（発明？）された数であり，数学だけでなく，経済活動においても最も基本となる数である．この自然数は無数に存在する．

【注】我々は（自然）数を表すのに一般に10進数を用いる．その理由は定かではないが，我々人間の手の指が合わせて10本あることから来ているとの説もある．なお，コンピュータの世界では2進数，遺伝子の世界では4進数が基本である．

【注】後に，インドで0が発見される．これはその後の数学を飛躍的に発展させる貴重な発見であった．そのため，この0を含めて

$$0, 1, 2, 3, \cdots$$

を自然数として定義している書物もある．

ただし，本書では0は自然数には含めない．

10進数で表された自然数を日本語で表現する場合，一($=1$)，十($=10$)，百($=100$)，千($=1000$) ののちは，万($=1,0000$)，億($=1,0000,0000$)，兆($=1,0000,0000,0000$)，…と4桁毎に新たな単位を用いる（表1.1参照）．

表 1.1

一	$=1=10^0$	万	$=10000=10^4$
十	$=10=10^1$	億	$=10^8$
百	$=100=10^2$	兆	$=10^{12}$
千	$=1000=10^3$	京（ケイ）	$=10^{16}$

もっとも，英語では，thousand ($=1000$) のあとは，million ($=1,000,000=$ 百万)，billion ($=1,000,000,000=$ 十億)，trillion ($=1,000,000,000,000=$ 一兆)，…と3桁毎に新たな単位を用いている．そのため，事務処理上，多桁の数を表す場合，日本でも3桁区切り（3桁毎にコンマで区切る）が慣習となっている．

B) 整数

その後,「増えた」,「減った」という変化する量を表す必要性が出てきた.そこで登場するのが**整数**である.整数は,自然数に**正負**という**符号**,すなわち＋(プラス)と－(マイナス)の概念を付け加えて得られた数である.

負の整数は数の前に負の符号(マイナス)を付けて表す.正の整数は自然数そのものであり,正の符号(プラス)は省略するのが普通である.すなわち,符号を持たない数は正の数と考える.

【注】 整数全体を順番に並べると,
$$\cdots, -3, -2, -1, 0, 1, 2, 3, 4, \cdots$$
となるように,整数には最大値も最小値も存在しない.

ところで,負数を用いた表現には注意が必要である.例えば,「500円儲けた」という正の数による表現では文字通り「儲けた」ことになるが,一方,「－500円儲けた」という表現は実は「500円損した」という反対の意味になる.

このように負数を用いた表現が反対の意味を持つという点は,あとで述べる「有理数」,「実数」にも当てはまる.

例題 1.1

太郎の身長は170cmである.次郎は太郎より－5cm高い.このとき,次郎の身長を求めなさい.

[解説] 「－5cm高い」という表現は,「5cm低い」と同じである.

[解答] 165cm(＝170－5)

問 1.1 花子の貯金額は4000円である.秋子の貯金額は花子の貯金額より－300円多い.このとき,秋子の貯金額を求めなさい.

C) 有理数

「3個のパンを4人で均等に分けたい.」

といった問題になると,整数の範囲では解くことができない.そこで登場するのが**有理数**である.有理数は,分母・分子に整数を用いた分数形式 $\frac{b}{a}$ で表現できる数である(aを**分母**, bを**分子**という.ただし,分母aとしては原則として自然数を用いる).

例えば,上の問題の場合,有理数を用いると解くことができる.実際,各人が $\frac{3}{4}$ 個のパンを受け取ればよい.

有理数にも正の数と負の数がある.また,分母が1である有理数は整数にほかならない.したがって,有理数という概念は整数をすべて含んでおり,整数を拡張した概念であるといえる.

有理数はすべて分数形式で表現できるので,割り算(分子÷分母)を実行することにより小数で表すこともできる.小数表現した場合,有限小数になる有理数もあれば,無限小数になる有理数もある.以下では,**真分数**すなわち,分子の方が分母より小さい正の分数のみを扱う.

<有限小数の例> $\dfrac{4}{5} = 4 \div 5 = 0.8$

<無限小数の例> $\dfrac{2}{11} = 2 \div 11 = 0.181818\cdots$

　実は，有理数の場合，無限小数とはいっても，必ず，いくつかの数字列が何度も繰り返される形式となる．これを**循環小数**という．上の例でいえば，18 が繰り返し現れている．循環小数は，繰り返される数字列のみを用いて端的に表すことができる．ただし，数字列の両端にある数字の上にドットを付ける．例えば，

$$\dfrac{2}{3} = 0.6666\cdots = 0.\dot{6}, \quad \dfrac{2}{11} = 0.181818\cdots = 0.\dot{1}\dot{8}, \quad \dfrac{23}{111} = 0.207207\cdots = 0.\dot{2}0\dot{7}$$

などとする．

例題 1.2

次の有理数を小数表現しなさい．

1) $\dfrac{3}{8}$ 　　2) $\dfrac{1}{7}$ 　　3) $\dfrac{5}{37}$

[解説]　分子を分母で割ればよい．

[解答]　1) $3 \div 8 = 0.375$ 　　2) $1 \div 7 = 0.\dot{1}4285\dot{7}$ 　　3) $5 \div 37 = 0.\dot{1}3\dot{5}$

問 1.2　次の有理数を小数表現しなさい．

1) $\dfrac{5}{8}$ 　　2) $\dfrac{3}{11}$ 　　3) $\dfrac{2}{7}$ 　　4) $\dfrac{12}{37}$

　逆に，有限小数や循環小数は有理数なので，整数を用いた分数形式で表すことができる．その方法は以下のとおりである．

<有限小数の場合>

　　例えば，$0.23 = \dfrac{23}{100}$ である．

　一般には，小数点以下の桁数を n 桁とするとき，小数点以下の部分を分子とし，10^n（10 の n 乗）を分母とする分数を記述すればよい．

<循環小数の場合>

　　例えば，$0.\dot{2}\dot{3} = \dfrac{23}{100-1} = \dfrac{23}{99}$ である．

　一般には，循環部分の数字列の桁数を n 桁とすると，その数字列を分子とし，$10^n - 1$ を分母とする分数を記述すればよい．

　ただし，いずれの場合も約分（後述）が必要かもしれない．また，小数点以下の桁の一部が循環する場合（例えば，$0.10454545\cdots = 0.10\dot{4}\dot{5}$ などの場合）は，少し工夫が必要となる．

例題 1.3

次の有理数を分数表現しなさい．

1) 0.13 　　　　　　2) $0.\dot{8}$

[解説] 1)は有限小数であり，また小数点以下は2桁であるから，分子を13，分母を10^2すなわち100とする分数である．2)は循環小数であり，循環部分は1桁なので，分子を8，分母を10^1-1すなわち9とする分数である．

[解答] 1) $\dfrac{13}{100}$ 2) $\dfrac{8}{10-1} = \dfrac{8}{9}$

【注】 前問の2)でなぜ分母が9となるかを以下に簡単に説明しておく．

与えられた数値をxとすると，

$x = 0.888888888\cdots$ ①

これを10倍すると，

$10x = 8.8888888\cdots$ ②

そこで，②から①を引くと，小数部分はなくなり $9x = 8$

したがって，$x = \dfrac{8}{9}$.

【注】 上の方法を用いると，循環部分が2桁ならば100倍，3桁ならば1000倍すれば分数表現できる．また，小数点以下の桁の一部が循環する場合でも分数にすることができる．

【注】 9が連続する循環小数は実は有限小数と等しい．例えば，$0.9999\cdots = 0.\dot{9} = \dfrac{9}{10-1} = \dfrac{9}{9} = 1$

となる．

問 1.3 次の有理数を分数表現しなさい．

1) 0.499   2) $0.1\dot{3}$ 3) $0.1\dot{4}\dot{3}$

D) 実数

経営活動・経済活動で用いられる数としては，自然数，整数，有理数のいずれかであることが多い．すなわち，有理数までの範囲で大半は解決できる．しかし，実際には，有理数までの範囲で解けない問題もないわけではない．例えば，

「面積が200m²（平方メートル）のほぼ正方形をした土地の1辺の長さを求める．」

といった問題が考えられる（この答は有理数ではない）．

そこで，有理数の概念をさらに拡張し，**実数**の概念が得られた．

実数は有理数と無理数からなる．**無理数**とは有理数以外の実数である．例えば，$\sqrt{2}$ や $\sqrt{3}$，円周率のπ（パイと読む）などは無理数である．ちなみに，上の問題の答は，$10\sqrt{2}$ m（メートル）である．

無理数は有理数ではないので，整数を用いた分数形式では表現できない．また，無理数を小数表現すると無限小数となるが，循環小数のような規則性はない．

＜例＞

$\sqrt{2} = 1.41421356\cdots, \qquad \pi = 3.14159265\cdots$

【注】 さらに，数学では複素数と呼ばれる数を扱うこともある．ただし，本書では複素数は扱わない．

実数は，直線上の各点に対応させることができる．実数の各値と対応させた直線を**数直線**という．数直線上，0に対応する点を**原点**という．原点より右が正の実数を表し，原点より左が負

の実数を表す．

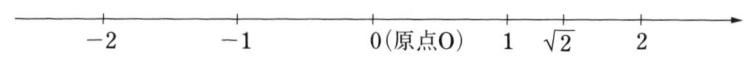

図 1.1　数直線

以上に述べた数の分類を整理すると，図 1.2 のようになる．

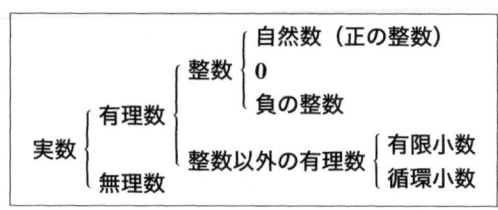

図 1.2　数の分類

1.2　最大公約数と最小公倍数

A）約数と倍数

自然数を自然数で割る際，次の 2 通りがある．

- 小数点以下まで答を求める場合
- 自然数の商と余りを求める場合

例えば，6 を 4 で割った場合，有理数として答を求めると 1.5 であるが，自然数の範囲で答えると，商が 1，余りが 2 となる．

この節では，後者に限定して話を進める．

小学校では「自然数 m を自然数 n で割ったとき，商が Q，余りが R となること」を，

$$m \div n = Q \cdots R$$

と記述した．これは，

$$m = n \times Q + R$$

という意味である．

ここで，余り R が 0 となる場合が特に重要である．余り R が 0 のとき，すなわち $m = n \times Q$ のとき，m は n で**割り切れる**という．また，そのとき，

n は m の**約数**，

m は n の**倍数**

という．例えば，12 は 3 で割り切れるので，3 は 12 の約数であり，12 は 3 の倍数である．

各自然数の約数は有限個しかないが，一方，倍数は無数に存在する（自然数倍したものはすべて倍数である）．

<例>

6 の約数　→　1, 2, 3, 6 の 4 個のみ

6 の倍数　→　6, 12, 18, 24, ⋯

6　第1章　数と四則演算

---**例題 1.4**---

次の自然数の約数をすべて列挙しなさい．

　　1)　18　　　　　　　　　　2)　25

[解説]　自然数 n の約数をすべて求めるには，1 以上 n 以下の自然数で割って余りが 0 になるかどうかを調べればよい．

[解答]　1)　1, 2, 3, 6, 9, 18　　　　2)　1, 5, 25

問 1.4　次の自然数の約数をすべて列挙しなさい．

　　1)　13　　　　2)　30　　　　3)　100

【注】　2 の倍数を**偶数**，そうでない自然数を**奇数**という．

【注】　約数・倍数の概念は，整数にも拡張できる．例えば，
$$-6 = (-3) \times 2$$
なので，-6 は 2 の倍数であり，2 は -6 の約数である．

また，0 は偶数である．

以上の例から明らかなように，1 とそれ自身はその自然数の約数である．普通は，それ以外にも約数が存在することが多い．ところで，1 とそれ自身しか約数をもたない自然数も存在する．このような自然数を**素数**という．以下にいくつか素数を上げておこう．

　　2, 3, 5, 7, 11, 13, 17, 19, 23, …

【注】　1 は素数ではない．
【注】　2 以外の素数はすべて奇数である．
【注】　素数は無数に存在する．

B）素因数分解

1 と素数以外の自然数は，素数の積に分解することができる．これを**素因数分解**といい，その積を構成する素数をその自然数の**素因数**という．例えば，
$$12 = 2 \times 2 \times 3 = 2^2 \times 3$$
である．

---**例題 1.5**---

次の自然数を素因数分解しなさい．

　　1)　18　　　　　　　　　　2)　100

[解説]　自然数を素因数に分解したいときは，以下のように，小さな素数から始めて，1 が得られるまで，割り切れる素数で割っていけばよい．

```
2) 18          2) 100
3)  9          2)  50
3)  3          5)  25
    1          5)   5
                    1
```

[解答]　1)　$18 = 2 \times 3^2$　　　　2)　$100 = 2^2 \times 5^2$

問 1.5 次の自然数を素因数分解しなさい．

  1) 15   2) 48   3) 120   4) 1000

C) 公約数と最大公約数

2つの自然数 m と n の約数の中には共通するものが必ず存在する．この「共通の約数」のことを**公約数**という．公約数の中で最大のものを**最大公約数**という．また，2つの自然数 m と n の最大公約数が1となるとき，m と n は**互いに素**であるという．

【注】 最大公約数は分数の約分（後述）で必要となる．

＜例＞

　　　　12の約数　⋯　1, 2, 3, 4, 6, 12
　　　　18の約数　⋯　1, 2, 3, 6, 9, 18

であるから，12と18の公約数は1, 2, 3, 6であり，最大公約数は6である．

最大公約数は，以下の例題で示すように，素因数分解と同じ要領で簡単に計算することができる．

例題 1.6

次の自然数の最大公約数を求めなさい．

　　　 54 と 90

[解説] 最大公約数を求めるには，右図のように，1以外の小さな公約数から始めて，互いに素となるまで割っていけばよい．この計算で得られる共通の素因数の積が最大公約数である．

```
2) 54  90
3) 27  45
3)  9  15
    3   5
```

[解答] 最大公約数 $= 2 \times 3 \times 3 = 18$

問 1.6 次の自然数の最大公約数を求めなさい．

  1) 48 と 120   2) 60 と 90

D) 公倍数と最小公倍数

2つの自然数 m と n の倍数の中には共通するものが必ず存在する．この「共通の倍数」のことを**公倍数**という．公倍数の中で最小のものを**最小公倍数**という．

m と n の最大公約数を d とすると，
$$m = d \times m'$$
$$n = d \times n'$$
と表される．そのとき，m と n の最小公倍数は
$$d \times m' \times n'$$
である．

【注】 m と n が互いに素のとき，$d = 1$ であるから，その最小公倍数は両者の積 mn となる．

【注】 最小公倍数は分数の通分（後述）で必要となる．

＜例＞

8　第1章　数と四則演算

　　　　12 の倍数は　12, 24, 36, 48, 60, 72, …
　　　　18 の倍数は　18, 36, 54, 72, …

であるから，12 と 18 の公倍数は 36, 72, … であり，最小公倍数は 36 である．

例題 1.7

次の自然数の最小公倍数を求めなさい．
　　　54　と　90

[解説]　最小公倍数は，例題 1.6 の方法で最大公約数を求めたのち，最大公約数と残った値との積を取ればよい．

[解答]　最小公倍数 $= 2 \times 3 \times 3 \times 3 \times 5 = 270$

```
2) 54  90
3) 27  45
3)  9  15
    3   5
```

問 1.7　次の自然数の最小公倍数を求めなさい．

　1)　48　と　120　　　　　　2)　60　と　90

1.3　分数の計算

A）仮分数と帯分数

正の分数 $\dfrac{b}{a}$ において，分子 b が分母 a より大きい場合，**仮分数**という．仮分数は整数部分と 1 未満の小数部分に分けることができる．実際，b を a で割ったときの商を Q，余りを R とする（$b = Q \times a + R$）と，

$$\frac{b}{a} = \frac{Q \times a + R}{a} = Q + \frac{R}{a}$$

となるので，Q が整数部分であり，$\dfrac{R}{a}$ が 1 未満の小数部分である．例えば，$\dfrac{5}{3}$ は $1 + \dfrac{2}{3}$ である．これを $1\dfrac{2}{3}$ と表す．このように，整数部分と小数部分とを分けた分数表現を**帯分数**という．

負の分数も帯分数表現することができる．例えば，

$$-\frac{7}{3} = -\frac{2 \times 3 + 1}{3} = -\left(2 + \frac{1}{3}\right) = -2\frac{1}{3}$$

となる．

もっとも，計算の過程では，仮分数を用いるのが普通である．

例題 1.8

仮分数は帯分数に，帯分数は仮分数に変換しなさい．

　1)　$\dfrac{19}{2}$　　　　　　2)　$4\dfrac{2}{3}$

[解説]　仮分数を帯分数に変換するには分母で割り算を行う．帯分数を仮分数に変換するには整数部分に分母を掛けたものを分子に加える．

[解答]　1)　$\dfrac{19}{2} = \dfrac{9 \times 2 + 1}{2} = 9\dfrac{1}{2}$　　　　2)　$4\dfrac{2}{3} = \dfrac{4 \times 3 + 2}{3} = \dfrac{14}{3}$

問 1.8 仮分数は帯分数に，帯分数は仮分数に変換しなさい．

1) $\dfrac{49}{5}$ 2) $6\dfrac{4}{7}$

B) 約分

分数で表した有理数の場合，同じ値でも異なる記述形式が多数存在する．例えば，

$$\dfrac{1}{2} = \dfrac{2}{4} = \dfrac{3}{6} = \cdots$$

である．しかし，計算の過程で，

$$\dfrac{2}{4} \text{ や } \dfrac{3}{6}$$

という形式になったとしても，これらを最終的な結果とすることはない．分母と分子が互いに素である分数を**既約分数**という．有理数は既約分数として表すのが普通である．

既約でない分数を既約分数にすることを**約分**という．約分するには，分母，分子の最大公約数で両者を割ればよい．

例題 1.9

次の分数を約分しなさい．

1) $\dfrac{8}{12}$ 2) $\dfrac{54}{90}$

[解説] 1) 分子 8 と分母 12 の最大公約数は 4 である．したがって，両者を 4 で割ると既約分数が得られる．2) 分子 54 と分母 90 の最大公約数は 18 なので両者を 18 で割ればよい．

```
1) 2) 8 12      2) 2) 54 90
   2) 4  6         3) 27 45
      2  3         3)  9 15
                       3  5
```

[解答] 1) $\dfrac{8}{12} = \dfrac{4\times 2}{4\times 3} = \dfrac{2}{3}$ 2) $\dfrac{54}{90} = \dfrac{18\times 3}{18\times 5} = \dfrac{3}{5}$

問 1.9 次の分数を約分しなさい．

1) $\dfrac{3}{24}$ 2) $\dfrac{30}{75}$ 3) $\dfrac{48}{120}$ 4) $\dfrac{420}{630}$

C) 通分

ここでは，分数同士の足し算（引き算）を扱う．分数同士の足し算として，右のような計算を見かけることがあるが，これは間違った計算である．

＜誤った計算例＞

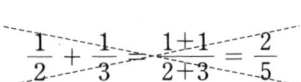

分母の値が異なる既約分数同士の足し算（または引き算）は，そのままでは計算できない．分母の値をそろえる必要がある．これを**通分**という．例えば，上の例の場合，正しい計算は次のとおりである．

$$\frac{1}{2} + \frac{1}{3} = \frac{3}{6} + \frac{2}{6} = \frac{3+2}{6} = \frac{5}{6}$$

通分するには，2つの分母の最小公倍数を用いる．例えば，

$$\frac{a}{m} + \frac{b}{n}$$

という計算を考えよう．今，2つの分母 m と n の最大公約数を d とし，

$$m = d \times m'$$
$$n = d \times n'$$

とすると，既に述べたように，両者の最小公倍数は

$$d \times m' \times n'$$

である．そこで，分母として，この最小公倍数を用いるのである．すなわち，

$$\frac{a}{m} + \frac{b}{n} = \frac{a}{d \times m'} + \frac{b}{d \times n'}$$
$$= \frac{a \times n'}{d \times m' \times n'} + \frac{b \times m'}{d \times m' \times n'}$$
$$= \frac{a \times n' + b \times m'}{d \times m' \times n'}$$

とする．

― 例題 1.10 ―

次の計算をしなさい．

1) $\frac{1}{2} + \frac{2}{3}$　　　　2) $\frac{1}{6} - \frac{3}{4}$

[解説]　1)　分母2と3の最小公倍数は6であるから，分母を6に統一する．2)　分母6と4の最小公倍数は12である．

[解答]　1) $\frac{1}{2} + \frac{2}{3} = \frac{3}{6} + \frac{4}{6} = \frac{3+4}{6} = \frac{7}{6}$　　　2) $\frac{1}{6} - \frac{3}{4} = \frac{2}{12} - \frac{9}{12} = \frac{2-9}{12} = -\frac{7}{12}$

問 1.10　次の計算をしなさい．

1) $\frac{1}{2} + \frac{1}{4}$　　　　2) $\frac{3}{4} - \frac{5}{6}$　　　　3) $\frac{5}{12} + \frac{7}{18}$　　　　4) $\frac{7}{5} - \frac{5}{12}$

D) 分数同士の掛け算

分数同士の掛け算は，足し算・引き算より簡単である．帯分数があれば仮分数に変換した後，分母同士，分子同士を掛ければよい．ただし，その結果既約分数ではなくなる可能性があり，その場合約分が必要となる．もっとも，掛け算を行う前に，分母・分子の共通の素因数を見つけ約分をする方法もある．その方が計算は簡単になる．

― 例題 1.11 ―

$\frac{8}{15} \times \frac{5}{12}$ を計算しなさい．

[解説]　分子8と分母12の最大公約数は4であり，$8 = 4 \times 2$, $12 = 4 \times 3$ である．また，分母15

と分子 5 の最大公約数は 5 であり，$15 = 5 \times 3, 5 = 5 \times 1$ である．これらを用いて約分を行ったのち掛け算を行うとよい．

[解答]
$$\frac{\overset{2}{\cancel{8}}}{\underset{3}{\cancel{15}}} \times \frac{\overset{1}{\cancel{5}}}{\underset{3}{\cancel{12}}} = \frac{2}{3} \times \frac{1}{3} = \frac{2 \times 1}{3 \times 3} = \frac{2}{9}$$

問 1.11 次の計算をしなさい．

1) $\dfrac{1}{6} \times \dfrac{9}{2}$ 2) $\dfrac{7}{54} \times \dfrac{27}{28}$

E) 分数同士の割り算

0 でない実数 x に対し，掛けて 1 となる数 $\dfrac{1}{x}$ を x の**逆数**という（$x \times \dfrac{1}{x} = 1$）．分数 $\dfrac{n}{m}$ の場合，その逆数は分母と分子を入れ替えた $\dfrac{m}{n}$ である．実際，

$$\frac{n}{m} \times \frac{m}{n} = \frac{n \times m}{m \times n} = 1$$

となる．また，整数 n の逆数は $\dfrac{1}{n}$ であり，$\dfrac{1}{n}$ の逆数は n である．例えば，$\dfrac{3}{2}$ の逆数は $\dfrac{2}{3}$ であり，整数 5 の逆数は $\dfrac{1}{5}$ である．

分数 $\dfrac{n}{m}$ による割り算は，その逆数 $\dfrac{m}{n}$ を掛けたものに等しい．実際，

$$p \div q = \frac{p}{q} = \frac{p \times 1}{q} = p \times \frac{1}{q}$$

であり，

$$\frac{b}{a} \div \frac{n}{m} = \frac{\left(\frac{b}{a}\right)}{\left(\frac{n}{m}\right)} = \frac{\left(\frac{b}{a}\right) \times m}{\left(\frac{n}{m}\right) \times m} = \frac{\left(\frac{b}{a}\right) \times m}{n} = \left(\frac{b}{a} \times m\right) \times \frac{1}{n} = \frac{b}{a} \times \frac{m}{n}$$

となる．

例題 1.12

次の計算をしなさい．

1) $\dfrac{1}{2} \div \dfrac{2}{3}$ 2) $\dfrac{1}{6} \div \dfrac{3}{4}$

[解説] 1) では $\dfrac{2}{3}$ で割るかわりにその逆数 $\dfrac{3}{2}$ を掛ければよい．2) では $\dfrac{3}{4}$ で割るかわりにその逆数 $\dfrac{4}{3}$ を掛ければよいが，途中で約分が必要である．

[解答] 1) $\dfrac{1}{2} \div \dfrac{2}{3} = \dfrac{1}{2} \times \dfrac{3}{2} = \dfrac{1 \times 3}{2 \times 2} = \dfrac{3}{4}$ 2) $\dfrac{1}{6} \div \dfrac{3}{4} = \dfrac{1}{6} \times \dfrac{4}{3} = \dfrac{1}{3} \times \dfrac{2}{3} = \dfrac{1 \times 2}{3 \times 3} = \dfrac{2}{9}$

問 1.12 次の計算をしなさい．

1) $\dfrac{4}{3} \div \dfrac{1}{4}$ 2) $\dfrac{5}{12} \div \dfrac{7}{18}$

1.4 四則演算と算術式

A）演算の種類と優先順位

これまで，演算子については説明なしに使用してきた．ここで，整理しておこう．

数の演算に用いる演算子としては，表 1.2 に示す 4 種類がある．これらを**四則演算**という．

表 1.2 演算子

演算子	意味
＋	足し算（加算）
－	引き算（減算）
×	掛け算（乗算）
÷または／	割り算（除算）

足し算と掛け算では，左右の数を入れ替えても値は変わらない．すなわち，

$$x+y=y+x$$
$$x \times y = y \times x$$

である．この性質を**「交換法則」**という．一方，引き算，割り算は交換可能ではないので，左右を勝手に入れ替えてはいけない．すなわち，

$$x-y \neq y-x$$
$$x \div y \neq y \div x$$

である．また，

正数×負数の値は負数，

負数×負数の値は正数

となる．特に，$(-1) \times (-1) = 1$ である．

B）演算の優先順位

算術式は，これらの演算子と数を組み合わせて記述する．算術式の中には複数の演算子を記述できる．その際，演算の順番が問題となる．一般に，**加減算より乗除算の方が優先順位が高い**．すなわち，加減算と乗除算が混在している算術式では，乗除算を先に行う．ただし，括弧がある場合には，括弧内の計算が先に行われる．

例えば，$x+y \times z$ という算術式では，掛け算 $y \times z$ を先に行い，そのあとで x を加える．一方，$(x+y) \times z$ という算術式では，括弧が用いられているので，括弧の中の $x+y$ を先に計算し，そのあと z を掛ける．

C）0 の性質

0 という数は特殊な性質を持っているので，0 を用いた演算には注意が必要である．以下に，いくつか注意点を示しておく．

> a) **0 を足しても値は変わらない** $(x+0=x)$.
> b) **0 をひいても値は変わらない** $(x-0=x)$.
> c) **0 を掛けると 0 になる** $(x\times 0=0)$.
> d) **0 で割り算をしてはいけない** $(x\div 0=$ 不可$)$.

特に，d) は重要である．0 で割り算をしてはいけない理由は第 10 章「極限」で述べる．なお，数学では形式上 $0\div 0$ となる場合がある．これは「極限」やその応用としての「微分」などで用いるもので，その詳細は後述する．

D) 分配法則

x, y, z を任意の実数とするとき，以下に示す等式が成立する．

> d1) $(x+y)\times z = x\times z + y\times z$ すなわち $(x+y)z = xz + yz$
> d2) $(x-y)\times z = x\times z - y\times z$ すなわち $(x-y)z = xz - yz$
> d3) $(x+y)\div z = x\div z + y\div z$ すなわち $\dfrac{x+y}{z} = \dfrac{x}{z} + \dfrac{y}{z}$
> d4) $(x-y)\div z = x\div z - y\div z$ すなわち $\dfrac{x-y}{z} = \dfrac{x}{z} - \dfrac{y}{z}$

【注】 文字式では掛け算記号 × を省略できる．これについては，第 2 章で説明する．

これらを**分配法則**という．分配法則を用いると計算が簡単になる場合がある．

例題 1.13

分配法則を用いて，次の計算をしなさい．
 1) $34\times 42 + 66\times 42$ 2) $65\div 3 - 35\div 3$

[解説] 1) では掛け算が 2 つあるが，どちらも 42 を掛けているので，d1) を用いてまとめることができる．2) では 3 による割り算が 2 つあるので d4) を用いる．

[解答] 1) 与式 $=(34+66)\times 42 = 100\times 42 = 4200$

 2) 与式 $=(65-35)\div 3 = 30\div 3 = 10$

問 1.13 分配法則を用いて次の計算をしなさい．
 1) $72\times 23 - 22\times 23$ 2) $40\div 3 + 23\div 3$

E) 小数の演算

最近では，電卓が普及したせいか，小学校では小数演算をあまり熱心には教えていないようである．確かに，実社会の中で，手計算で小数演算を行うことはあまりない．しかし，その基本的な考え方を理解しておかないと，電卓の答が正しいかどうかすら判断できないことになる．そこで，以下に小数演算の考え方を一通り説明しておく．

E1) 小数の加減算

小数同士の加減算では，小数点を揃えてから行う必要がある．これは整数と小数との加減算でも同じである．整数は最右端に小数点があると考える．

例題 1.14

$3.1415 + 18.37$ を計算しなさい．

[解説]　小数点を揃え，以下のように筆算の形式にすると計算しやすい．

```
   3.1415
+) 18.37
  21.5115
```

[解答]　21.5115

問 1.14　次の計算をしなさい．

1) $1.05 + 0.965$　　　2) $101.414 - 1.732$

E2) 小数の乗算

小数同士の掛け算では小数点を揃える必要はない．とりあえず，小数点を無視して整数同士の掛け算を行い，その結果に対し小数点を付ければよい．例えば，

$$1.2 \times 0.6 = 0.72$$

である．1.2 も 0.6 も共に小数点以下が 1 桁なので，結果は小数点以下 2（＝1+1）桁となる．

一般に，小数同士の掛け算の結果における小数点の位置は，次のように小数点以下の桁数を考えて決定する．

> 小数点以下 m 桁の小数と小数点以下 n 桁の小数との掛け算結果は，小数点以下 $m+n$ 桁となる．

例題 1.15

3.14×2.1 を計算しなさい．

[解説]　とりあえず，314×21 という整数の掛け算を行う．その後，小数点を付ければよい．小数点以下は $2+1=3$ 桁である．

```
    3.14
×)   2.1
    314
   628
   6.594
```

[解答]　6.594

問 1.15　次の計算をしなさい．

1) 0.1×0.1　　　2) 14.14×17.32

E3) 小数の除算

小数同士の割り算では，割る数が整数となるように，割る数と割られる数の小数点位置をずらし，整数の割り算を行う．例えば，割る数が小数点以下2桁の場合，小数点の位置を2桁ずらして整数にする．

例題 1.16

$3.14 \div 2.1$ を計算しなさい.

[解説] 割る数 2.1 の小数点以下は 1 桁なので, 割る数 2.1 と割られる数 3.14 の小数点位置を 1 桁ずらし (共に 10 倍し),

$$31.4 \div 21$$

を計算する. なお, この結果は無限小数となるので, 適当なところで計算を終了させる.

```
       1.4 9
   ─────────
21) 3 1.4
       2 1
       ───
       1 0 4
         8 4
       ─────
         2 0 0
```

[解答] $1.49\cdots$

問 1.16 次の計算をしなさい.

1) $0.0064 \div 0.8$ 2) $14.14 \div 17.3$

小数の割り算においても, ある桁まで計算して, 残りを余りとすることがある. その場合, 余りの小数点位置は, 割られる数のもとの小数点位置が基準となる. 例えば, 上の例で, 商を小数点以下 1 桁までとした場合, 余りは 2.0 ではなく, 0.2 である.

$$3.14 \div 2.1 = 1.4 \cdots 0.2$$

本書ではこのような計算については深入りしない.

F) 複雑な算術式

小数と分数が混在する算術式の計算では, 小数か分数に統一する. もっとも, 無限小数が出てくる場合には工夫が必要である.

例題 1.17

$0.7 + \dfrac{2}{3} \times 2.4$ を計算しなさい.

[解説] 小数の 0.7 と 2.4 を分数に変換するか, または $\dfrac{2}{3} \times 2.4$ を小数で求める.

[解答] <分数計算の場合> 与式 $= \dfrac{7}{10} + \dfrac{2}{3} \times \dfrac{24}{10} = \dfrac{7}{10} + \dfrac{16}{10} = \dfrac{23}{10}$

<小数計算の場合> 与式 $= 0.7 + 2 \times 0.8 = 0.7 + 1.6 = 2.3$

問 1.17 次の計算をしなさい.

1) $\dfrac{2}{3} \times 0.5 - \dfrac{5}{6}$ 2) $1.4 - \dfrac{3}{4} \times 0.12$

G) 割合と百分率

現在の消費税率は 5 %である. また, 商品を定価の 1 割引で販売することがある. このように, 実生活では, 百分率や割合を用いることが多い. これらは, 表 1.3 に示すように小

表 1.3 割合と百分率

10 割	1	100%	1
1 割	0.1	10%	0.1
1 分 (ぶ)	0.01	1%	0.01
1 厘	0.001		

数値なので，小数計算が必要となる．また，場合によっては，小数点以下を四捨五入したり，切り捨てたりすることがある．

G1) 消費税

現在，a 円の商品を購入すると 5 ％の消費税がかかる．消費税額は
$$a \times 0.05 \text{ 円}$$
なので，消費税額を含めた支払金額は
$$a + a \times 0.05 = a \times 1 + a \times 0.05 = a \times (1 + 0.05) = a \times 1.05 \text{ 円}$$
となる．例えば，100 円の商品の場合，消費税は $100 \times 0.05 = 5$ 円であり，したがって，支払金額は $100 + 5 = 105$ 円（100×1.05）である．

例題 1.18

80 円のあんパン 4 個と 125 円のメロンパン 3 個を買い，消費税（5 ％）と共に支払った．支払金額を求めなさい．ただし，小数点以下は切り捨てとする．

［解説］ 消費税率が 5 ％なので，支払金額は購入合計金額を 1.05 倍しなければならない．
$$(80 \times 4 + 125 \times 3) \times 1.05 = (320 + 375) \times 1.05 = 695 \times 1.05 = 729.75$$
ただし，小数点以下の 0.75 は切り捨てる．

［解答］ 729 円

問 1.18 2500 円のペンを 1 割引で購入し，消費税（5 ％）と共に支払った．支払金額を求めなさい．ただし，小数点以下は切り捨てとする．

G2) 利益と損失

企業は利益を求めて活動している．利益は，売上金額が購入金額と諸経費の総計を超えた場合の差額である．すなわち，
$$\text{利益} = \text{売上金額} - (\text{購入金額} + \text{諸経費})$$
ただし，この値が負数となる場合は，損失と呼ぶ．

例題 1.19

3500 円の商品を 2 個仕入れ，1 割の利益を見込んで定価を付けたところ，定価どおり販売できた．売上金額を求めなさい．

［解説］ 購入金額は $3500 \times 2 = 7000$ 円，利益はその 1 割なので $7000 \times 0.1 = 700$ 円である．したがって，売上金額は $7000 + 700 = 7700$ 円となる．これは，
$$3500 \times 2 \times 1.1 = 7700$$
と計算することもできる．

［解答］ 7700 円

問 1.19 5000 円の商品 5 個を仕入れ，1 割 2 分の利益を見込んで定価を付けたが，実際には全部定価の 9 割で販売した．売上金額と利益を求めなさい．

H）単位の変換

速度とは単位時間あたりの距離である．速度は距離をかかった時間で割って求める．すなわち，

$$速度 = \frac{距離}{時間}$$

である．速度には時間のとりかたによって時速（1 時間あたりの距離）や分速（1 分あたりの距離）などがある．一般に，時速の単位としては km/時，分速の単位としては m/分などを用いる．これらは，実は，単位の違いにすぎない．単位を変えることによって時速を分速にしたり，分速を秒速に変換することができる．

なお，**距離＝速度×時間** が成立する．

【注】 1 km（キロメートル）は 1000m（メートル）である．k（キロ）とは 1000 を表す補助単位であり，距離だけでなく，重さなどにも用いる．例えば，1 kg（キログラム）は 1000g（グラム）である．

例題 1.20

時速 36km を分速（m/分）に変換しなさい．

[解説] 1 時間は 60 分，1 km は 1000m であるから，

$$36\text{km}/時 = \frac{36\text{km}}{1\ 時間} = \frac{36 \times 1000\text{m}}{60\ 分} = \frac{600\text{m}}{1\ 分} = 600\text{m}/分$$

となる．

[解答] 600m/分

問 1.20 次の速度を秒速（m/秒）に変換しなさい．

1) 分速 600m　　　　2) 時速 90km

～第 1 章のまとめ～

1) モノを数えるときに用いる数を ▢a) ▢ という．
2) 整数を用いた分数形式で表される数を ▢b) ▢ という．
3) ▢b) ▢ を小数表現すると，有限小数または ▢c) ▢ となる．
4) ▢b) ▢ 以外の実数を ▢d) ▢ という．
5) 35 は 7 で割り切れるので，35 は 7 の ▢e) ▢ であり，7 は 35 の ▢f) ▢ である．
6) 1 と自分自身以外に ▢f) ▢ を持たない ▢a) ▢ を ▢g) ▢ という．▢g) ▢ は，素因数分解で用いる．
7) 2 つの ▢a) ▢ の最大公約数が 1 のとき，「▢h) ▢ である」という．
8) 分母と分子が ▢h) ▢ である分数を ▢i) ▢ という．
9) 分母が異なる分数の足し算では，▢j) ▢ をしなければならない．
10) 分数 $\frac{n}{m}$ に対し，分母と分子を入れ替えた $\frac{m}{n}$ を，もとの分数の ▢k) ▢ という．
11) $(x+y) \times z = x \times z + y \times z$ という法則を ▢l) ▢ という．

第1章の復習問題

[1] 太郎の数学の成績は 73 点であり，次郎の数学の成績はそれより -7 点低い．次郎の数学の成績を求めなさい．

[2] 次の有理数を小数表現しなさい．
　　1) $\dfrac{9}{8}$　　　　　2) $\dfrac{11}{9}$

[3] 次の有理数を既約分数で表現しなさい．
　　1) $0.\dot{6}$　　　　　2) $0.1\dot{5}$

[4] 次の自然数を素因数分解しなさい．
　　1) 99　　　　　2) 256

[5] 次の自然数の最大公約数と最小公倍数を求めなさい．
　　1) 42 と 105　　　　　2) 90 と 150

[6] 次の分数を約分しなさい．
　　1) $\dfrac{90}{150}$　　　　　2) $\dfrac{105}{42}$

[7] 次の計算をしなさい．
　　1) $\dfrac{35}{24}+\dfrac{17}{36}$　　2) $\dfrac{19}{14}-\dfrac{2}{21}$　　3) $\dfrac{49}{12}\times\dfrac{18}{35}$　　4) $\dfrac{121}{100}\div\dfrac{11}{20}$

[8] 分配法則を用いて，$32\times47+51\times47-73\times47$ を計算しなさい．

[9] 次の計算をしなさい．
　　1) $27.69+0.01$　　　　　2) $59.7-0.01$
　　3) 13.5×0.01　　　　　4) $4.86\div0.01$

[10] 次の割合を小数表現しなさい．
　　1) 3割5分2厘　　　　　2) 123%

第1章の発展問題

【1】 次の値の逆数を求めなさい．

　　1) $\dfrac{1}{2}+\dfrac{1}{3}$　　　　　　　　　2) $2+\dfrac{1}{2+\dfrac{1}{2}}$

【2】 次の計算をしなさい．

　　1) $\dfrac{1}{6}\times\left(0.2+\dfrac{2}{3}\times 0.5\right)$　　　　　　2) $\dfrac{1.8\times 0.6-1.1\times\dfrac{5}{22}}{2.5}$

【3】 太郎の年収は 400 万円である．そのうち，73% を食費として，2 割 2 分をその他の生活費として使用している．残りが貯蓄である．太郎の年間貯蓄額を求めなさい．

【4】 8000 円の商品を 15 個購入し，1 割 3 分の利益を見込んで定価を付けた．しかし，5 個が定価の 9 割で売れただけで，残りは廃棄した．売上金額と損失金額を求めなさい．

【5】 太郎は自宅から大学までの 6 km の距離を 48 分で歩いた．太郎の速度を時速（km/時）と分速（m/分）で求めなさい．

第 2 章　文字式の計算

> 本章以降では，数を文字で表現する．数学では，数そのものを扱うことはあまりなく，数を記号化・抽象化した文字式を扱うのが普通である．数学は，この記号化・抽象化によって大いに発展したのである．文字式を理解するか否かが次章以降の理解度に大きく影響する．

2.1　文字式とは

A）文字式の意義

「連続する 3 つの整数の和」が持つ性質について考えてみよう．

今，真ん中の整数を n とすると，その 1 つ前は $n-1$，1 つ後は $n+1$ である．したがって，連続する 3 つの整数の和は

$$(n-1)+n+(n+1) = n+n+n = 3\times n$$

となる．すなわち，真ん中の整数の 3 倍に等しい．このことから，

　　　命題 P　：　「連続する 3 つの整数の和は 3 の倍数である．」

ことが言える．

実際，具体的な例を考えてみると，

$$3+4+5 = 12 \quad \cdots \quad 3 \text{ の倍数}$$
$$9+10+11 = 30 \quad \cdots \quad 3 \text{ の倍数}$$

であり，これらについては命題 P は確かに成り立っている．しかし，いくつか例示をしただけでは，命題 P を証明したことにはならない．命題 P が正しいことを証明するには，上に示したような文字による抽象化が必要なのである．

文字を用いて表された算術式を**文字式**という．文字式を用いることにより，一般的・抽象的な事柄を表現したり，証明したりすることが可能となる．

例題 2.1

次の数量を式で表しなさい．

1) 1000 円出して，1 個 130 円のパンを n 個買ったときのおつり
2) x km（キロメートル）の距離を毎時 4 km の速さで歩いたときの時間

［解説］　1)　購入金額は $130 \times n$ 円である．

　　　　2)　距離を速度で割ると時間が出る．

［解答］　1)　$(1000 - 130 \times n)$ 円　　　2)　$(x \div 4)$ 時間

問 2.1　次の数量を式で表しなさい．

1) t m（メートル）の糸から 30 cm 切り取ったときの残った糸の長さ（単位は cm）

2) 十の位が a で，一の位が b である 2 桁の自然数

B）積と商の表現

文字を用いて算術式を表す場合，下に示すいくつかの決まり事がある．文字式を用いる場合，これらは必ず守らなければならない．

> a) 積について
> a1) 掛け算の記号×を省略する．
> a2) 数は文字の前に書く．ただし，1 は省略する．
> a3) 文字はアルファベット順に並べる．
> a4) 同じ文字の積は累乗の形式で表す．

例えば，$x \times x \times (-1) \times y \times 5$ は $-5x^2y$ と書く．$1a$ は a，$-1x$ は $-x$ とする．
また，n を整数とすると，偶数は $2n$，奇数は $2n+1$ または $2n-1$ と表すことができる．

【注】 a を n 個掛けたものを a^n と書く．これを**累乗**の形式という．a^n は a の n 乗と読む．

【注】 $(-1)^n$ の値は，n が偶数のときは 1，n が奇数のときは -1 である．

> b) 商について
> b1) 割り算の記号÷を省略し，分数形式にする．

例えば，$3 \div a$ は $\dfrac{3}{a}$，$x \div \dfrac{5}{7}$ は $\dfrac{7x}{5}$ または $\dfrac{7}{5}x$ と書く．

【注】 後者の例では数が分数となっているが，このような場合は仮分数とする．帯分数を用いて，$1\dfrac{2}{5}x$ のような書き方をしてはいけない．

例題 2.2

次の式を，乗除算の記号（×，÷）を使わない式に変換しなさい．

1) $x \times y \times (-x)$ 2) $x \times y \div z$

[解説] 1) 掛け算の記号はすべて省略し，符号は左に置く．
2) 割り算があるので分数形式にする．

[解答] 1) $-x^2y$ 2) $\dfrac{xy}{z}$

問 2.2 次の式を，乗除算の記号（×，÷）を使わない式に変換しなさい．

1) $x \times (-y) \times (-y) \times (-y)$ 2) $a \div b \div c \times 2$
3) $a \div (b \div c \times 2)$ 4) $a \div (b \div c) \times 2$

なお，第 1 章で述べたように，加減算と乗除算が混在している場合，乗除算の方が優先順位が高い．乗除算の記号を省略する場合は，その点に注意する必要がある．ただし，括弧がある場合は，括弧内の演算が優先される．

例題 2.3

次の式を，乗除算の記号（×，÷）を使わない式に変換しなさい．

1) $x \times 5 - y \div 2$ 　　　　2) $(x+y) \div 3 + 2 \times a$

[解説] 乗除算を優先するので，1)の $5-y$ や 2)の $3+2$ を 1 つのまとまりとして考えてはいけない．

[解答] 1) $5x - \dfrac{y}{2}$ 　　　　2) $\dfrac{x+y}{3} + 2a$

問 2.3 次の式を，乗除算の記号（×，÷）を使わない式に変換しなさい．

1) $(x-y) \times 2 - 3 \times a$ 　　　　2) $a \div b \times c - 2 \div d$
3) $x - y + z \times 5$ 　　　　4) $x - (y+z) \times 5$

C）式の値

文字式の中の文字は数を表しているので，文字を数に置き換えることができる．このことを，「文字に数を**代入**する」という．例えば，x に 3 を代入すると，$3x-2$ の値は

$$3x - 2 = 3 \times 3 - 2 = 9 - 2 = 7$$

となる．

例題 2.4

次の式の値を求めなさい

1) $x=3$, $y=4$ のとき，$4x^2 - 2y$ の値
2) $a = \dfrac{1}{3}$, $b = -\dfrac{3}{4}$ のとき，$2a + \dfrac{3}{b}$ の値

[解説] 代入する前に，乗除算の記号（×，÷）を用いた式に戻してみよう．

[解答] 1) $4x^2 - 2y = 4 \times x \times x - 2 \times y = 4 \times 3 \times 3 - 2 \times 4 = 36 - 8 = 28$

2) $2a + \dfrac{3}{b} = 2 \times a + 3 \div b = 2 \times \dfrac{1}{3} + 3 \div \left(-\dfrac{3}{4}\right)$

$= \dfrac{2}{3} - 3 \times \dfrac{4}{3} = \dfrac{2}{3} - 4 = \dfrac{2}{3} - \dfrac{12}{3} = -\dfrac{10}{3}$

問 2.4 次の式の値を求めなさい．

1) $x = \dfrac{2}{3}$ のとき，$\dfrac{2}{x}$ の値
2) $a = 5$, $b = 2$ のとき，$8a - 2b^2$ の値
3) $x = \dfrac{2}{5}$, $y = \dfrac{1}{4}$ のとき，$\dfrac{4}{x} - 3y$ の値
4) $t = \dfrac{3}{2}$ のとき，$t^2 - 3t$ の値

2.2　1次式の計算

A）項と次数

数や文字の掛け算だけでできている式を**項**または**単項式**という．例えば，
$$2xy, \quad 4a^2, \quad -b, \quad -8$$
などは項（単項式）である．一方，
$$x^2-3x+2, \quad 3x+y-2$$
などは項（単項式）ではない．これらは多項式（後述）という．

また，項の中に含まれる文字の個数を**次数**という．$2xy$ や $4a^2$ の次数は 2，$-b$ の次数は 1 である．次数が 0 の項，すなわち文字を持たない項を**定数項**という．

例題 2.5

次の項の次数を求めなさい．
1) $4x^2$ 　　　　　2) 3

[解説]　次数を求めるには，その項に含まれる文字の個数を数えればよい．1)では，文字 x が 2 つある．2)では文字はない，すなわち定数項である．

[解答]　1)　2　　　　　2)　0

問 2.5　次の項の次数を求めなさい．
1) $8a$　　　2) $-2b^2$　　　3) $4x^5$　　　4) 7

B）1次式とは

1次式とは，次数が 1 の項と定数項の和として表されている式のことをいう．例えば，
$$3a+1, \quad 2x-7y+1, \quad 4y$$
は 1 次式である．ここで，$3a$ の 3，$2x$ の 2，$-7y$ の -7，$4y$ の 4 など文字の前に付けられている数を**係数**という．また，最後の例（$4y$）は定数項を持たないが，この場合，定数項は 0 と考えればよい．

例題 2.6

次の 1 次式の係数と定数項を求めなさい．
1) $4x-3$ 　　　　2) $a+2b$

[解説]　文字の前についている数が係数，数のみの項が定数項である．1)は $4x+(-3)$ と考える．また，2)の a は $1a$ の省略形である．

[解答]　1)　x の係数は 4，定数項は -3
　　　　2)　a の係数は 1，b の係数は 2，定数項は 0

問 2.6　次の 1 次式の係数と定数項を求めなさい．
1) $8a$　　　2) $4t-5$　　　3) $3x-2y+4$

C) 1次式の加減算

1次式の加減算では，文字を含む項と定数項を別々に計算する．同一の文字を含む項に関しては，分配法則を用いて係数同士を加減算し，その結果を係数とする．分配法則については第1章で述べたが，以下に再度示しておこう．

$$
\begin{aligned}
&\text{d1)} \quad (x+y)z = xz+yz \\
&\text{d2)} \quad (x-y)z = xz-yz \\
&\text{d3)} \quad \frac{x+y}{z} = \frac{x}{z}+\frac{y}{z} \\
&\text{d4)} \quad \frac{x-y}{z} = \frac{x}{z}-\frac{y}{z}
\end{aligned}
$$

d3)とd4)では分子に加減算がある．分母に加減算があっても「分配」できないことに注意しよう．すなわち，$\frac{x}{a+b} \neq \frac{x}{a}+\frac{x}{b}$ である．

なお，括弧の前にマイナスがある場合，その括弧をはずすと，括弧内の符号はすべて逆転することに注意しよう．例えば，$-(x-y+2)$ の括弧をはずすと，$-x+y-2$ となる．

例題 2.7

次の式を簡単にしなさい．

1) $(4x-3)+(2x+5)$　　2) $(3a+7b)-(-2a+4b)$

[解説] まず，括弧をはずす．次に，文字のある項と定数項を別々に整理する．

[解答] 1) 与式 $= 4x-3+2x+5 = (4x+2x)+(-3+5) = (4+2)x+(-3+5) = 6x+2$

2) 与式 $= 3a+7b-(-2)a-4b = 3a-(-2)a+(7b-4b) = (3+2)a+(7-4)b = 5a+3b$

問 2.7 次の式を簡単にしなさい．

1) $x-(-x)$　　2) $(a+2)-(3b-4)$

3) $(8a+2)+(-3a-2)$　　4) $(x-2y+1)-(2x-3y-4)$

D) 1次式の乗除算

1次式と数との乗除算では，係数と定数項を乗除算する．これも分配法則の応用である．

例題 2.8

次の計算をしなさい．

1) $(4x-3) \times 5$　　2) $(3a+7) \div 2$

[解説] 1)では係数の 4 と定数項の -3 を 5 倍する．2)では係数の 3 と定数項の 7 を 2 で割る．

[解答] 1) 与式 $= 4 \times 5 \times x - 3 \times 5 = 20x-15$

2) 与式 $= (3 \div 2)a + (7 \div 2) = \dfrac{3}{2}a + \dfrac{7}{2}$

【注】 上例の 2) の答は，$\dfrac{3a+7}{2}$ でもよい．これも 1 次式である．

問 2.8 次の計算をしなさい．
1) $(8a+2)\times 3$
2) $(-2x+1)\div 3$
3) $(6x-3)\div 3$
4) $\left(t+\dfrac{3}{4}\right)\times 4$

例題 2.9

次の計算をしなさい．
1) $2(4x-3)+3$
2) $3(3a+7)-2(a-1)$

[解説] このような計算では，まず，分配法則を用いて括弧をはずす．そののち，文字のある項と定数項を再整理すればよい．なお，$-2(a-1)=-2a+2$ である．

[解答] 1) 与式 $=8x-6+3=8x-3$
2) 与式 $=9a+21-2a+2=7a+23$

問 2.9 次の計算をしなさい．
1) $2(8a+2)-(3a+4)$
2) $4(-2b+1)+(4b-4)\div 2$
3) $4(x-1)+2(x+2)$

例題 2.10

次の計算をしなさい．
1) $\dfrac{x+y}{3}+\dfrac{3x-2y}{2}$
2) $12\left\{(x+2)-\dfrac{2x-3}{3}\right\}$

[解説] 1) のような分数形式の計算では分母を通分して分子を整理する．2) では先に分配法則を適用すると，分数が消えるので計算が楽になる．

[解答] 1) 与式 $=\dfrac{2(x+y)}{6}+\dfrac{3(3x-2y)}{6}=\dfrac{2x+2y+9x-6y}{6}=\dfrac{11x-4y}{6}$
2) 与式 $=12(x+2)-12\times\dfrac{2x-3}{3}=12(x+2)-4(2x-3)=4x+36$

問 2.10 次の計算をしなさい．
1) $\dfrac{2x+1}{3}-\dfrac{3x-2}{4}$
2) $6\left(\dfrac{a+2b+1}{2}+\dfrac{2a-3}{3}\right)$
3) $5\left(\dfrac{a+2}{3}-\dfrac{b-3}{2}\right)+\dfrac{a+b}{6}$

2.3 単項式の乗除算

A) 指数法則

同一の文字の積は累乗形式で表すが，累乗形式同士の積には，以下に示す法則（**指数法則**という）を用いる．ここで，m, n は自然数とする．

e1) $a^m a^n = a^{m+n}$

例えば，$a^3 \times a^2 = (a \times a \times a) \times (a \times a) = a^5 = a^{3+2}$ となる．

e2) $(a^m)^n = a^{mn}$

例えば，$(a^3)^2 = a^3 \times a^3 = (a \times a \times a) \times (a \times a \times a) = a^6 = a^{3 \times 2}$ となる．

e3) $(ab)^n = a^n b^n$

例えば，$(ab)^2 = (a \times b) \times (a \times b) = (a \times a) \times (b \times b) = a^2 b^2$ となる．

例題 2.11

指数法則を用いて，次の計算をしなさい．

1) $2^3 \times 2^2$ 　　　　　　　　　2) $(2^3)^2$

[解説] 1) は指数法則 e1) を用い，2) は指数法則 e2) を用いる．

[解答] 1) 与式 $= 2^{3+2} = 2^5 = 32$ 　　　　2) 与式 $= 2^{3 \times 2} = 2^6 = 64$

問 2.11 指数法則を用いて，次の計算をしなさい．

1) 3×3^2 　　　　　　　　　2) $(3^2)^2$

B) 単項式の乗算

単項式は数と文字の積であるから，単項式と単項式の掛け算は，そこに含まれる数と文字のすべての積となる．同一の文字が複数含まれるときは，指数法則を用いて累乗の形式で整理する．

例題 2.12

次の計算をしなさい．

1) $(4x^2)^2(-x)^3$ 　　　　　　　2) $3(3a^3b^2)^2(ab^4)^2$

[解説] 数と文字それぞれに対し，指数法則を適用する．なお，$(-1)^n$ は，n が偶数のときは 1，奇数のときは -1 である．

[解答] 1) 与式 $= 4^2 \times (-1)^3 \times x^{2 \times 2 + 3} = -16x^7$

　　　 2) 与式 $= 3 \times 3^2 \times a^{3 \times 2 + 1 \times 2} \times b^{2 \times 2 + 4 \times 2} = 27a^8 b^{12}$

問 2.12 次の計算をしなさい．

1) $2x^3 \times \dfrac{3}{4}x^4 \times \dfrac{2}{5}x^2$ 　　　　　　2) $(-2a^2b^3)^2(4ab^2)$

C) 指数法則（その2）

累乗形式同士の割り算では，以下の法則が成立する．ここでも，m，n は自然数とする．

$$\text{e4)} \quad a^m \div a^n = \begin{cases} a^{m-n} & (m > n \text{ の場合}) \\ 1 & (m = n \text{ の場合}) \\ \dfrac{1}{a^{n-m}} & (m < n \text{ の場合}) \end{cases}$$

例えば,

$$a^5 \div a^3 = \frac{a^5}{a^3} = \frac{a \times a \times a \times a \times a}{a \times a \times a} = a \times a = a^2 = a^{5-3}$$

$$a^3 \div a^5 = \frac{a^3}{a^5} = \frac{a \times a \times a}{a \times a \times a \times a \times a} = \frac{1}{a \times a} = \frac{1}{a^2} = \frac{1}{a^{5-3}}$$

が成立する.

例題 2.13

指数法則を用いて,次の計算をしなさい.
1) $2^6 \div 2^2$ 　　　　2) $2^3 \div 2^5$

[解説] 1)は $6-2=4$ 乗となり,2)は $3<5$ なので分数形式となる.

[解答] 1) 与式 $= 2^{6-2} = 2^4 = 16$ 　　　2) 与式 $= \dfrac{1}{2^{5-3}} = \dfrac{1}{2^2} = \dfrac{1}{4}$

問 2.13 指数法則を用いて,次の計算をしなさい.
1) $3^5 \div 3^3$ 　　　　2) $3^2 \div 3^5$

D) 単項式の除算

単項式同士の割り算では,数・文字毎に指数法則を適用し,最後に全体を整理する.割る数の係数が分数形式の場合は,逆数にして掛ければよい.

例題 2.14

指数法則を用いて,次の計算をしなさい.
1) $8ab \div 4b$ 　　　　2) $12x^2y^2 \div \dfrac{4x}{3}$

[解説] まず分数形式にして,数,各文字毎に整理しよう.

[解答] 1) 与式 $= \dfrac{8ab}{4b} = 2a^{1-0}b^{1-1} = 2a$

2) 与式 $= 12x^2y^2 \times \dfrac{3}{4x} = 9x^{2-1}y^2 = 9xy^2$

問 2.14 指数法則を用いて,次の計算をしなさい.
1) $-16x^2y^3 \div 4xy^2$ 　　　　2) $\dfrac{3}{4}a^2b \div \left(-\dfrac{2}{5}a\right) \times \dfrac{6}{5}b$

2.4 整式の加減算

A）同類項

文字の部分が全く同じである項を**同類項**という．例えば，$4xy^2$ と $-3xy^2$ は同類項であるが，$4xy^2$ と $5xy$ は同類項ではない．同類項は分配法則を用いてまとめることができる．

例題 2.15

同類項をまとめなさい．
$$4(xy^2 - 2xy) + 3(xy^2 + xy)$$

[解説]　まず括弧をはずした後，同類項を整理する．

[解答]　与式 $= 4xy^2 - 8xy + 3xy^2 + 3xy = (4+3)xy^2 + (-8+3)xy = 7xy^2 - 5xy$

問 2.15　同類項をまとめなさい．
$$\frac{1}{2}(ab - \frac{1}{2}c) - \frac{3}{4}(2ab + \frac{1}{2}c)$$

B）整式と次数

単項式の和として表される式を**多項式**といい，単項式と多項式を合わせて**整式**という．また，整式に含まれる単項式の最大の次数をその整式の**次数**といい，次数が n の整式を n 次式という．

整式を記述する場合は，次数の大きい順に単項式を並べるのが普通である．これを**降べキの順**という．その際，何を変数と考え，何を定数とみなすかによって次数も変わってくる．例えば，2.2 節では
$$4x^2y^3$$
という単項式の次数は $2+3=5$ であると説明したが，x のみを変数，y を定数と考えると，次数は 2 となる．一方，x を定数，y を変数と考えると，次数は 3 となる．

【注】　第 4 章以降では，$ax^2 + bx + c$ という形式の整式を扱うが，これは，a, b, c を定数とする x の 2 次式である．

例題 2.16

次の整式を x について整理し，次数と定数項を求めなさい．
$$3x^2 - 2xy - 2y^2 + 4x + y - 1$$

[解説]　x^2 の項，x の項，x を含まない項に整理しよう．

[解答]　与式 $= 3x^2 + (-2xy + 4x) + (-2y^2 + y - 1) = 3x^2 + (-2y + 4)x + (-2y^2 + y - 1)$

よって，次数は 2，定数項は $-2y^2 + y - 1$

問 2.16　次の整式を y について整理し，次数と定数項を求めなさい．

1) $x^2 + xy + y^2 + x + y$ 　　　2) $3x^2 - 2xy - 2y^2 + 4x + y - 1$

C）整式の加減算

整式を加減算する場合，同類項同士の加減算を行う．最終結果は降ベキの順に整理するのが望ましい．

例題 2.17

次の計算をしなさい．
1) $(x^2-3x-5)-2(x^2+3x+1)$
2) $3(x^2-2xy+2y^2)+2(2x^2+xy-2y^2)$

[解説] まず，分配法則を用いて括弧をはずしたのち，同類項を整理し，降ベキの順にまとめる．ただし，場合によっては，括弧内を降ベキの順に整理しておく必要があるかもしれない．

[解答]
1) 与式 $= x^2-3x-5-2x^2-6x-2 = (1-2)x^2+(-3-6)x+(-5-2) = -x^2-9x-7$
2) 与式 $= 3x^2-6xy+6y^2+4x^2+2xy-4y^2$
   $= (3+4)x^2+(-6+2)xy+(6-4)y^2 = 7x^2-4xy+2y^2$

問 2.17 次の計算をしなさい．
1) $2(t+3t^2-1)+(4-t+t^2)$
2) $2(a^2-5ab+4b^2)-(ab+3a^2+5b^2)$

2.5 整式の乗算

A）分配法則の応用

これまでにも，

> d1) $(a+b)x = ax+bx$

という形式の分配法則を用いてきた．これを応用することにより，以下の等式が成り立つことも簡単にわかる．

> d2) $(a+b+c)x = ax+bx+cx$
> d3) $(a+b)(x+y) = ax+ay+bx+by$

例えば，d3) は以下のように証明することができる．

$$\begin{aligned}
\text{左辺} &= (a+b)A \quad (x+y \text{を} A \text{とおく}) \\
&= aA+bA \\
&= a(x+y)+b(x+y) \\
&= ax+ay+bx+by \\
&= \text{右辺}
\end{aligned}$$

これらの法則を用いて，整式の積の形式を和の形式にすることができる．この計算のことを**「式を展開する」**という．

例題 2.18

次の式を展開しなさい．

1) $2x^2y^3z\left(\dfrac{1}{4}xy - 2y^2 - \dfrac{1}{2}z\right)$　　　　2) $(4x + x^2 - 1)(5 - 2x + x^2)$

[解説] この問題でも，分配法則を用いて括弧をはずしたのち，同類項を整理し，降ベキの順にまとめる．ただし，2)では，まず，括弧内を降ベキの順に整理した方がよい．

[解答]

1) 与式 $= \dfrac{1}{2}x^{2+1}y^{3+1}z - 4x^2y^{3+2}z - x^2y^3z^{1+1} = \dfrac{1}{2}x^3y^4z - 4x^2y^5z - x^2y^3z^2$

2) 与式 $= (x^2 + 4x - 1)(x^2 - 2x + 5)$

$\quad = x^2(x^2 - 2x + 5) + 4x(x^2 - 2x + 5) - (x^2 - 2x + 5)$

$\quad = (x^4 - 2x^3 + 5x^2) + (4x^3 - 8x^2 + 20x) - (x^2 - 2x + 5)$

$\quad = x^4 + 2x^3 - 4x^2 + 22x - 5$

上問の 2) のような場合，右図のように，筆算形式（縦書き）で計算することもできる．筆算で計算する場合，降ベキの順に整理し，同類項が縦にそろうように記述することが必要である．欠けている項がある場合は空けておく方がわかりやすい．

$$\begin{array}{r}
x^2 + 4x - 1 \\
\times)\ x^2 - 2x + 5 \\
\hline
x^4 + 4x^3 - x^2 \\
-2x^3 - 8x^2 + 2x \\
+5x^2 + 20x - 5 \\
\hline
x^4 + 2x^3 - 4x^2 + 22x - 5
\end{array}$$

問 2.18 次の式を展開しなさい．

1) $6ab^2c\left(\dfrac{1}{3}a - \dfrac{1}{2}b + \dfrac{1}{6}c\right)$　　　　2) $(a^2 - 3a - 1)(a^2 + 2a + 3)$

B) 乗法公式

整式の乗法では，以下の公式がよく用いられる．いずれも重要なものばかりなので覚えておくと便利である．もっとも，すべて，分配法則を用いて証明することができる．

---
m1) 平方公式

　a) $(a+b)^2 = a^2 + 2ab + b^2$　　　　b) $(a-b)^2 = a^2 - 2ab + b^2$

m2) 和と差の積

　$(a+b)(a-b) = a^2 - b^2$

m3) 2次式

　a) $(x+a)(x+b) = x^2 + (a+b)x + ab$　　　b) $(ax+b)(cx+d)$
　　$= acx^2 + (ad+bc)x + bd$

m4) 立方公式

　a) $(a+b)^3 = a^3 + 3a^2b + 3ab^2 + b^3$　　b) $(a-b)^3 = a^3 - 3a^2b + 3ab^2 - b^3$

m5)
  a) $(a+b)(a^2-ab+b^2) = a^3+b^3$ b) $(a-b)(a^2+ab+b^2) = a^3-b^3$

m6)
  $(a+b+c)^2 = a^2+b^2+c^2+2ab+2bc+2ca$

例題 2.19

次の公式を証明しなさい．
  1) $(a+b)^2 = a^2+2ab+b^2$ 2) $(a-b)^2 = a^2-2ab+b^2$

[解説]　1) も 2) も分配法則を適用すればよい．もっとも，2) の証明では 1) の結果を利用することもできる．

[解答]　1)　左辺 $= (a+b)(a+b) = a(a+b)+b(a+b) = a^2+ab+ab+b^2 = a^2+2ab+b^2 =$ 右辺

2)　左辺 $= (a-b)^2 = \{a+(-b)\}^2 = a^2+2a(-b)+(-b)^2 = a^2-2ab+b^2 =$ 右辺

問 2.19　次の公式を証明しなさい．
  $(a+b)(a-b) = a^2-b^2$

例題 2.20

乗法公式を用いて，次の式を展開しなさい．
  1) $(2x-3y)^2$ 2) $(3a+b)(3a-b)$ 3) $(x-4)(4x-1)$

[解説]　1) は平方公式，2) は和と差の公式，3) は 2 次式の公式を用いる．

[解答]　1)　$4x^2-12xy+9y^2$ 2)　$9a^2-b^2$ 3)　$4x^2-17x+4$

問 2.20　乗法公式を用いて，次の式を展開しなさい．
  1) $(x-4y)^2$ 2) $(2a+3b)(2a-3b)$ 3) $(2x+5)(3x-2)$

例題 2.21

乗法公式を用いて，次の値を求めなさい．
  1) 104^2 2) 104×96

[解説]　1) は平方公式，2) は和と差の公式を用いる．もちろん，$104 = 100+4$，$96 = 100-4$ である．

[解答]　1)　与式 $= (100+4)^2 = 100^2+2\times100\times4+4^2 = 10000+800+16 = 10816$

2)　与式 $= (100+4)\times(100-4) = 100^2-4^2 = 10000-16 = 9984$

問 2.21　乗法公式を用いて，次の値を求めなさい．
  1) 205^2 2) 203×197

例題 2.22

$x+y=3$，$xy=1$ のとき，次の値を求めなさい．
  1) x^2+y^2 2) $(x-y)^2$

[解説]　1) は平方公式を変形するとよい．2) では 1) の結果を利用する．

[解答] 1) $(x+y)^2 = x^2 + 2xy + y^2$ より,
$x^2 + y^2 = (x+y)^2 - 2xy = 3^2 - 2 = 9 - 2 = 7$

2) 与式 $= x^2 - 2xy + y^2 = (x^2 + y^2) - 2xy = 7 - 2 = 5$

問 2.22 $a+b=5$, $ab=2$ のとき，以下の値を求めなさい.

1) $a^2 + b^2$ 　　　　　2) $(a-b)^2$

~~~ 第2章のまとめ ~~~

1) 文字を用いて表された算術式を [a)] という.

2) [a)] の中に用いられている文字を数に置き換えることを「[b)] する」という.

3) 数と文字の積で表された式を単項式または単に [c)] という.

4) [d)] とは [c)] の中に含まれる文字の個数である.

5) $3x+5$ は [e)] であり, 3 を x の [f)], 5 を [g)] という.

6) $a^m a^n =$ [h)] である.

7) [i)] とは文字の部分が全く同じ [c)] のことをいう.

8) 単項式の和を多項式といい, 単項式と多項式を合わせて [j)] という.

9) $(a+b)^2$ を [k)] すると, [l)] となる.

--- 第2章の復習問題 ---

[1] $x = \dfrac{3}{5}$, $y = \dfrac{1}{4}$ のとき, 次の式の値を求めなさい.

1) $\dfrac{1}{x}$ 　　　　　2) $x^2 - y$

[2] 次の式を簡単にしなさい.

1) $(2x-5) + (3x+4)$ 　　　　　2) $\left(\dfrac{2}{7}y - \dfrac{1}{4}\right) - \left(\dfrac{1}{5}y - \dfrac{1}{3}\right)$

3) $2\left(\dfrac{5}{6}a + \dfrac{1}{3}b\right) + 3\left(\dfrac{1}{4}a - \dfrac{3}{2}b\right)$ 　　　　　4) $4(t^2 - 5t + 3) - 3(2t^2 + 2t - 1)$

[3] 次の式を展開しなさい.

1) $\dfrac{2}{3}xy^2\left(\dfrac{4}{5}x^2 + \dfrac{1}{4}xy^3\right)$ 　　　　　2) $(3t-1)^2$

3) $(2a+1)(2a-1)$ 　　　　　4) $(y-3)(y+4)$

5) $(5x-3)(2x+5)$ 　　　　　6) $(x^2+x+1)(x^2-x+1)$

第2章の発展問題

【1】 連続する奇数の「平方の差」が 8 の倍数となることを証明しなさい．

(ヒント：2 つの奇数を $2n+1$, $2n-1$ とせよ．)

【2】 次の計算をしなさい．

1) $\dfrac{3x+y}{4}+\dfrac{x+2y}{3}$　　　　2) $\dfrac{a+3b}{2}-2\left(\dfrac{a+b+1}{3}-\dfrac{a-3}{2}\right)$

【3】 次の計算をしなさい．

1) $\dfrac{(a^2b)(2ab)}{ab^2}$　　　　2) $\dfrac{(3x^2y)(xy^3)^2}{4x^2y^2}$

【4】 次の整式を x について整理しなさい．

1) $(x+1)(x^2+x+1)$　　　　2) $(x^2-3x)(x^2+3x+1)-(x^3-2x)$

【5】 乗法公式を用いて，次の値を求めなさい．

1) 99^2　　　　2) 51×49

【6】 $x+\dfrac{1}{x}=3$ のとき，以下の式の値を求めなさい．

1) $x^2+\dfrac{1}{x^2}$　　　　2) $x^3+\dfrac{1}{x^3}$

第3章 因数分解

> 本章では，整式の因数分解や除算などについて述べる．整式の因数分解は展開の逆演算である．前章の応用とも言えるものなので，前章を十分に理解してから本章に進んで欲しい．

3.1 因数分解とは

A）因数分解の意義

第2章で述べたように，整式 $(2x+1)(x-1)$ は $2x^2-x-1$ と展開することができる．逆に言えば，$2x^2-x-1$ という整式は $(2x+1)(x-1)$ という積の形式にまとめることができる．このように，

「整式をいくつかの整式の積の形式にすること」

を**因数分解**といい，そのときの積を構成するそれぞれの整式を**因数**または**因子**という．例えば，整式 $2x^2-x-1$ を因数分解すると，$(2x+1)(x-1)$ となる．このとき，$2x+1$ や $x-1$ が因数である．

第1章で整数の**素因数分解**について述べたが，整式の因数分解はそれと対応していると考えられる．整数には素数という素因数分解できない数が存在する．同様に，整式の中にも因数分解できないものがある．例えば，x^2+1 という整式は因数分解できない（厳密に言えば，係数を複素数まで広げれば可能であるが，本書では扱わない）．また，因数分解はできる限り行うが，通常は有理数を係数とする範囲で終わりである．例えば，整式 x^2-2 は無理数 $\sqrt{2}$ を用いて $(x+\sqrt{2})(x-\sqrt{2})$ と因数分解することも可能ではあるが，普通は x^2-2 のままとすることが多い．

このような因数分解は，分数で表された式を簡素化したり，第4章で述べる方程式を解く際に必要となる．

3.2 基本的な因数分解

A）共通因数のくくり出し

因数分解の基本は共通因数のくくり出しである．例えば，cx, cy, cz には共通因数 c があるので，

$$cx+cy-cz = c(x+y-z)$$

という因数分解が可能である．ただし，一般に，共通因数 c を見つけることはそう簡単なことで

はない.

─ 例題 3.1 ─────────────────────
次の整式を因数分解しなさい.
1) $6ab^2 + 3a^2b^3$ 2) $12x^4y^3 + 4x^2y^4 - 4x^3y^3$

[解説] まず，共通因数を見つけなければならない．共通因数は，係数に関しては最大公約数を取り，各文字に関しては最小の次数のものを取る．したがって，1)の共通因数は $3ab^2$ であり，2)の共通因数は $4x^2y^3$ である.

[解答] 1) $3ab^2(2+ab)$ 2) $4x^2y^3(3x^2+y-x)$

問 3.1 次の整式を因数分解しなさい.
1) $ax - 5x$ 2) $4xy - 4y$
3) $10x^5y^4 - 15x^4y^5$ 4) $3a^7b^4 - 12a^5b^5 + 6a^6b^3$

B) 因数分解の基本公式

まず，比較的簡単な因数分解の公式を次に示す．これらが正しいことは，右辺を展開してみることにより簡単に示すことができる.

f1)，f2)は f3)の特殊な場合であるが，これら自体も有用なので覚えておいた方がよい．

> f1) a) $x^2 + 2ax + a^2 = (x+a)^2$ b) $x^2 - 2ax + a^2 = (x-a)^2$
> f2) $x^2 - a^2 = (x+a)(x-a)$
> f3) $x^2 + (a+b)x + ab = (x+a)(x+b)$

以下に，これらの公式を用いた因数分解の例をいくつか示そう.

＜例1＞ $x^2 + 8x + 16$

定数項が $16 = 4^2$ なので f1)が適用できる可能性がある．そこで，x の係数を調べてみると，$8 = 2 \times 4$ であるから，f1)の a)で $a=4$ とおいた場合であることがわかる．すなわち
$$x^2 + 8x + 16 = (x+4)^2$$
と因数分解できる.

＜例2＞ $x^2 - 36$

x の項がなく，定数項が負数で $36 = 6^2$ であるから，f2)を適用できる．実際，$a=6$ とすればよい．すなわち，
$$x^2 - 36 = (x+6)(x-6)$$
となる.

＜例3＞ $x^2 + 10x + 16$

定数項が $16 = 4^2$ であるが，＜例1＞と異なり x の係数が 8 ではないので f1)は使用できない．そこで，f3)を考える．そのとき，

を満たす a, b を見つけなければならない. このような場合, 積が 16 となる a, b の組み合わせを右の表のように整理してみるとよい (ただし, 表では $a < b$ としている). 和が 10 となっているのは 2 列目なので, $a = 2, b = 8$ が得られる. したがって,

a	1	2	-8	-16
b	16	8	-2	-1
$a+b$	17	⑩	-10	-17

$$x^2 + 10x + 16 = (x+2)(x+8)$$

と因数分解できる.

＜例 4＞ $x^2 - 15x - 16$

この例では, その形式から f1) も f2) も使用できないので, f3) を考える. そのとき,

$$\begin{cases} a+b = -15 \\ ab = -16 \end{cases}$$

を満たす a, b を見つけなければならない. そこで, ＜例 3＞と同様の表を作成する. 和が -15 となっているのは 5 列目なので, $a = -16, b = 1$ が得られる. したがって,

a	-1	-2	-4	-8	-16
b	16	8	4	2	1
$a+b$	15	6	0	-6	⊖-15

$$x^2 - 15x - 16 = (x-16)(x+1)$$

と因数分解できる.

例題 3.2

次の整式を因数分解しなさい.

1) $x^2 + 14x + 49$　　　　2) $a^2 - 16ab + 64b^2$

[解説] どちらも公式 f1) が適用できる. 1) では $a = 7$ とすればよい. 2) では文字が 2 つあるが, b を定数とする a の整式と考えればよい.

[解答] 1) $(x+7)^2$　　　　2) $(a-8b)^2$

問 3.2 次の整式を因数分解しなさい.

1) $x^2 + 2x + 1$　　　　2) $4a^2 - 4a + 1$
3) $y^2 - 18y + 81$　　　　4) $4p^2 + 12pq + 9q^2$

例題 3.3

次の整式を因数分解しなさい.

1) $x^2 - 49$　　　　2) $16a^2 - 25b^2$

[解説] どちらも公式 f2) が適用できる. 1) では $49 = 7^2$ なので $x+7$ と $x-7$ の積に因数分解できる. 2) では $(4a)^2 - (5b)^2$ と変形できる.

[解答] 1) $(x+7)(x-7)$　　　　2) $(4a+5b)(4a-5b)$

問 3.3 次の整式を因数分解しなさい.

1) $x^2 - 1$ 2) $9a^2 - 4$ 3) $y^2 - 81$ 4) $4p^2 - 9q^2$

例題 3.4

次の整式を因数分解しなさい．

  1) $x^2 - 4x - 5$ 2) $y^2 + 4y - 5$

[解説] どちらも公式 f3) が適用できる．1) では $a+b=-4$, $ab=-5$ となる a,b を見つけだせばよい．2) では $a+b=4$, $ab=-5$ となる a,b を見つける．頭の中で計算できないときには，既に述べたような表を書いてみるとよい．

[解答]   1) $(x-5)(x+1)$ 2) $(y+5)(y-1)$

問 3.4 次の整式を因数分解しなさい．

  1) $a^2 + 7a + 12$ 2) $b^2 - 7b + 12$

  3) $x^2 - 13x + 12$ 4) $y^2 + 11y - 12$

C) 因数分解の工夫

整式によっては，複雑すぎて簡単に公式を適用することができない場合もある．しかし，いろいろな工夫をすることによって因数分解ができることもある．

＜工夫1＞ 式の置き換え

例えば，
$$x^2 + 2xy + y^2 - 9x - 9y + 20$$
という整式について考えてみよう．まず，最初の3項は $(x+y)^2$ に，次の2項は $-9(x+y)$ に整理できる．すなわち，
$$与式 = (x+y)^2 - 9(x+y) + 20$$
となる．そこで，
$$X = x+y$$
とおくと，公式が適用できる形式になる．
$$\begin{aligned}与式 &= X^2 - 9X + 20 \\ &= (X-4)(X-5) \\ &= (x+y-4)(x+y-5) \quad (元に戻す)\end{aligned}$$

＜工夫2＞ 項の順序の入れ替え

例えば，
$$a^2 - 9b^2 + 4a + 4$$
という整式について考えてみよう．この例では，ab の項がないので，a の式と b の式に分けることができる．すなわち，
$$\begin{aligned}与式 &= (a^2 + 4a + 4) - 9b^2 \\ &= (a+2)^2 - (3b)^2\end{aligned}$$
これで，公式 f2) が適用できる形式になった．

$$\text{与式} = \{(a+2)+3b\}\{(a+2)-3b\}$$
$$= (a+3b+2)(a-3b+2)$$

さらに，公式を複数回適用しなければ因数分解できない整式もある．場合によっては，積の形式を一度展開しなければならないかもしれない．また，**次数の小さい方の文字で整理してみる**と先が見えてくることもあるであろう．

いずれにせよ，一度考えてみただけで，できないからとあきらめてしまってはいけない．大切なことは何度も「**試行錯誤**」してみることである．この「試行錯誤」こそが数学をマスターする唯一の方法であるといってもよい．

例題 3.5

次の整式を因数分解しなさい．
1) x^3-11x^2+24x 　　　　2) $x^2(a+2)-y^2(a+2)$

[解説] 1)の場合，まず x でくくってみると公式 f3) が適用できる形式になることがわかる．2) では $a+2$ でくくることができる．

[解答] 1) 　与式 $= x(x^2-11x+24) = x(x-3)(x-8)$

2) 　与式 $= (a+2)(x^2-y^2) = (a+2)(x+y)(x-y)$

問 3.5 次の整式を因数分解しなさい．
1) x^3-x 　　　　　　　　2) a^3-3a^2+2a
3) $a^2x-ax-2x$ 　　　　　4) $(a-b)x^2+(b-a)y^2$

例題 3.6

次の整式を因数分解しなさい．
1) $(x+1)^2-3(x+1)-10$ 　　2) $x^2-xy+x-2y-2$

[解説] 1)では，展開して整理することもできるがそれでは計算量が多くなる．まず $x+1$ を他の文字に置き換えてみよう．2)の場合は次数の小さい y で整理するとよい．

[解答] 1) 　与式 $= X^2-3X-10$ 　　　　($x+1$ を X とおく)
　　　　　　　$= (X+2)(X-5)$
　　　　　　　$= (x+1+2)(x+1-5)$ 　　(元に戻す)
　　　　　　　$= (x+3)(x-4)$

2) 　与式 $= -(x+2)y+(x^2+x-2)$
　　　　　　　$= -(x+2)y+(x+2)(x-1)$
　　　　　　　$= (x+2)(-y+x-1)$
　　　　　　　$= (x+2)(x-y-1)$

問 3.6 次の整式を因数分解しなさい．
1) $(x-1)^2-4(x-1)+4$ 　　　2) $(a-2)^2-9$
3) $(x+y+1)(x+y-3)-5$ 　　　4) $ab+a^2-2a-b+1$

例題 3.7

次の整式を因数分解しなさい．
1) $x^4 - 3x^2 - 4$
2) $a^4 + 2a^2 + 9$

[解説] 1)では x^2 を X とおいてみると公式 f3) が適用できることがわかる．2)では a^2 を A とおいてみただけでは因数分解できない．さらに公式 f2) が利用できるように変形してみよう．

[解答]
1) 与式 $= X^2 - 3X - 4$ （x^2 を X とおく）
$= (X+1)(X-4)$
$= (x^2+1)(x^2-4)$
$= (x^2+1)(x+2)(x-2)$

2) 与式 $= A^2 + 2A + 9$ （a^2 を A とおく）
$= (A^2 + 6A + 9) - 4A$
$= (A+3)^2 - 4A$
$= (a^2+3)^2 - 4a^2$
$= (a^2+3)^2 - (2a)^2$
$= (a^2+2a+3)(a^2-2a+3)$

問 3.7 次の整式を因数分解しなさい．
1) $x^4 - 2x^2 + 1$
2) $t^4 - 13t^2 + 36$
3) $x^4 + x^2 + 1$

D) たすきがけ

公式 f3) をもう少し一般化すると，次の公式 f4) が得られる．

$$\text{f4)} \quad acx^2 + (ad+bc)x + bd = (ax+b)(cx+d)$$

公式 f4) を用いて 2 次 3 項式 $px^2 + qx + r$ を因数分解するためには，まず，x^2 の係数 p と定数項 r の因数をいろいろと調べる必要がある．$p = ac$，$r = bd$ となる a, c, b, d を取り出してみて，

$$ad + bc = q$$

となるものを見つけなければならない．これは，図 3.1 に示すように記述すればチェックできる．これを「**たすきがけ**」の方法という．

<例> $3x^2 + 11x + 6$

x^2 の係数 3 は素数なので，1×3 以外にはあり得ない．一方，定数項の 6 については
$1 \times 6, \ 2 \times 3, \ 3 \times 2, \ 6 \times 1$
の 4 通りが考えられる．それぞれの場合について，たすきがけを行ってみると次のようになる．

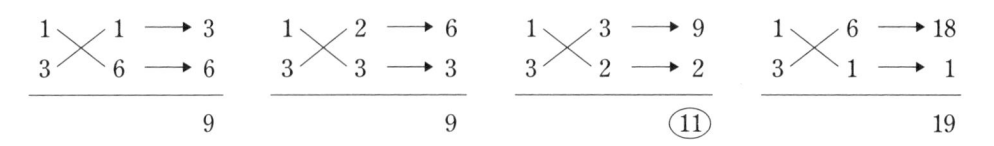

```
 1 ╲ 1  ⟶ 3        1 ╲ 2  ⟶ 6        1 ╲ 3  ⟶ 9        1 ╲ 6  ⟶ 18
 3 ╱ 6  ⟶ 6        3 ╱ 3  ⟶ 3        3 ╱ 2  ⟶ 2        3 ╱ 1  ⟶ 1
   ─────              ─────              ─────              ─────
     9                  9                 ⑪                  19
```

x の係数が 11 となるのは，3 番目の組である．すなわち，$x+3$ と $3x+2$ が因数である．したがって，

$$3x^2+11x+6 = (x+3)(3x+2)$$

と因数分解できる．

練習を積んでいけば，頭の中でたすきがけができるようになるであろう．たすきがけの結果が正しいことは展開してみればすぐにわかる．**因数分解をした後はこのような検算も必要**である．

例題 3.8

次の整式を因数分解しなさい．
1) $4x^2-8xy+3y^2$ 　　　　2) $6(x+y)^2-13(x+y)-8$

[解説] 1)では y は定数と考える．x^2 の係数が 4 なので，1×4 と 2×2 の 2 通りを検討する必要がある．定数項は $3y^2$ なので $y\times 3y$, $3y\times y$, $(-y)\times(-3y)$, $(-3y)\times(-y)$ の 4 通りが考えられる．2)では $(x+y)$ を X とおいてみよう．

[解答] 1) 　与式 $=(2x-y)(2x-3y)$

2) 　与式 $=6X^2-13X-8$ 　　（$x+y$ を X とおく）

$\qquad\qquad =(2X+1)(3X-8)$

$\qquad\qquad =(2x+2y+1)(3x+3y-8)$

問 3.8 次の整式を因数分解しなさい．
1) $4x^2-12x+9$ 　　　　2) $6y^2-11y+4$
3) $10a^2+27ab-28b^2$ 　　4) $4(x+y)^2-16(x+y)+15$

例題 3.9

次の整式を因数分解しなさい．
$$x^2+2xy-3y^2+3x+25y-28$$

[解説] まず，x について整理しよう．定数項は y のみの式となるが，それ自体も因数分解できるはずである．その後，たすきがけを行う．

[解答] 与式 $=x^2+(2y+3)x-(3y^2-25y+28)$

$\qquad\qquad =x^2+(2y+3)x-(3y-4)(y-7)$

$\qquad\qquad =\{x+(3y-4)\}\{x-(y-7)\}$ 　　$((3y-4)-(y-7)=2y+3$ となる$)$

$\qquad\qquad =(x+3y-4)(x-y+7)$

問 3.9 次の整式を因数分解しなさい．

1) $2a^2 - 3ab - 2b^2 + 7a + b + 3$ 2) $3x^2 - 2xy - y^2 + 8x + 4y - 3$

E) その他の公式

因数分解の公式はほかにもある．本書では使用しないが，参考のために以下に掲げておこう．

> f5) a) $a^3 + b^3 = (a+b)(a^2 - ab + b^2)$ b) $a^3 - b^3 = (a-b)(a^2 + ab + b^2)$
> f6) a) $a^3 + 3a^2b + 3ab^2 + b^3 = (a+b)^3$ b) $a^3 - 3a^2b + 3ab^2 - b^3 = (a-b)^3$
> f7) $a^2 + b^2 + c^2 + 2ab + 2bc + 2ca = (a+b+c)^2$
> f8) $a^3 + b^3 + c^3 - 3abc = (a+b+c)(a^2 + b^2 + c^2 - ab - bc - ca)$

3.3 整式の除算

A) 整数と整式

整数 m を自然数 n で割ったときの商が Q，余りが R であることは

$$m = Qn + R$$

と表すことができる．ただし，$0 \leq R < n$ である．

整式は整数を拡張したものと考えることができるので，整数の場合と同様に，整式 A を整式 B で割ることができる．そのときの商を Q，余りを R とすると，

$$A = QB + R$$

となる．ただし，

整式 R の次数 $<$ 整式 B の次数

でなければならない．

$R = 0$ のとき，整式 A は整式 B で**割り切れる**という．このとき A は $Q \times B$ に因数分解できることになる．

B) 筆算による割り算

整式の除算は筆算で行うとわかりやすい．

例えば，

$$(x^4 + x^2 + x + 1) \div (x+1)$$

を考えてみよう．これは，右図のように計算することができる．筆算で割り算を行う場合，欠けている項は空けておく方がよい（上の例では x^3 の項が欠けている）．この結果，商が $x^3 - x^2 + 2x - 1$，余りが 2 であり，

$$x^4 + x^2 + x + 1 = (x^3 - x^2 + 2x - 1)(x+1) + 2$$

となる．

```
              x^3 - x^2 + 2x - 1
      x+1 ) x^4        x^2  + x + 1
            x^4 + x^3
                 -x^3 + x^2
                 -x^3 - x^2
                        2x^2 + x
                        2x^2 + 2x
                              -x + 1
                              -x - 1
                                   2
```

例題 3.10

次の計算を行い，商と余りを求めなさい．
$$(3x^3 - 6x^2 + 4) \div (3x^2 + 1)$$

[解説] 上の例のように筆算を行えばよい．もっとも，以下のように係数だけ取り出して計算することもできる．これを**係数分離法**という．

$$
\begin{array}{r}
x - 2 \\
3x^2 + 1 \overline{\smash{\big)}\, 3x^3 - 6x^2 + 4} \\
\underline{3x^3 + x } \\
-6x^2 - x \\
\underline{-6x^2 - 2} \\
-x + 6
\end{array}
\qquad
\begin{array}{r}
1 -2 \\
3 0 1 \overline{\smash{\big)}\, 3 -6 0 4} \\
\underline{3 0 1 } \\
-6 -1 \\
\underline{-6 0 -2} \\
-1 6
\end{array}
$$

[解答] 商 $= x - 2$, 余り $= -x + 6$

問 3.10 次の計算を行い，商と余りを求めなさい．
 1) $(x^3 - 2x + 1) \div (x - 1)$
 2) $x^4 \div (x^2 + 1)$

3.4 因数定理の利用

A）値の代入

x に関する整式であることを，ここでは $P(x)$, $Q(x)$ のように表すことにする．また，x の整式 $P(x)$ において，文字 x に値 α（アルファと読む）を代入した結果を $P(\alpha)$ のように表す．

例えば，
$$P(x) = x^3 - 3x^2 + 1$$
とする．この整式 $P(x)$ の x に値 2 を代入した結果は $P(2)$ と表す．
$$2^3 - 3 \times 2^2 + 1 = 8 - 12 + 1 = -3$$
なので，
$$P(2) = -3$$
である．

例題 3.11

$P(x) = 2x^3 - 4x$ のとき，次の値を求めなさい．
 1) $P(2)$
 2) $P(a+1)$

[解説] 1) では $x = 2$ として計算すればよい．2) では $x = a + 1$ とする．

[解答] 1) $P(2) = 2 \times 2^3 - 4 \times 2 = 16 - 8 = 8$
 2) $P(a+1) = 2(a+1)^3 - 4(a+1) = 2(a^3 + 3a^2 + 3a + 1) - 4(a+1) = 2a^3 + 6a^2 + 2a - 2$

問 3.11 $P(x) = x^3 - 4x^2 + 3$ のとき，次の値を求めなさい．
 1) $P(3)$
 2) $P(t-1)$

B) 因数定理

因数分解をおこなう際，因数定理が役に立つ場合がある．

> **因数定理**
>
> x の整式 $P(x)$ において，
>
> $P(\alpha) = 0$ ならば $P(x)$ は $(x-\alpha)$ を因数に持つ

【証明】

$P(x)$ を $(x-\alpha)$ で割ったときの商を $Q(x)$，余りを R とする（1次式で割るので余りは0次式すなわち定数となる）．そのとき，

$$P(x) = (x-\alpha)Q(x) + R \quad \cdots \quad ①$$

である．ここで，①に $x=\alpha$ を代入すると，条件 $P(\alpha)=0$ より，

$$P(\alpha) = R = 0$$

が得られる．すなわち，$P(\alpha)=0$ のときは余り R が 0 となるので，$P(x)$ は $(x-\alpha)$ で割り切れることになる．よって，$P(x)$ は $(x-\alpha)$ を因数に持つ．

C) 因数定理を用いた因数分解

因数分解の公式が適用しにくい場合でも，因数定理を用いて因数分解できることがある．その際の手順は，以下のとおりである．

> （与えられた整式を $P(x)$ とする．）
>
> 1) $P(\alpha)=0$ となる値 α を試行錯誤により1つ見つける．
> 2) $P(x)$ を $(x-\alpha)$ で割る．そのときの商を $Q(x)$ とすると，
>
> $$P(x) = (x-\alpha)Q(x)$$
>
> となる．
> 3) $Q(x)$ についても因数分解できそうな場合は，さらに続ける．

―― 例題 3.12 ――――――――――――――――――――――――――

次の整式 $P(x)$ において，$P(\alpha)=0$ となる α を見つけ，$P(x)$ を因数分解しなさい．

$$P(x) = x^3 + x^2 - 4x - 4$$

[解説] $x=-1$ を代入すると $P(-1)=0$ となることがわかるので，$P(x)$ を $(x+1)$ で割ってみればよい．

[解答] $P(x) = (x+1)(x^2 - 4) = (x+1)(x+2)(x-2)$

問 3.12 次の整式 $P(x)$ において，$P(\alpha)=0$ となる α を見つけ，$P(x)$ を因数分解しなさい．

1) $P(x) = x^3 - 7x + 6$　　　　2) $P(x) = x^3 - 3x^2 + 2$

3.5 整式の最大公約数と最小公倍数

A) 整式の約数と倍数

整式は整数を拡張した概念なので，整数と同様，整式においても約数や倍数を考えることができる．整式 A が整式 B で割り切れるとき，すなわち $A = QB$ となるとき，B は A の**約数**であるといい，A は B の**倍数**という．例えば，$(x+2)$ は $(x+1)(x+2)$ の約数であり，$(x+1)(x+2)$ は $(x+2)$ の倍数である．

2つ以上の整式に対し，共通な約数を**公約数**といい，共通な倍数を**公倍数**という．また，次数が最も高い公約数を**最大公約数**，次数が最も低い公倍数を**最小公倍数**という．2つの整式を A, B とし，その最大公約数を D とすると，

$$A = DA' \qquad B = DB'$$

と表される．そのとき，最小公倍数は $DA'B'$ である．なお，$D=1$ のとき2つの整式は**既約**であるという．

＜例＞ $x(x+1)(x+2)$ と $x(x+2)(x+3)$ の場合

公約数は，1, x, $x+2$, $x(x+2)$ である．そのうち，次数が最大なのは $x(x+2)$ なので，最大公約数は $x(x+2)$ である．

一方，公倍数は無数に考えられるが，最小公倍数は $x(x+1)(x+2)(x+3)$ である．

例題 3.13

次の2つの整式の最大公約数と最小公倍数を求めなさい．
$$P(x) = x^3 - x^2 - 2x, \quad Q(x) = x^3 - 4x$$

[解説] まず，両者を因数分解しなければならない．因数分解すると，

$$P(x) = x(x^2 - x - 2) = x(x+1)(x-2),$$
$$Q(x) = x(x^2 - 4) = x(x+2)(x-2)$$

となるので，公約数は，1, x, $x-2$, $x(x-2)$ である．

[解答] 最大公約数 $= x(x-2)$，最小公倍数 $= x(x-2)(x+1)(x+2)$

問 3.13 次の2つの整式の最大公約数と最小公倍数を求めなさい．

1) $P(x) = x^2 - 1,$ $Q(x) = x^2 - x$
2) $P(x) = 3x^2 - 8x + 4,$ $Q(x) = x^2 - x - 2$

3.6 分数式

A) 約分

整式を分母・分子に持つ分数形式の式を**分数式**という．分母・分子が1以外の公約数を持つとき，両者を最大公約数で割ることを**約分**するという．その結果得られるこれ以上約分できない分数式を**既約分数式**という．

分数式を簡素化するには約分を行う必要があるが，約分するためには積の形式になっていなければならない．図 3.2 に間違った約分の例を示す．これは実際のテストで見られた学生の解答例である．積の形式ではないので x^2 を「約分して」消去することはできない．正解を下に示す．

$$\frac{\cancel{x^2}+3x}{\cancel{x^2}+4x+3} = \frac{3x}{4x+3}$$

図 3.2 間違った計算例

$$\frac{x^2+3x}{x^2+4x+3} = \frac{x(x+3)}{(x+1)(x+3)} = \frac{x}{x+1}$$

このような分数式における約分は，後述する「極限」や「微分」の基本である．

― 例題 3.14 ―――――
次の分数式を約分しなさい．

1) $\dfrac{x+1}{x^2-x-2}$ 　　　 2) $\dfrac{3x^2-8xy+4y^2}{x^2-xy-2y^2}$

[解説] まず，分母・分子を因数分解しよう．共通の因数が現れたらそれを除去する．

[解答] 1) 与式 $= \dfrac{x+1}{(x+1)(x-2)} = \dfrac{1}{x-2}$　　2) 与式 $= \dfrac{(3x-2y)(x-2y)}{(x+y)(x-2y)} = \dfrac{3x-2y}{x+y}$

問 3.14 次の分数式を約分しなさい．

1) $\dfrac{h}{h^2-h}$　　2) $\dfrac{a^2+2a}{a^2+4a+4}$　　3) $\dfrac{x-y}{x^2-3xy+2y^2}$　　4) $\dfrac{x^2-4}{x^2-3x+2}$

― 例題 3.15 ―――――
次の計算をしなさい．

$$\frac{x^2+5x+6}{x^2+2x+1} \times \frac{x+1}{x+3}$$

[解説] まず，分母・分子を因数分解しよう．共通の因数が現れたら約分する．

[解答] 与式 $= \dfrac{(x+2)(x+3)}{(x+1)^2} \times \dfrac{x+1}{x+3} = \dfrac{x+2}{x+1}$

問 3.15 次の計算をしなさい．

1) $\dfrac{x+2}{x^2+x} \times \dfrac{x^2-x}{x+2}$　　　2) $\dfrac{a^2-5a}{a^2-8a+15} \div \dfrac{2a^2+a}{3a^2-11a+6}$

B）通分

2つ以上の分数式の分母を同じ整式（最小公倍数）に揃えることを**通分**するという．これは，分数式の加減算を行う際に必要となる．

― 例題 3.16 ―――――
次の計算をしなさい．

$$\frac{a+5}{a^2+a-2} + \frac{a+3}{a^2-4a+3}$$

[解説] まず，2つの分母を因数分解し，その最小公倍数を求める．そしてそれを分母とする

分数式になるように分子を変形し，整理する．

[解答]

$$\text{与式} = \frac{a+5}{(a+2)(a-1)} + \frac{a+3}{(a-1)(a-3)}$$

$$= \frac{(a+5)(a-3)}{(a+2)(a-1)(a-3)} + \frac{(a+3)(a+2)}{(a+2)(a-1)(a-3)}$$

$$= \frac{(a^2+2a-15)+(a^2+5a+6)}{(a+2)(a-1)(a-3)}$$

$$= \frac{2a^2+7a-9}{(a+2)(a-1)(a-3)} = \frac{(2a+9)(a-1)}{(a+2)(a-1)(a+3)}$$

$$= \frac{2a+9}{(a+2)(a-3)}$$

問 3.16 次の計算をしなさい．

1) $\dfrac{x+2}{x^2-x} - \dfrac{x+3}{x^2+x}$ 2) $\dfrac{2x-3}{x^2-3x+2} + \dfrac{4}{4-x^2}$

～ 第 3 章のまとめ ～

1) 整式をいくつかの整式の積の形式にすることを ___a)___ という．そのときの積を構成する整式を ___b)___ または因子という．

2) 因数分解の公式 $acx^2+(ad+bc)x+bd=(ax+b)(cx+d)$ を用いる場合，___c)___ という方法を用いる．

3) ___d)___ とは，「$P(\alpha)=0$ のとき，整式 $P(x)$ は $(x-\alpha)$ という因数を持つ」という定理である．

4) 整式 $(x+3)(x+4)$ の約数は ___e)___ 個ある．

5) 2 つの整式 $x(x+1)$ と $x(x+2)$ の最大公約数は ___f)___ であり，最小公倍数は ___g)___ である．

6) 分母・分子に整式を用いて分数形式で表された式を ___h)___ という．

7) ___h)___ の分母・分子を最大公約数で割ることを ___i)___ するという．

8) これ以上 ___i)___ できない ___h)___ を ___j)___ という．

9) 2 つ以上の ___h)___ において，すべての分母をその最小公倍数にそろえることを ___k)___ するという．

・・・ 第 3 章の復習問題 ・・・

[1] 次の整式を因数分解しなさい．

1) $6x^3y-4xy^2$ 2) $t^2+10t+25$

3) $25a^2-1$ 4) $a^2-7ab+10b^2$

5) $(x-1)^2-5(x-1)-14$ 6) $3y^2+8y+4$

[2] 次の計算をおこない，商と余りを求めなさい．

　　1)　$(x^4-1)\div(x^2-1)$　　　　2)　$x^4\div(x-1)$

[3] 次の2つの整式の最大公約数と最小公倍数を求めなさい．

　　1)　$P(x)=x^2-4x+4,\ Q(x)=x^2-5x+6$

　　2)　$P(x)=x^2-x,\ Q(x)=x^3-1$

[4] 次の計算をしなさい．

　　1)　$\dfrac{x^2-5x+4}{x^2-5x+6}\times\dfrac{x-2}{x-4}$　　　　2)　$\dfrac{a^2-2a}{a^2-a}\div\dfrac{a^2-7a+10}{a^2-5a+4}$

　　3)　$\dfrac{1}{t^2-t}-\dfrac{1}{t^2+t}$

第3章の発展問題

【1】 次の整式を因数分解しなさい．

　　1)　$x^2+y^2-z^2+2xy$　　　　2)　$x^2-y^2-z^2+2yz$

【2】 因数分解を利用して，以下を計算しなさい．

　　1)　55^2-25^2　　　　2)　73^2-27^2

【3】 次の整式を因数分解しなさい．

　　1)　$(x+1)(x+2)(x+3)(x+4)-3$　　　　2)　$(a+1)(a+3)(a+5)(a+7)+15$

　　（ヒント：1)では x^2+5x が，2)では a^2+8a が現れるように式を変形せよ．）

【4】 整式 $2x^3+5x^2+4$ をある整式 P で割ると，商が $2x+1$ で余りが $-6x+2$ となった．整式 P を求めなさい．

【5】 因数定理を用いて，$x^4-2x^3+2x^2-x-6$ を因数分解しなさい．

【6】 次の計算をしなさい．

　　1)　$\left(\dfrac{2xy}{x+y}-y\right)\div\left(x-\dfrac{2xy}{x+y}\right)$　　　　2)　$\left(\dfrac{1}{x}-\dfrac{1}{y}\right)\div\left(\dfrac{1}{x^2}-\dfrac{1}{y^2}\right)$

第4章　方程式

> 本章では，方程式とその解法について述べる．方程式を解くことは，事象の裏に隠された事柄を明らかにすることである．方程式を解くには，整式の展開や因数分解が必要となるので，前章までの事柄を十分に理解してから本章を読んで欲しい．

4.1　1次方程式

A）等式

2つの文字式を「等号」で結んだ式を**等式**という．等号の左側にある式を**左辺**，等号の右側にある式を**右辺**という．また，左辺と右辺を合わせて**両辺**という．

等式には以下の性質がある．これらを用いて等式を変形することができる．

> e1) 等式 $A=B$ の両辺に同じ式 C を加えても，等式は成立する．
> ($A=B$ **ならば** $A+C=B+C$)
> e2) 等式 $A=B$ の両辺から同じ式 C を引いても，等式は成立する．
> ($A=B$ **ならば** $A-C=B-C$)
> e3) 等式 $A=B$ の両辺に同じ式 C を掛けても，等式は成立する．
> ($A=B$ **ならば** $AC=BC$)
> e4) 等式 $A=B$ の両辺を 0 以外の同じ式 C で割っても，等式は成立する．
> ($A=B$ **ならば** $\dfrac{A}{C}=\dfrac{B}{C}$　ただし，$C \neq 0$)

例えば，
$$x-2=5$$
という等式があるとする．e1) より，両辺に 2 を加えても等式は成立するので，
$$x-2+2=5+2$$
すなわち，
$$x=7$$
となる．

B）方程式

等式には，次の 2 種類がある．

- **恒等式** … その中に含まれる文字にどのような値を代入しても常に成立する等式
- **方程式** … ある特定の値を代入したときのみ成立する等式

例えば，$x+2x=3x$ は，x がどのような値であろうとも成立するので恒等式であり，$3x+2=5$

は x の値が 1 のときのみ成立するので方程式である.

また，1次式のみから成り立っている方程式を **1次方程式**，2次式から成り立っている方程式を **2次方程式** という．この章では1次方程式と2次方程式について解説していく．

方程式は文字（**未知数**という）が特定の値を持つ場合のみ成立する．方程式を成立させる文字の値のことをその方程式の **解** といい，解を求めることを方程式を **解く** という.

例題 4.1

次の方程式が値 3 を解として持つかどうかを調べなさい．

1) $4x + 5 = 17$ 　　　　2) $2t - 6 = t$

[解説] 各方程式の文字に値 3 を代入し，左辺と右辺が等しくなるかどうかを調べる．

[解答] 1) 　左辺 $= 4 \times 3 + 5 = 12 + 5 = 17$, 右辺 $= 17$
　　　　　左辺 $=$ 右辺なので，値 3 を解として持つ．

　　　2) 　左辺 $= 2 \times 3 - 6 = 6 - 6 = 0$, 右辺 $= 3$
　　　　　左辺 $\ne$ 右辺なので，値 3 は解ではない．

問 4.1 次の方程式が値 8 を解として持つかどうかを調べなさい．

1) $3 - x = -5$ 　　　　2) $2y - 5 = 10$

3) $2x + 10 = 14 - x$ 　　　　4) $3a - 20 = 12 - a$

C）1次方程式の解き方

1次方程式は1次式のみで作られた方程式なので，1次方程式を解くには次の手順に従えばよい．ただし，ここでは x を未知数とする．

> 1) 文字 x の項を左辺に，定数項を右辺に移項する．
> 2) 両辺を $ax = b$ の形式に整理する（ただし，a, b は定数）．
> 3) x の係数 a が 1 でなければ，両辺を a で割る．

ここで，**移項** とは項を他の辺に移すことである．**移項の際は符号が逆になる** ことに注意しよう．

<例>
$$3x - 10 = 15 - 2x \quad \cdots \quad ①$$

という方程式を考えよう．

まず左辺の -10 を右辺に，右辺の $-2x$ を左辺に移項する．その結果，

$$3x + 2x = 15 + 10$$

となる．次に，両辺を整理して，

$$5x = 25$$

とする．最後に，x の両辺を x の係数 5 で割って，

$$x = 5$$

$$\begin{aligned} 3x - 10 &= 15 - 2x \\ = 3x + 2x &= 15 + 10 \\ &= 5x = 25 \\ &= x = 5 \end{aligned}$$

図 4.1 間違った記述

を得る．したがって，方程式①の解は 5 である．

【注】 方程式を変形していく際，図 4.1 のようにすべてを等号でつなげる人がいるが，このような記述は間違いである．

例題 4.2

次の方程式を解きなさい．

1) $18 - 2x = 5x - 3$　　　2) $4a + 8 = 2(a + 7)$

[解説] 1)の場合上に述べた手順に従うだけでよいが，2)ではまず右辺の括弧をはずす必要がある．

[解答] 1) $-2x - 5x = -3 - 18$　　　2) $4a + 8 = 2a + 14$
$\qquad\quad -7x = -21 \qquad\qquad\qquad 4a - 2a = 14 - 8$
$\qquad\quadx = 3 \qquad\qquad\qquad\quad\; 2a = 6$
$\qquad\qquad\qquad\qquad\qquad\qquad\qquad a = 3$

問 4.2 次の方程式を解きなさい．

1) $4 - x = 2$　　　2) $x - 3 = 7 - x$

3) $2x + 10 = 18 - 2x$　　　4) $6a - 18 = 3(12 - a)$

例題 4.3

次の方程式を解きなさい．

1) $1.2 - 0.3x = 0.5x - 0.4$　　　2) $0.03a + 0.18 = 0.02(a + 7)$

[解説] 係数が小数の場合，10 倍，100 倍などをして係数を整数にすると計算しやすくなる．1)の場合は 10 倍，2)では 100 倍する．

[解答] 1) $12 - 3x = 5x - 4$　　　2) $3a + 18 = 2(a + 7)$
$\qquad\quad -3x - 5x = -4 - 12 \qquad\quad 3a + 18 = 2a + 14$
$\qquad\quad -8x = -16 \qquad\qquad\qquad\;\; 3a - 2a = 14 - 18$
$\qquad\quadx = 2 \qquad\qquad\qquad\qquad a = -4$

問 4.3 次の方程式を解きなさい．

1) $0.2x - 5 = 1.3 - 0.1x$　　　2) $0.06a - 0.2 = 0.2(1 - 0.1a)$

例題 4.4

次の方程式を解きなさい．

1) $x - \dfrac{x-2}{2} = 6$　　　2) $\dfrac{3t-1}{4} + \dfrac{t-1}{6} = 2$

[解説] 係数が分数の場合，両辺に分母の最小公倍数を掛けることにより整数化すればよい．1)では両辺を 2 倍し，2)では両辺を 12 倍する．

[解答] 1) $2x - (x - 2) = 12$　　　2) $3(3t - 1) + 2(t - 1) = 24$
$\qquad\quad 2x - x + 2 = 12 \qquad\qquad 9t - 3 + 2t - 2 = 24$
$\qquad\quad x = 12 - 2 \qquad\qquad\qquad 11t = 24 + 3 + 2$
$\qquad\quad x = 10 \qquad\qquad\qquad\qquad 11t = 29$

$$t = \frac{29}{11}$$

問 4.4 次の方程式を解きなさい．

1) $\dfrac{2y+1}{3} = \dfrac{3y-5}{4}$ 　　2) $\dfrac{4y-2}{3} = \dfrac{2y+5}{4} + 1$

D) 1次方程式の応用

以下では，方程式の具体的な応用について述べる．方程式を用いて問題を解く手順は以下のとおりである．

> 1) 何を未知数として表すかを決める．（未知数を表す文字は何でもよいが，一般には x を用いる．）
> 2) 数量関係を方程式で表す．（このことを「**方程式をたてる**」という．）
> 3) **方程式を解く．**
> 4) **検算を行う．**

すでに述べたように，方程式を解くことは，ある意味でさまざまな事象の裏に隠された事柄を明らかにすることであり，学問の世界ではよく用いられる．もっとも，方程式さえ得られれば，それを解くこと自体は機械的な処理にすぎない．むしろ，与えられた条件をもとにいかに「定式化」するかということの方がはるかに大切であると言える．条件を定式化するためには，「何を x や y などの文字で表し，どのような値に着目して等しいとおくのか」について十分検討しなければならない．また，方程式は解きっぱなしにしないで，必ず最後に検算した方がよい．**検算**とは，得られた答が本当にもとの方程式の解となっているかどうかを調べることである．方程式を解く過程で計算間違いしていた場合，検算によってその間違いが発見できる．

これからいくつか方程式の具体的な応用問題を掲げるが，以下では方程式の解き方よりも**定式化**に重点を置いて話を進める．

例題 4.5

次の問題を，方程式をたてて解きなさい．
「1 個 80 円のドーナツが数個入っている箱全体の値段は 700 円である．ただし，その値段には箱代 60 円も含まれている．この箱にはドーナツが何個入っているか．」

[解説] ここではドーナツの個数を求めなければならない．そこで，ドーナツの個数を未知数 x とする（一般に，求めたいものを未知数 x として方程式をたてるとうまくいくことが多い）．次に，この問題では，

「ドーナツのみの値段」＋「箱の値段」＝「全体の値段」

という等式が成立するので，未知数 x を用いてこの等式を表現する．ドーナツの単価は 80 円であるから，「ドーナツのみの値段」は $80x$ と表すことができる．したがって，方程式は

$$80x + 60 = 700$$

となる．

[解答] 方程式： $80x+60=700$

これを解くと，$x=8$

$x=8$ を方程式に代入すると，両辺とも 700 となる．

したがって，求めるドーナツの個数は 8 個である．

問 4.5 次の問題を，方程式をたてて解きなさい．

「太郎の手持ち金は 35000 円，次郎の手持ち金は 28000 円である．ただし，次郎は太郎に借金があり，それを返すと，太郎の手持ち金は次郎の手持ち金の 2 倍になる．次郎の借金はいくらか．」

--- **例題 4.6** ---

次の問題を，方程式をたてて解きなさい．

「太郎の自宅から大学まで，時速 4km で歩いていくと，時速 12km で自転車に乗っていくより 30 分多くかかる．太郎の自宅から大学までの距離を求めよ．」

[解説] ここでは太郎の自宅から大学までの距離を x (km) とする．そうすると，

$$時間 = \frac{距離}{速度}$$

なので，時速 4km で歩いたときの時間は $\frac{x}{4}$ 時間であり，時速 12km で自転車に乗ったときの時間は $\frac{x}{12}$ 時間である．条件より，徒歩の方が 30 分すなわち $\frac{1}{2}$ 時間多くかかる（時間の単位を変更しなければならないことに注意しよう）．よって，

$$\frac{x}{4} = \frac{x}{12} + \frac{1}{2}$$

という方程式ができあがる．

[解答] 方程式： $\frac{x}{4} = \frac{x}{12} + \frac{1}{2}$

これを解くと，$x=3$

$x=3$ を方程式に代入すると，両辺とも $\frac{3}{4}$ となる．

したがって，求める距離は 3km である．

[別解] この問題では，徒歩の場合の所要時間を t（時間）として方程式をたてることもできる．そうすると，太郎の自宅から大学までの距離は $4t$ (km) である．一方，自転車に乗ったときの時間は $t - \frac{1}{2}$ 時間なので，距離は $12\left(t - \frac{1}{2}\right)$ km である．よって，

$$4t = 12\left(t - \frac{1}{2}\right)$$

という方程式が成立する．これを解くと，$t = \frac{3}{4}$ 時間となるので，求める距離は，

$$4 \times \frac{3}{4} = 3\text{km}$$

となる．

問 4.6 次の問題を，方程式をたてて解きなさい．

「太郎が時速 4km で歩いて自宅を出てから 30 分後，次郎が自転車に乗って時速 12km で太郎の後を追いかけた．次郎は出発してから何分後に太郎に追いつくか．」

例題 4.7

次の問題を，方程式をたてて解きなさい．

「ある商品に対し，原価の 1 割 5 分を利益として定価を設定した．しかし，売れなかったので定価より 1000 円値引きして売ったところ，原価に対し 1 割の損となった．この商品の原価を求めよ．」

[解説] 商品の原価を x (円) とする．そうすると，定価は $1.15x$ 円である．実際の販売価格は 1000 円値引きしたので，$1.15x - 1000$ 円である．それが原価 x 円の 9 割であったので，
$$1.15x - 1000 = 0.9x$$
という方程式が成立する．

条件が複雑なため方程式をたてにくい場合には，以下のような図を書いてみるとよい．このような図を**線分図**という．

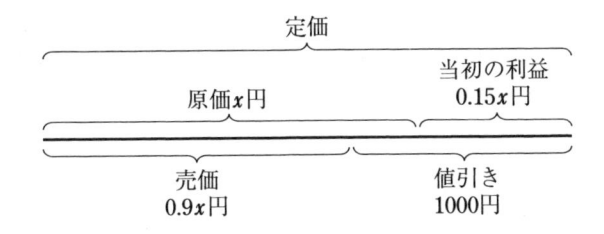

定価
　　　　　　　　　　　　　　　当初の利益
原価 x 円　　　　　　　　　　　$0.15x$ 円

売価　　　　　　　　　　値引き
$0.9x$ 円　　　　　　　　　1000 円

[解答] 方程式 ： $1.15x - 1000 = 0.9x$

これを解くと，$x = 4000$

$x = 4000$ を方程式に代入すると，両辺とも 3600 となる．

したがって，求める原価は 4000 円である．

問 4.7 次の問題を，方程式をたてて解きなさい．

「ある商品に対し，原価の 2 割を利益として定価を設定した．しかし，売れなかったので定価の 1 割引で売ったところ，1000 円の利益となった．この商品の原価を求めよ．」

4.2　連立 1 次方程式

A) 2 元 1 次方程式

これまでは未知数が 1 つだけの方程式を扱ってきた．しかし，もう少し複雑な問題になってくると未知数が複数となることもある．例えば，
$$2x + 3y = 12$$
という方程式は 2 つの未知数を持つ．一般に，未知数を x, y とするとき，
$$ax + by = c$$

という形式に変形できる方程式を **2元1次方程式** という（ただし，a, b, c は定数である）．

2元1次方程式は複数の解を持つ．例えば，上に示した
$$2x + 3y = 12$$
という方程式は無数に多くの解を持つ．そのうち整数解のみを表にすると，表4.1のようになる．

表 4.1　$2x + 3y = 12$ の解

x	⋯	-3	0	3	6	9	⋯
y	⋯	6	4	2	0	-2	⋯

B) 連立方程式

複数の方程式を組み合わせたものを **連立方程式** という．連立方程式においては，各方程式を同時に満たす文字の値の組を **解** という．連立方程式は必ずしも解を持つとは限らないが，連立2元1次方程式は，一般にただ1通りの解を持つ．例えば，次の連立方程式
$$\begin{cases} 2x + 3y = 12 \\ x + y = 5 \end{cases}$$
は，$x = 3$, $y = 2$ というただ1つの解を持つ（これらが上の連立方程式の解であることは，代入して確かめることができる）．その他の組は解ではない．例えば，$x = 6$, $y = 0$ という組は第1式 $2x + 3y = 12$ は満たしているが，第2式 $x + y = 5$ は満たしていない．したがって，$x = 6$, $y = 0$ という組は上の連立方程式の解ではない．

例題 4.8

$x = 2$, $y = 7$ が次の連立方程式の解であるかどうかを確かめなさい．
$$\begin{cases} 2x + y = 11 \\ x + 3y = 23 \end{cases}$$

[解説]　各文字の値を代入して左辺と右辺が等しいかどうかを調べればよい．

[解答]　第1式　左辺 $= 2 \times 2 + 7 = 4 + 7 = 11$,　　右辺 $= 11$

　　　　第2式　左辺 $= 2 + 3 \times 7 = 2 + 21 = 23$,　　右辺 $= 23$

　　　　よって，解である．

問 4.8　$x = 4$, $y = 3$ が次の連立方程式の解であるかどうかを確かめなさい．

1) $\begin{cases} 3x + 4y = 24 \\ 2x + y = 11 \end{cases}$　　　　2) $\begin{cases} x + y = 7 \\ 2x - y = 6 \end{cases}$

C) 連立方程式の解き方

連立2元1次方程式を解く（解を求める）には，次に示す手順に従えばよい．

---
1) **2つの方程式を $ax + by = c$ の形式に変形する．**

　（係数が分数の場合は分母の最小公倍数を掛けて，小数の場合は 10^n を掛けて，係数を整数にする）

2) 文字を 1 つ消去（例えば，y を消去）する．
3) x について解く．
4) x の値を方程式に代入し，y について解く．
5) 結果を方程式に代入して，解であることを確認する．

なお，2)で文字を 1 つ消去する方法としては「**加減法**」と「**代入法**」がある．両者については以下に例示するが，実際の計算ではどちらでも使いやすい方を用いればよい．以下では，

$$\begin{cases} 2x+3y=12 & \cdots \ ① \\ x+y=5 & \cdots \ ② \end{cases}$$

という連立方程式を用いて説明する．

＜加減法＞

①における y の係数が 3，②における y の係数が 1 なので，①から②の 3 倍を引く（これを①−②×3 と表す）と y を消去できる．実際，

$$\begin{array}{rl} ① & 2x+3y=12 \\ -) \ ②\times 3 & 3x+3y=15 \\ \hline & -x \ \ \ \ \ =-3 \end{array}$$

となる．これが加減法である．

この結果，$x=3$ となるので，これを①または②に代入すると，$y=2$ が得られる．

＜代入法＞

②の式を変形し，y について解くと $y=5-x$ となる．これを①に代入する．その結果，

$$2x+3(5-x)=12$$

という x のみの 1 次方程式が得られる．これが代入法である．

この結果，$x=3$ となるので，これを $y=5-x$ に代入して，$y=2$ が得られる．

例題 4.9

次の連立方程式を加減法で解きなさい．

$$\begin{cases} 3x+y=10 \\ x+3y=6 \end{cases}$$

［解説］消去するのは x でも y でもかまわない．y を消去する場合には，第 1 式を 3 倍して第 2 式を引く．

［解答］
$$\begin{array}{rl} & 9x+3y=30 \\ -) & x+3y= \ 6 \\ \hline & 8x \ \ \ \ \ =24 \\ & x \ \ \ \ \ = \ 3 \end{array}$$

この結果を第 1 式に代入して，$y=1$ を得る．

よって，解は $x=3$, $y=1$ である．

問 4.9 次の連立方程式を加減法で解きなさい．

1) $\begin{cases} x+4y=14 \\ 2x+y=7 \end{cases}$ 　　2) $\begin{cases} x+y=8 \\ 3x-y=12 \end{cases}$

例題 4.10

次の連立方程式を代入法で解きなさい．
$$\begin{cases} 3x+y=10 \\ x+3y=6 \end{cases}$$

[解説]　第1式は $y=10-3x$ と変形できる．これを第2式に代入する．

[解答]　$x+3(10-3x)=6$
　　　　$-8x=-24$
　　　　$x=3$

これを $y=10-3x$ に代入して $y=1$ を得る．

よって，解は $x=3$，$y=1$ である．

問 4.10　次の連立方程式を代入法で解きなさい．

1) $\begin{cases} x+4y=14 \\ 2x+y=7 \end{cases}$ 　　2) $\begin{cases} x+y=8 \\ 3x-y=12 \end{cases}$

D）連立方程式の応用

　ここでは連立方程式の応用問題を掲げる．4.1節で述べたように，ここでも与えられた条件をいかに定式化するかが重要である．

例題 4.11

次の問題を，連立方程式をたてて解きなさい．

「太郎は時給1000円のアルバイトと時給1200円のアルバイトをかけ持ちで行っている．先週のアルバイト時間は全体で30時間，アルバイト料は32000円であった．太郎は先週，それぞれのアルバイトを何時間ずつ行ったか．」

[解説]　時給1000円のアルバイトを x 時間，時給1200円のアルバイトを y 時間行ったとすると，時間数に関しては，
$$x+y=30$$
が成立する．また，アルバイト料に関しては，
$$1000x+1200y=32000$$
となる．

[解答]　連立方程式は
$$\begin{cases} x+y=30 \\ 1000x+1200y=32000 \end{cases}$$
となる．これを解くと，$x=20$，$y=10$ が得られる．

したがって，時給 1000 円のアルバイトは 20 時間，時給 1200 円のアルバイトは 10 時間である．

問 4.11 次の問題を，連立方程式をたてて解きなさい．

「太郎は昨年，4 単位の科目と 2 単位の科目をいくつかずつ履修し，全体で 50 単位取得した．4 単位の科目の数は 2 単位の科目の数の 2 倍であった．それぞれの科目数を求めよ．」

4.3　2次方程式

A) 平方根

a を 0 以上の数 ($a \geq 0$) とする．平方して（すなわち 2 乗して）a になる数を a の**平方根**という．例えば，2 や -2 は，平方すると 4 になるので 4 の平方根である．

0 の平方根は 0 のみである．正数 a ($a>0$) の平方根は正負 2 つあり，正の平方根を $\sqrt{a}$（ルート a と読む），負の平方根を $-\sqrt{a}$ と書く．また，両者をまとめて $\pm\sqrt{a}$（プラスマイナスルート a と読む）と書く．すなわち，a の平方根は $\pm\sqrt{a}$ である．例えば，2 の平方根は $\pm\sqrt{2}$ である．平方根を表すのに用いるこの記号 $\sqrt{}$ を**根号**という．

【注】 $\sqrt{2}, \sqrt{3}, \sqrt{6}$ などは無理数である．

B) 根号を含む計算

平方根に関しては，下に示す事柄が成立する．ただし，a, b は正数とする．

s1) $(\sqrt{a})^2 = a$, $(-\sqrt{a})^2 = a$

s2) $\sqrt{a^2} = a$

s3) $0 < a < b \iff 0 < \sqrt{a} < \sqrt{b}$

s4) $\sqrt{a} \times \sqrt{b} = \sqrt{ab}$

s5) $\dfrac{\sqrt{a}}{\sqrt{b}} = \sqrt{\dfrac{a}{b}}$

s6) $\sqrt{a^2 b} = a\sqrt{b}$

s7) $\dfrac{a}{\sqrt{b}} = \dfrac{a\sqrt{b}}{b}$（これを**分母の有理化**という）

s8) $p\sqrt{a} + q\sqrt{a} = (p+q)\sqrt{a}$

【注】 公式 s2) は $a > 0$ の場合のみ成立する．一般に，$a < 0$ のときは $\sqrt{a^2} = -a$ となる．例えば，$\sqrt{(-2)^2} = \sqrt{4} = 2$ であって，$\sqrt{(-2)^2} = -2$ ではない．

例題 4.12

次の式を計算しなさい．

1) $\sqrt{3} \times \sqrt{18}$ 　　　　2) $\sqrt{28} \div \sqrt{21}$

58　第4章　方程式

［解説］　1)では，まず公式 s4) を用いて掛け算を行い，必要があれば公式 s6) で根号の中を簡単にする．2)では，公式 s5) を用いたのち，必要があれば s7) により分母を有理化する．あるいは，別解のように計算することもできる．

［解答］　1)　与式 $= \sqrt{54} = \sqrt{3^2 \cdot 6} = 3\sqrt{6}$

　　　　2)　与式 $= \dfrac{\sqrt{28}}{\sqrt{21}} = \sqrt{\dfrac{28}{21}} = \sqrt{\dfrac{4}{3}} = \dfrac{\sqrt{4}}{\sqrt{3}} = \dfrac{2}{\sqrt{3}} = \dfrac{2\sqrt{3}}{3}$

［別解］　1)　与式 $= \sqrt{3} \times 3\sqrt{2} = 3\sqrt{3 \times 2} = 3\sqrt{6}$

　　　　2)　与式 $= \dfrac{2\sqrt{7}}{\sqrt{3}\sqrt{7}} = \dfrac{2}{\sqrt{3}} = \dfrac{2\sqrt{3}}{3}$

【注】　一般に，有理化した結果を最終的な答とする．分母に根号を含んだまま終わってはいけない．

問 4.12　次の式を計算しなさい．
　1)　$\sqrt{2} \times 2\sqrt{2}$　　　　2)　$2 \div \sqrt{8}$
　3)　$\sqrt{12} \times \sqrt{15}$　　　　4)　$\sqrt{20} \div \sqrt{25}$

──　例題 4.13　──

次の式を計算しなさい．
　1)　$2\sqrt{12} + \sqrt{27} - 2\sqrt{75}$　　　2)　$(1 + 2\sqrt{3})^2$

［解説］　1)では，根号の中を簡単にしてから公式 s8) を用いる．2)では，展開した後 $\sqrt{3}$ を持つ項とそうでない項をそれぞれ整理する．

［解答］　1)　与式 $= 4\sqrt{3} + 3\sqrt{3} - 10\sqrt{3} = -3\sqrt{3}$

　　　　2)　与式 $= 1 + 4\sqrt{3} + 12 = 13 + 4\sqrt{3}$

問 4.13　次の式を計算しなさい．
　1)　$2\sqrt{50} - 4\sqrt{8}$　　　　2)　$(3 + \sqrt{11})(-2 + \sqrt{11})$

C) 2次方程式とその解き方

$$ax^2 + bx + c = 0$$

という形式に整理できる方程式を **2次方程式** という（ただし，a, b, c は定数で，$a \neq 0$ である）．例えば，$2x^2 - 3x + 1 = 0$ は 2次方程式である．

2次方程式 $ax^2 + bx + c = 0$ は，左辺が $a(x-\alpha)(x-\beta)$ と因数分解できる場合には，$(x-\alpha)(x-\beta) = 0$ より，$x = \alpha$，$x = \beta$ が解となる（α はアルファ，β はベータと読む）．

【注】　一般に，
　　　$AB = 0$ のとき，$A = 0$ または $B = 0$
である．したがって，$(x-\alpha)(x-\beta) = 0$ のときは，$x - \alpha = 0$ または $x - \beta = 0$ であるから，$x = \alpha$，$x = \beta$ となる．

―― 例題 4.14 ――――――――――――――――――――――
因数分解により，次の2次方程式を解きなさい．
  1) $x^2 - 4x = 0$ 2) $2x^2 - 3x + 1 = 0$

［解説］1)の左辺は $x(x-4)$ と因数分解できる．2)の左辺は $(2x-1)(x-1)$ となる．

［解答］1) $x = 0$, $x = 4$ 2) $x = \dfrac{1}{2}$, $x = 1$

問 4.14 因数分解により，次の2次方程式を解きなさい．
  1) $x^2 - x = 0$ 2) $4x^2 + 4x + 1 = 0$
  3) $x^2 - 3x + 2 = 0$ 4) $3x^2 + 2x - 5 = 0$

2次方程式は，範囲を複素数まで広げると必ず2つの解をもつが，実数の範囲では必ずしも解をもつとは限らない．解が実数である場合，その解を**実数解**という．2次方程式が実数解をもつ場合は，次の方法で解くことができる．なお，2つの解がたまたま同じ値であるとき，それを**重解**という．

q1) $\boldsymbol{x^2 - c = 0}$ という形式の場合,
$$x^2 = c \text{ より，} x = \pm\sqrt{c}$$

q2) $\boldsymbol{ax^2 - c = 0}$ という形式の場合,
$$x^2 = \frac{c}{a} \text{ より，} x = \pm\sqrt{\frac{c}{a}}$$

q3) $\boldsymbol{(x+p)^2 = q}$ という形式の場合,
$$x + p = \pm\sqrt{q} \text{ より，} x = -p \pm \sqrt{q}$$

q4) $\boldsymbol{x^2 + 2bx + c = 0}$ という形式の場合,
$$x^2 + 2bx + b^2 = b^2 - c \text{ と変形すると,}$$
$$(x+b)^2 = b^2 - c \text{ となるので,}$$
$$x = -b \pm \sqrt{b^2 - c}$$

q4)のような変形を**平方完成**という．この平方完成を用いると，以下に示す一般的な**解の公式**が導き出せる．

q5) $\boldsymbol{ax^2 + bx + c = 0}$ $(a > 0)$ という形式の場合,
$$x = \frac{-b \pm \sqrt{b^2 - 4ac}}{2a}$$

実際，$ax^2 + bx + c = 0$ $(a > 0)$ は次のように変形できる．
$$x^2 + \frac{b}{a}x + \frac{c}{a} = 0$$
$$x^2 + 2\left(\frac{b}{2a}\right)x + \left(\frac{b}{2a}\right)^2 = \left(\frac{b}{2a}\right)^2 - \frac{c}{a}$$

$$\left(x+\frac{b}{2a}\right)^2 = \frac{b^2-4ac}{4a^2}$$

$$x+\frac{b}{2a} = \pm\frac{\sqrt{b^2-4ac}}{2a}$$

$$x = \frac{-b\pm\sqrt{b^2-4ac}}{2a}$$

なお，根号の中の式 b^2-4ac は 0 以上 $(b^2-4ac \geqq 0)$ でなければならない．この式 $D=b^2-4ac$ を解の**判別式**という．判別式に関しては次のことが成立する．

- 判別式の値が正のとき，2つの実数解をもつ
- 判別式の値が 0 のとき，重解をもつ
- 判別式の値が負のとき，実数解はもたない

例題 4.15

次の 2 次方程式について，実数解の個数を調べなさい．

1) $x^2-4x+1=0$ 2) $2x^2-3x+4=0$

[解説] 1) の判別式の値は $(-4)^2-4\cdot 1\cdot 1 = 16-4 = 12$ であり，2) の判別式の値は $(-3)^2-4\cdot 2\cdot 4 = 9-32 = -23$ である．

[解答] 1) 判別式の値が正なので，実数解は 2 個

2) 判別式の値が負なので，実数解は 0 個

問 4.15 次の 2 次方程式について，実数解の個数を調べなさい．

1) $x^2+4x+2=0$ 2) $3x^2-4x+2=0$

3) $x^2+6x+9=0$

例題 4.16

解の公式を用いて，次の 2 次方程式を解きなさい．

1) $x^2-4x+1=0$ 2) $2x^2-3x+1=0$

[解説] 係数 a, b, c の値を明らかにし，解の公式に代入すればよい．1) では，$a=1, b=-4, c=1$ である．2) では，$a=2, b=-3, c=1$ である．

[解答] 1) $x = \dfrac{-(-4)\pm\sqrt{(-4)^2-4\cdot 1\cdot 1}}{2\cdot 1} = \dfrac{4\pm\sqrt{12}}{2} = 2\pm\sqrt{3}$

2) $x = \dfrac{-(-3)\pm\sqrt{(-3)^2-4\cdot 2\cdot 1}}{2\cdot 2} = \dfrac{3\pm\sqrt{1}}{4} = 1, \ \dfrac{1}{2}$

問 4.16 解の公式を用いて，次の 2 次方程式を解きなさい．

1) $x^2-3=0$ 2) $x^2+4x+2=0$ 3) $3x^2-4x+1=0$

D) 2 次方程式の応用

2 次方程式を用いる問題でも何を未知数として定式化するかが重要である．もっとも，2 次

方程式を解いた場合，**条件にそぐわない値が解として得られることもある**ので，必ず確かめが必要である．

> **例題 4.17**
>
> 方程式をたてて，次の問題を解きなさい．
> 「面積が 2000m² の長方形の土地がある．その縦の長さは横の長さより 10m 短い．この土地の縦，横の長さを求めよ．」

[解説] 縦の長さを $x(m)$，横の長さを $y(m)$ とすると，

$$\begin{cases} xy = 2000 & \cdots\cdots\cdots ① \\ x = y - 10 & \cdots\cdots\cdots ② \end{cases}$$

となる．代入法により x を消去すると，y の 2 次方程式が得られる．

[解答] ②を①に代入すると，　$(y-10)y = 2000$

これを整理すると，

$$y^2 - 10y - 2000 = 0$$

$$(y-50)(y+40) = 0$$

$$y = 50, \ -40$$

$y > 0$ なので，$y = -40$ は不適である．

$y = 50$ を②に代入して，$x = 40$．

$x = 40, \ y = 50$ は題意を満たす．

よって，縦 40m，横 50m．

問 4.17 方程式をたてて，次の問題を解きなさい．

「1000 円の商品を仕入れ，$x\%$ の利益を見込んで定価を付けたが売れなかったので，定価の $x\%$ 引きで販売した．その結果，仕入れ値段の 1% の損となった．x の値を求めよ．」

~~第 4 章のまとめ~~

1) 文字が特定の値をもつときにのみ等号が成立する等式を [a)] という．また，そのときの文字を [b)] という．
2) [c)] とは，項を他の辺に移すことであり，[a)] を解くときに用いる．
3) 平方して（2 乗して）a になる数を a の [d)] という．
4) $\dfrac{a}{\sqrt{b}}$ の分母を [e)] すると，$\dfrac{a\sqrt{b}}{b}$ となる．
5) 2 次 [a)] がただ 1 つの解をもつとき，その解のことを [f)] という．
6) 2 次 [a)] の [g)] が正のとき，それは 2 つの実数解をもつ．

---- 第 4 章の復習問題 ----

[1] 次の 1 次方程式を解きなさい．

1) $4x - 8 = 7 - x$ 　　　　2) $5t - 1 = t + 7$

3) $2a - 3 = 4 - a$ 4) $\dfrac{2}{3}x - \dfrac{1}{2} = \dfrac{x}{3} + \dfrac{1}{6}$

5) $0.1x - 1.6 = 1.2(x + 0.5)$

[2] 次の連立方程式を解きなさい．

1) $\begin{cases} 4x - y = 5 \\ 2x + 3y = 13 \end{cases}$ 2) $\begin{cases} x + y = \dfrac{3}{2} \\ x - y = \dfrac{2}{3} \end{cases}$ 3) $\begin{cases} \dfrac{x}{2} + \dfrac{y}{3} = 1 \\ 0.6x + 0.2y = 1.2 \end{cases}$

[3] 次の式を簡単にしなさい．

1) $(\sqrt{2} + \sqrt{3})^2$ 2) $\dfrac{1}{\sqrt{3} - \sqrt{2}}$

[4] 次の2次方程式を解きなさい．

1) $x^2 - 3x = 0$ 2) $x^2 - 16 = 0$

3) $x^2 - 3x - 4 = 0$ 4) $2x^2 - 3x - 9 = 0$

5) $x^2 - x - 1 = 0$

第4章の発展問題

【1】 次の問題を，方程式をたてて解きなさい．

「太郎はお父さんが25才のときに生まれたが，今から5年経つとお父さんの年齢は太郎の2倍になる．2人の現在の年齢を求めよ．」

【2】 次の問題を，方程式をたてて解きなさい．

「直角三角形の土地がある．底辺の長さは高さより7m短く，高さは斜辺より1m短い．このとき，この土地の面積を求めよ．」

【3】 次の連立方程式を解きなさい．ただし，$x > 0$ とする．

$\begin{cases} x^2 - y = y^2 - x \\ x - 2y - 3 = 0 \end{cases}$

【4】 次の問題を，方程式をたてて解きなさい．

「長方形の土地 $4000m^2$ の周囲に10m間隔で木を植えた．横の1辺に植えた木の本数は，縦の1辺に植えた木の本数の2倍より3本少なかった．植えた木の総数を求めよ．ただし，木の太さは考えなくてもよいとする．」

第5章 関数とグラフ

本章では，主に，1次関数と2次関数，およびそれらのグラフについて解説する．グラフの交点や接点を求めることは方程式を解くことに他ならない．方程式の解き方がわからなければ，前章に戻って学習し直した方がよい．

5.1 関数の基本

A) 関数とは

文字式において，いろいろな値をとる文字を**変数**という．文字式の中に2つの変数 x, y があって，

「x の値を決めると，それにともなって y の値が**ただ1つ決まる**」

とき，y は x の**関数**であるという．例えば，

$$y = x^2 - 2x$$

を考える．x の値を決めると y の値がただ1つ決まるので，y は x の関数である．実際，例えば，$x=2$ のとき $y=0$ となり，$x=4$ のとき $y=8$ となる．

【注】 y が x の関数であっても，x が y の関数とは限らない．例えば，$y = x^2$ のとき，y は x の関数である．しかし，x は y の関数ではない．y の値を決めても，x の値がただ1つに決まるわけではないからである．

y が x の関数であることを，一般に，

$$y = f(x)$$

と書く．また，$x=a$ のとき，関数の値は $f(a)$ と表す．

【注】 厳密に言えば，f が関数であり，y や $f(x)$ は x における関数 f の値である．

例題 5.1

$f(x) = x(x+2)$ のとき，次の関数の値を求めなさい．

1) $f(3)$ 2) $f(t-1)$

[解説] x に 3 や $t-1$ を代入して計算すればよい．

[解答] 1) $f(3) = 3 \times (3+2) = 15$

    2) $f(t-1) = (t-1)(t-1+2) = (t-1)(t+1) = t^2 - 1$

問 5.1 $f(x) = x^2 - 3x + 2$ のとき，次の関数の値を求めなさい．

1) $f(0)$ 2) $f(-4)$ 3) $f(t)$ 4) $f(x+1)$

B）座標

第 1 章で述べたように，直線上の点は数値と対応させることができる．適当に原点 (0 と対応する点) を定めれば，直線上の各点はそれぞれ異なる 1 つの数値と対応する．

一方，平面上の点になると，2 つの数値からなる組が必要となる．この数値の組のことを**座標**という．座標としてはいろいろなものが考案されているが，一般によく用いられているのは直交座標である．**直交座標**では，直交する 2 つの直線を基準にして座標を定める．基準となる横の直線（横軸）を **x 軸**，縦の直線（縦軸）を **y 軸**といい，その交点を原点という．平面上の各点 P の座標 (a, b) は，図 5.1 に示すように，その点と x 軸，y 軸によって作られる長方形の各辺の長さによって定められる．点 P の座標が (a, b) のとき，a を **x 座標**，b を **y 座標**という．ただし，x 座標は，原点より右が正，左が負を表す．y 座標の場合は，原点より上が正，下が負である．なお，原点の座標は $(0, 0)$ である．

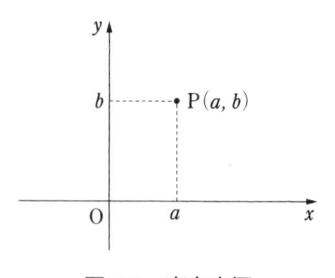

図 5.1　直交座標

C）関数のグラフ

関数を $y = f(x)$ とするとき，座標 $(x, f(x))$ をもつ点の集まりを図示したものを，その関数の**グラフ**という．例えば，関数
$$f(x) = x^3 - 3x^2 + 2$$
のグラフを描くと，図 5.2 のようになる．

　　　$(0, 2)$,

　　　$(1, 0)$,

　　　$(3, 2)$,

などの座標をもつ点が，このグラフ上にあることは容易にわかる．

グラフを描くことにより，その関数の性質が明らかになる場合がある．この章では簡単な関数しか扱わないが，任意に与えられた関数のグラフを描く方法については，第 12 章「微分の応用」で述べる．

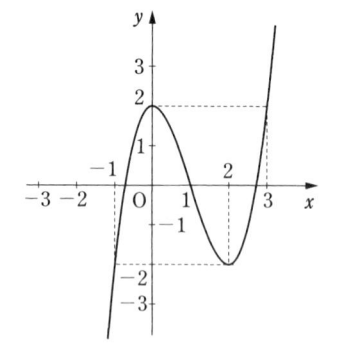

図 5.2　関数のグラフの例

例題 5.2

次の点が，関数 $y = x^2 - 3x + 1$ のグラフ上にあるかどうかを調べなさい．

　1)　$(0, 1)$ 　　　　　　2)　$(1, 3)$

[解説] 与えられた点の x 座標と y 座標を代入し，等号が成り立つかどうかを調べればよい．

[解答] 1)　左辺 $= 1$，右辺 $= 0^2 - 3 \times 0 + 1 = 1$

左辺＝右辺なので，グラフ上の点である．

2) 左辺 $= 3$, 右辺 $= 1^2 - 3 \times 1 + 1 = -1$

左辺≠右辺なので，グラフ上の点ではない．

問 5.2 次の点が，関数 $y = 2x^2 + 2x - 1$ のグラフ上にあるかどうかを調べなさい．

1) $(0, 1)$ 　　　　　　　　2) $(1, 3)$

5.2 比例と反比例

A）比例

100円のパンを x 個買ったときの代金を y 円とすると，$y = 100x$ という関係式が得られる．一般に，2つの変数 x, y が

$$y = ax \quad (\text{ただし，} a \text{ は定数で，} a \neq 0)$$

表 5.1　$y = 2x$ の対応表

x	$\cdots$	-1	0	1	2	3	$\cdots$
y	$\cdots$	-2	0	2	4	6	$\cdots$

という関係にあるとき，y は x に**比例する**といい，a を**比例定数**という．例えば，$y = 100x$ のとき y は x に比例し，このときの比例定数は 100 である．

y が x に比例するとき，$\frac{y}{x} = a =$ 一定である．すなわち，x と y の比が一定である．したがって，x を 2 倍，3 倍，4 倍，…していくと，y も 2 倍，3 倍，4 倍，…される．表 5.1 に $y = 2x$ の場合の対応表を示す．表では，整数の一部のみを示しているが，x や y は一般に実数値をとる．

例題 5.3

y は x に比例し，$x = 5$ のとき $y = 8$ である．$x = 8$ のときの y の値を求めなさい．

[解説] まず，比例定数を求める必要がある．比例定数は y を x で割ったものである．その比例定数に x の値を掛けると y の値がでる．

[解答] 比例定数 $= \dfrac{8}{5}$ より，$y = \dfrac{8}{5} \times 8 = \dfrac{64}{5}$

問 5.3 y は x に比例し，$x = 3$ のとき $y = 6$ である．$x = 8$ のときの y の値を求めなさい．

$y = ax$ という関数のグラフを書くと，原点 $(0, 0)$ を通る直線となる．ただし，比例定数 a によってその状態は変わってくる．$a > 0$ のときは右上がり，$a < 0$ のときは右下がりとなる．図 5.3 にその様子を示す．図では $a = 2$ と $a = -2$ を例にとった．

1) $a>0$ の場合 2) $a<0$ の場合

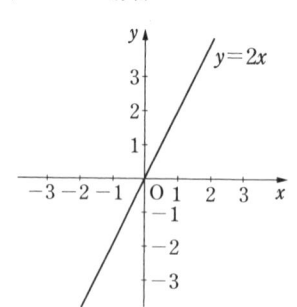

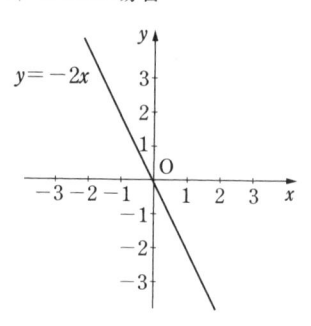

図 5.3　$y=ax$ のグラフ

例題 5.4

次の関数のグラフを作成しなさい．

1)　$y=3x$ 　　　　2)　$y=-3x$

[解説]　グラフを作成するときは，いくつかの点（$x=1, 2$ などに対する点）をプロットしてみると全体像が見えてくる．なお，比例の関数のグラフは，原点を通る直線であることに注意しよう．

[解答]　以下のとおりである．

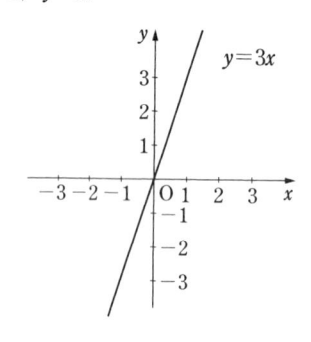

1) $y=3x$ 　　　　2) $y=-3x$

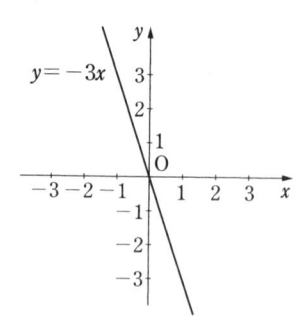

問 5.4　次の関数のグラフを作成しなさい．

1)　$y=\dfrac{1}{2}x$ 　　　　2)　$y=-\dfrac{1}{2}x$

B) 反比例

10 km の距離を時速 x km で歩いたときの時間を y 時間とすると，$y=\dfrac{10}{x}$ という関係が得られる．一般に，変数 x, y に対し，

$$y=\frac{a}{x}\ (\text{ただし，} a \text{は定数で，} a \neq 0)$$

となるとき，y は x に**反比例**するといい，このときの定数 a を**比例定数**という．例えば，$y=\dfrac{10}{x}$

のとき，y は x に反比例し，そのときの比例定数は 10 である．

y が x に反比例するとき，$xy = a = $ 一定となる．

例題 5.5

y は x に反比例し，$x = 3$ のとき $y = 6$ である．$x = 2$ のときの y の値を求めなさい．

[解説] まず，比例定数を求める必要がある．比例定数は x と y の積である．その比例定数を x の値で割ると y の値がでる．

[解答] 比例定数 $= 3 \times 6 = 18$ より，$y = \dfrac{18}{2} = 9$

問 5.5 y は x に反比例し，$x = 4$ のとき $y = 6$ である．$x = 8$ のときの y の値を求めなさい．

$y = \dfrac{a}{x}$ という関数のグラフを書くと，図 5.4 に示すような曲線となる（図では $a = 1$ と $a = -1$ を例にとった）．$a \neq 0$ なので，x も y も 0 になることはない．これは，「x 軸とも y 軸とも交わらないし，また接することもない」ことを意味する．

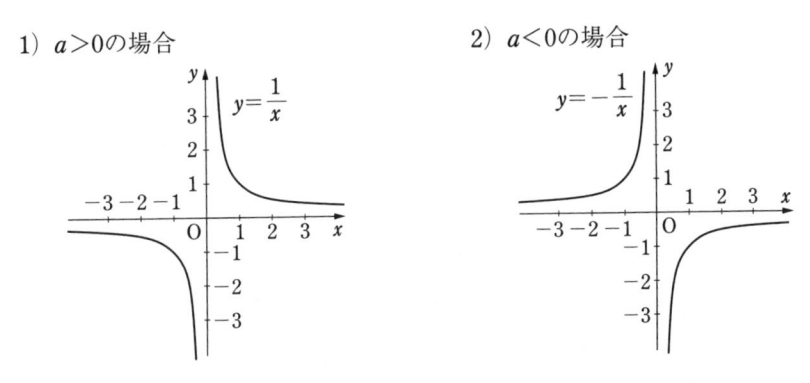

1) $a > 0$ の場合　　　　2) $a < 0$ の場合

図 5.4　$y = \dfrac{a}{x}$ のグラフ

例題 5.6

次の関数のグラフを作成しなさい．
　　1)　$y = \dfrac{2}{x}$　　　　　　2)　$y = -\dfrac{2}{x}$

[解説] ここでもいくつかの点をプロットしてみよう．図 5.4 に示した形が見えてくるはずである．

[解答] 以下のとおりである．

1) $y = \dfrac{2}{x}$

2) $y = -\dfrac{2}{x}$

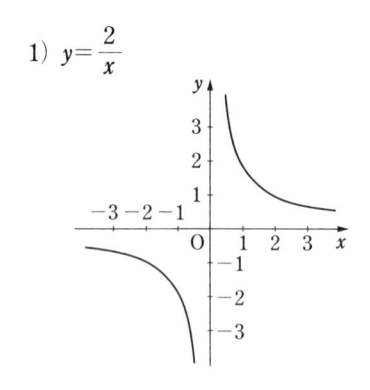

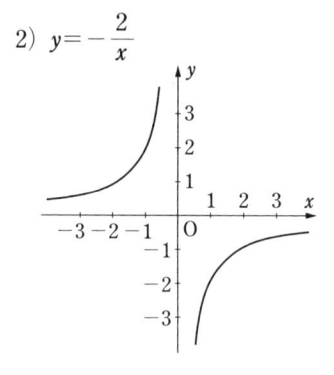

問 5.6 次の関数のグラフを作成しなさい．

1) $y = \dfrac{4}{x}$ 　　　　　2) $y = -\dfrac{4}{x}$

5.3　1次関数

A）1次関数の一般形

　1人あたり 5000 円のコンサートチケットを購入する際，枚数にかかわらず必ず手数料 500 円がかかるとする．そのとき，x 人分のチケットを購入するときの支払代金 y は

$$y = 5000x + 500$$

となる．このように，y が x の1次式として表現できる関数のとき，すなわち，

$$y = ax + b$$

となるとき，y は **1次関数** であるという（ここで，a, b は定数である）．前節で述べた比例関係は，$b = 0$ という特殊な1次関数である．また，$a = 0$ のときすなわち $y = b$ のときも特殊な1次関数である．例えば，

$$y = 3x - 1$$
$$y = -2x$$
$$y = 4$$

などは1次関数である．

　$y = ax + b$ という1次関数においては，変化の割合は常に一定である．実際，x の値が x_1 から x_2 に変化したとき，y の値が y_1 から y_2 になったとする．そのとき，

$$y_1 = ax_1 + b$$
$$y_2 = ax_2 + b$$

である．したがって，

$$\text{変化の割合} = \frac{y_2 - y_1}{x_2 - x_1} = \frac{(ax_2 + b) - (ax_2 + b)}{x_2 - x_1} = \frac{ax_2 - ax_1}{x_2 - x_1} = \frac{a(x_2 - x_1)}{x_2 - x_1} = a$$

となる．

―― 例題 5.7 ―――――――――――――――――――――――――――
次の関数において，x の値が $x_1=2$ から $x_2=5$ に変化したとき，y の変化量を求めなさい．
　　1) $y=2x-5$　　　　　　　2) $y=-3x+4$
―――――――――――――――――――――――――――

[解説]　$x_1=2$ と $x_2=5$ のときの y の値を求め引き算をすればよい．もっとも，変化の割合は x の係数に等しいので，それを 3 倍（$=5-2$）してもよい（別解参照）．

[解答]　1)　$y_1=2\times 2-5=-1$, $y_2=2\times 5-5=5$ より，y の変化量 $=y_2-y_1=5-(-1)=6$

　　　　2)　$y_1=-3\times 2+4=-2$, $y_2=-3\times 5+4=-11$ より，
　　　　　　y の変化量 $=y_2-y_1=-11-(-2)=-9$

[別解]　1)　x の係数が 2 なので，y の変化量 $=2\times(5-2)=6$

　　　　2)　x の係数が -3 なので，y の変化量 $=-3\times(5-2)=-9$

問 5.7　次の関数において，x の値が $x_1=4$ から $x_2=6$ に変化したとき，y の変化量を求めなさい．
　　1) $y=3x+5$　　　　　　　2) $y=-2x-2$

B）1 次関数のグラフ

1 次関数 $y=ax+b$ のグラフは，$y=ax$ のグラフを b だけ移動させた直線である．$b>0$ のときは上方向への移動，$b<0$ のときは下方向への移動となる．

1 次関数のグラフにおいては，a を **傾き**，b を **切片** という．切片は y 軸との交点の y 座標を表している．

なお，$y=b$ という関数のグラフは，傾き a が 0 なので，x 軸に平行な直線となる．

図 5.5 にいくつか例を示す．

1) $y=2x+2$ の場合（点線は $y=2x$）　　2) $y=3$ の場合

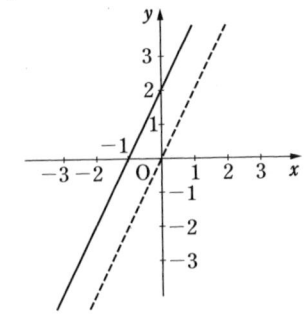

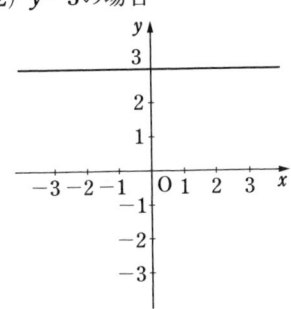

図 5.5　1 次関数のグラフ

70　第5章　関数とグラフ

> **例題 5.8**
>
> 次の関数のグラフを作成しなさい．
>   1) $y = 3x + 2$
>   2) $y = -3x - 1$

[解説]　いくつかの点をプロットしてもよいが，比例のグラフを切片 b だけ移動させればよい．
　　　　1)では上方向に2移動，2)では下方向に1移動する．

[解答]　以下のとおりである．

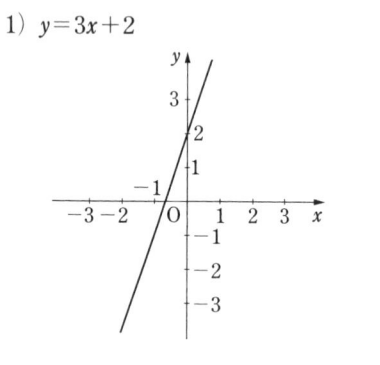

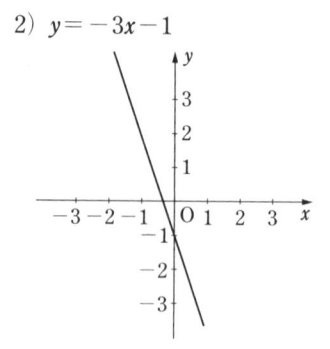

　　　1) $y = 3x + 2$　　　　　　　　　　　2) $y = -3x - 1$

問 5.8　次の関数のグラフを作成しなさい．

　　1) $y = \dfrac{1}{2}x + 1$　　　　　　　　2) $y = -\dfrac{1}{2}x - 2$

なお，1次関数はさらに

$$ax + by + c = 0 \quad \cdots\cdots\cdots \text{①}$$

という形式に一般化することができる．$y = ax + b$ という形式は①の特殊形式にすぎない．しかも，①は $x = c$ という形式も含んでいる．$x = c$ のグラフは y 軸に平行な直線である．ただし，$x = c$ 自体は厳密にいえば関数ではない．

C）1次関数のグラフと方程式

1次関数 $y = ax + b$ のグラフは傾き a が0でない限り，x 軸と交点をもつ．その交点の x 座標は1次方程式 $ax + b = 0$ の解である．

> **例題 5.9**
>
> 次の関数のグラフと x 軸との交点の座標を求めなさい．
>   1) $y = 3x + 2$
>   2) $y = -3x - 1$

[解説]　x 軸との交点であるから y 座標は0である．交点の x 座標は $y = 0$ としたときの方程式を解けばよい．

[解答]　1)　$3x + 2 = 0$ を解いて，$x = -\dfrac{2}{3}$．よって，交点の座標は $\left(-\dfrac{2}{3},\ 0\right)$．

　　　　2)　$-3x - 1 = 0$ を解いて，$x = -\dfrac{1}{3}$．よって，交点の座標は $\left(-\dfrac{1}{3},\ 0\right)$．

問 5.9 次の関数のグラフと x 軸との交点の座標を求めなさい.

1) $y = \dfrac{1}{2}x + 1$ 　　　2) $y = -\dfrac{1}{2}x + 2$

例題 5.10

次の関数のグラフにおける交点の座標を求めなさい.

1) $\begin{cases} y = 3x + 2 \\ y = 2x + 5 \end{cases}$ 　　　2) $\begin{cases} y = -3x - 1 \\ 2x + 3y - 4 = 0 \end{cases}$

[解説]　2つの1次関数のグラフは,傾きが異なる場合ただ1つの交点を持つ.そのときの交点の座標は,連立1次方程式の解にほかならない.

[解答]　1)　連立方程式を解くと,$x = 3$, $y = 11$ となる.したがって,交点の座標は $(3, 11)$.

2)　連立方程式を解くと,$x = -1$, $y = 2$ となる.したがって,交点の座標は $(-1, 2)$.

参考のため,以下にグラフを示しておく.

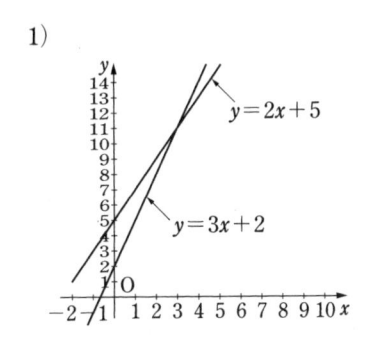

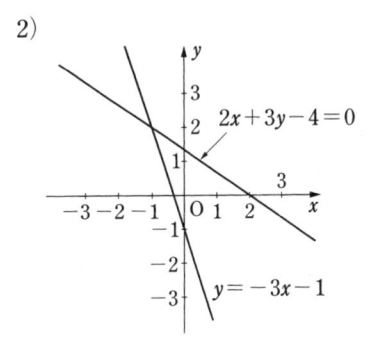

問 5.10 次の関数のグラフにおける交点の座標を求めなさい.

1) $\begin{cases} y = \dfrac{1}{2}x + 1 \\ y = x + 3 \end{cases}$ 　　　2) $\begin{cases} x + 2y - 3 = 0 \\ 2x - 3y - 6 = 0 \end{cases}$

与えられた2点を通る直線は一意に定まる.したがって,2つの点の座標が与えられたとき,その2点を通る直線の方程式はただ一つに決まる.

例題 5.11

2点 $(1, 2)$, $(2, 6)$ を通る直線の方程式を求めなさい.

[解説]　直線の方程式を $y = ax + b$ とする.これが与えられた2点を通るので,各点の x 座標,y 座標を代入すると,a と b を未知数とする連立方程式が得られる.

[解答]　点 $(1, 2)$ を通ることから,$2 = a + b$.

点 $(2, 6)$ を通ることから,$6 = 2a + b$.

この連立方程式を解くと,$a = 4$, $b = -2$.

したがって,求める方程式は $y = 4x - 2$.

問 5.11 2点 $(-1, 3)$, $(1, 1)$ を通る直線の方程式を求めなさい.

5.4　2次関数

A）2乗に比例する関数

半径 x cm の円の面積を y cm² とすると，
$$y = \pi x^2$$
が成立する．ここで，**π（パイと読む）は円周率を表す**．このとき，y は x^2 に比例するという．一般に，y が x^2 に比例するとき，
$$y = ax^2 \quad (a \text{ は定数で，} a \neq 0)$$
と表すことができる．また，x^2 の係数 a を**比例定数**という．

関数 $y = ax^2$ のグラフは，図 5.6 のようになる．グラフから明らかなように，y 軸に対して対称である．このような曲線を**放物線**という．一般に，$a > 0$ のとき放物線は**下に凸**となり，$a < 0$ のとき**上に凸**となる．図 5.6 では $a = 1$ の場合と $a = -1$ の場合とを示している．

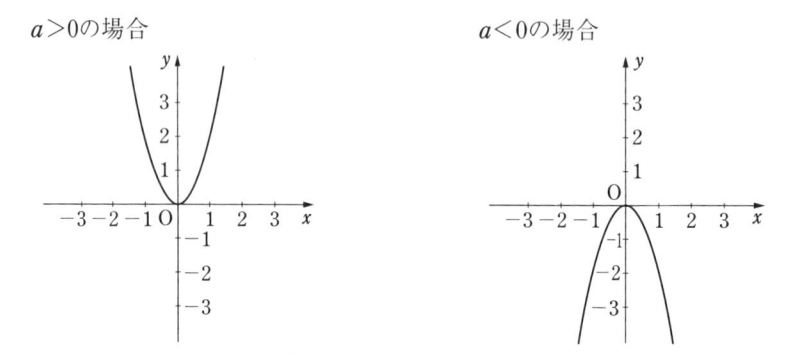

図 5.6　$y = ax^2$ のグラフ

放物線という言葉は，もともと「モノを投げたときにできる軌跡」という意味であるが，このときの放物線は上に凸である．

B）平行移動

点 (x, y) を x 軸方向に p ずらし，y 軸方向に q ずらし，点 $(x+p, y+q)$ に移動することを**平行移動**という（図 5.7）．関数 $y = f(x)$ のグラフを x 軸方向に p，y 軸方向に q 平行移動させると，どうなるだろうか．

今，もとの点を (X, Y)，移動後の点を (x, y) とすると，
$$\begin{cases} x = X + p \\ y = Y + q \end{cases}$$
であるから，
$$\begin{cases} X = x - p \\ Y = y - q \end{cases} \quad \cdots\cdots\cdots ①$$

となる．もとの点 (X, Y) が $Y = f(X)$ のグラフ上の点であれば，①を代入することにより，
$$y - q = f(x - p)$$
が成り立つ．したがって，
$$y = f(x - p) + q$$
となる．

　すなわち，**関数 $y = f(x)$ のグラフを x 軸方向に p，y 軸方向に q 平行移動させると，**
$$y = f(x - p) + q$$
という関数のグラフが得られる．

　例えば，$y = 2x^2$ のグラフを x 軸方向に 2，y 軸方向に 1 平行移動させると，
$$y = 2(x - 2)^2 + 1 = 2x^2 - 8x + 9$$
が得られる（図 5.8）．

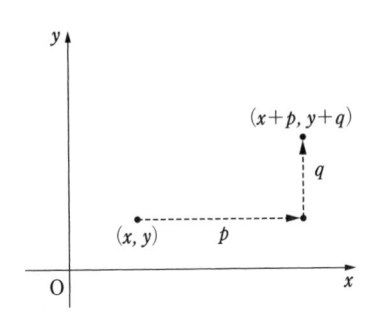

図 5.7　平行移動

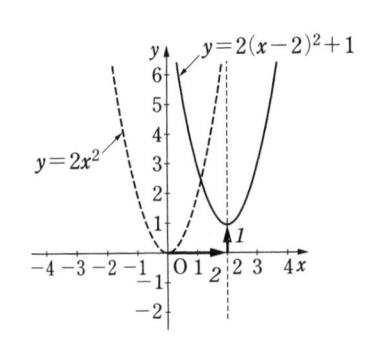

図 5.8　平行移動の例

【注】 p や q は負数でもよい．
　例えば，$y = 2x^2$ のグラフを x 軸方向に -1，y 軸方向に -2 平行移動させると，
$$y = 2\{x - (-1)\}^2 + (-2) = 2(x + 1)^2 - 2$$
となる．
　放物線 $y = a(x - p)^2 + q$ は直線 $x = p$ に対し対称である．この直線を放物線の**軸**といい，$x = p$ を**軸の方程式**という．また，点 (p, q) を放物線の**頂点**という．$y = ax^2$ のグラフは，y 軸を軸とし，原点を頂点とする放物線である．

例題 5.12

次の関数のグラフを x 軸方向に 1，y 軸方向に 2 平行移動したときのグラフの方程式を求めなさい．また，グラフを作成しなさい．

1) $y = x^2$ 　　　　　　　　2) $y = -2x^2$

[解説] x に $x - 1$ を代入し，2 を加えればよい．
[解答] 1) $y = (x - 1)^2 + 2 = x^2 - 2x + 3$ 　　2) $y = -2(x - 1)^2 + 2 = -2x^2 + 4x$

グラフは以下のとおりである.

1) $y=(x-1)^2+2$ 　　　　　　　　2) $y=-2(x-1)^2+2$

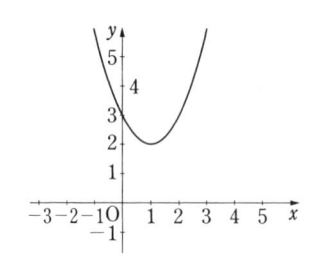

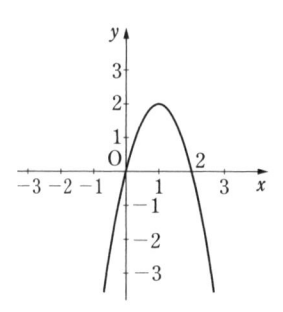

問 5.12 次の関数のグラフを x 軸方向に -2, y 軸方向に -1 平行移動したときのグラフの方程式を求めなさい. また, グラフを作成しなさい.

1) $y=x^2$ 　　　　　　　　2) $y=-\dfrac{1}{2}x^2$

C) 一般的な 2 次関数と頂点の座標

2 次式で表される関数を **2 次関数** という. 一般に, 2 次関数は

$$y=ax^2+bx+c \quad (ただし, a, b, c は定数で, a \neq 0)$$

と表される.

実は, 2 次関数 $y=ax^2+bx+c$ は, $y=ax^2$ を平行移動したものであり, そのグラフはやはり放物線である. その軸の方程式と頂点の座標は次のように平方完成して求めることができる. 実際,

$$\begin{aligned}
y &= ax^2+bx+c \\
&= a\left(x^2+\frac{b}{a}x\right)+c \\
&= a\left(x^2+\frac{b}{a}x+\frac{b^2}{4a^2}\right)-\frac{b^2}{4a}+c \\
&= a\left(x+\frac{b}{2a}\right)^2-\frac{b^2-4ac}{4a}
\end{aligned}$$

であるから, 2 次関数 $y=ax^2+bx+c$ は, $y=ax^2$ を x 軸方向に $-\dfrac{b}{2a}$, y 軸方向に $-\dfrac{b^2-4ac}{4a}$ 平行移動したものであることがわかる. したがって, 軸の方程式, 頂点の座標は次の通りである.

> 軸の方程式 $\quad x=-\dfrac{b}{2a}$
>
> 頂点の座標 $\quad \left(-\dfrac{b}{2a}, \ -\dfrac{b^2-4ac}{4a}\right)$

例題 5.13

次の放物線における軸の方程式と頂点の座標を求めなさい.

1) $y = 3x^2 + 6x + 1$ 　　　　2) $y = -2x^2 + 2x - 1$

[解説] 上の公式を用いることもできるが，任意の2次関数について平方完成できるように練習しておく方がよい．

[解答] 1) $y = 3x^2 + 6x + 1 = 3(x^2 + 2x) + 1 = 3(x+1)^2 - 2$ より，

軸の方程式は $x = -1$, 頂点の座標は $(-1, -2)$

2) $y = -2x^2 + 2x - 1 = -2(x^2 - x) - 1 = -2\left(x - \dfrac{1}{2}\right)^2 - \dfrac{1}{2}$ より，

軸の方程式は $x = \dfrac{1}{2}$, 頂点の座標は $\left(\dfrac{1}{2}, -\dfrac{1}{2}\right)$

問 5.13 次の放物線における軸の方程式と頂点の座標を求めなさい．

1) $y = x^2 + 3x - 4$ 　　　　2) $y = -\dfrac{1}{2}x^2 + 2x$

D) x 軸との共有点

2次関数 $y = ax^2 + bx + c$ のグラフは，書いてみるとわかるとおり，x 軸と

- 2点を共有する場合
- 接する場合
- 共有点がない場合

の3種類に分かれる．これは頂点の y 座標と x 軸との位置関係によって決まる．実は，これらは前章の2次方程式のところで用いた判別式

$$D = b^2 - 4ac$$

の値によって判断できる．頂点の y 座標の公式の中で判別式が用いられていることに注意しよう．

表 5.2

判別式 D	x 軸との共有点	2次方程式の解
$b^2 - 4ac > 0$	2つ	2つの実数解
$b^2 - 4ac = 0$	1つ（接する）	重解
$b^2 - 4ac < 0$	なし	実数解なし

2次関数 $y = ax^2 + bx + c$ のグラフが x 軸と共有点を持つ場合には，その共有点の x 座標は，2次方程式 $ax^2 + bx + c = 0$ の解となる．これらについて整理すると表 5.2 のようになる．

図 5.9 に，3とおりの具体例を示す．

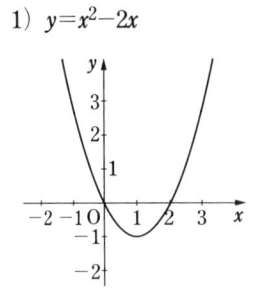

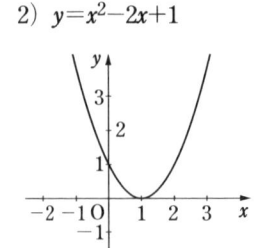

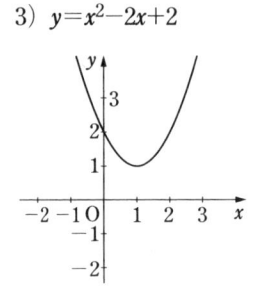

1) $y=x^2-2x$
2) $y=x^2-2x+1$
3) $y=x^2-2x+2$

$\begin{cases} 判別式\ D=4>0 \\ x\text{軸と2点で交わる} \end{cases}$
$\begin{cases} 判別式\ D=0 \\ x\text{軸に接する} \end{cases}$
$\begin{cases} 判別式\ D=-4<0 \\ x\text{軸と共有点はもたない} \end{cases}$

図 5.9　2 次関数と x 軸との共有点

例題 5.14

次の放物線と x 軸との共有点の座標を求めなさい．
 1) $y=3x^2+6x$　　　　2) $y=-x^2+2x-1$

[解説]　x 軸であるから y 座標は 0 である．x 座標については $y=0$ としたときの 2 次方程式を解けばよい．ただし，2 次方程式が解けない（実数解をもたない）場合は共有点は存在しない．

[解答]　1)　$3x^2+6x=0$ を解いて，$x=0,\ -2$.
　　　　したがって，共有点は，$(0,0)$ と $(-2,0)$ の 2 個である．
　　2)　$-x^2+2x-1=0$ を解いて，$x=1$（重解）．
　　　　したがって，共有点（接点）は $(1,0)$ の 1 個である．

問 5.14　次の放物線と x 軸との共有点の座標を求めなさい．
 1) $y=x^2+3x-4$　　　　2) $y=-\dfrac{1}{2}x^2+2x$

例題 5.15

次の 2 次関数のグラフを作成しなさい．
 1) $y=x^2+2x$　　　　2) $y=-x^2+4x+1$

[解説]　2 次関数のグラフを作成する際は，まず，平方完成して軸の方程式と頂点の座標を求めよう．さらに，x 軸・y 軸との共有点なども求めるとよい．また，放物線が軸に対して対称であることも利用する．

[解答]　1)　$y=x^2+2x=(x+1)^2-1$
　　2)　$y=-x^2+4x+1=-(x^2-4x)+1=-(x-2)^2+5$

1) $y = x^2 + 2x$
2) $y = -x^2 + 4x + 1$

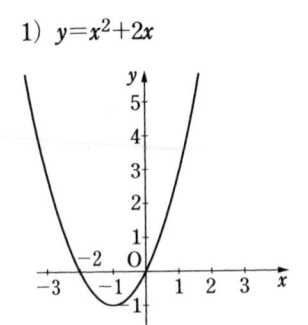

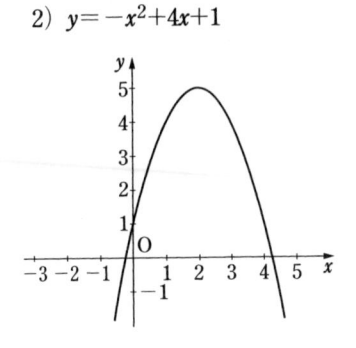

問 5.15 次の2次関数のグラフを作成しなさい．
  1) $y = x^2 - 4x - 1$ 2) $y = -x^2 - 6x$

E) 他のグラフとの共有点

2次関数 $y = ax^2 + bx + c$ のグラフが，1次関数や他の2次関数のグラフと共有点をもつかどうかについては，連立方程式を解く問題に帰着させることができる．連立方程式が実数解をもてば共有点が存在する．実数解をもたないときは共有点は存在しない．

例題 5.16

次の2つのグラフの共有点の座標を求めなさい．

  1) $\begin{cases} y = x + 1 \\ y = x^2 - 1 \end{cases}$ 2) $\begin{cases} y = 2x^2 + 4x + 3 \\ y = -x^2 - 2x \end{cases}$

[解説] いずれの場合も連立方程式を解けばよい．y を消去すると x の2次方程式が得られるので，その実数解を求める．実数解が存在すれば，それが共有点の x 座標となる．またその値をいずれかの方程式に代入することにより，y 座標が得られる．

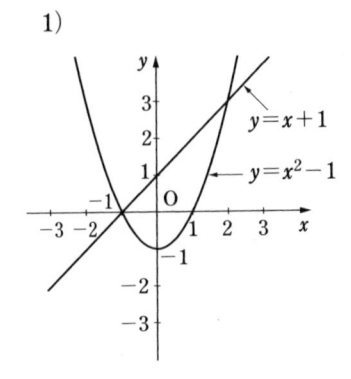

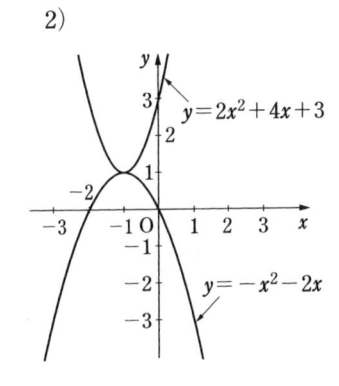

1)

2)

[解答] 1) $x + 1 = x^2 - 1$ より，$x^2 - x - 2 = 0$. すなわち，$(x+1)(x-2) = 0$.
これを解いて，$x = -1, 2$.

$x = -1$ のとき $y = 0$, $x = 2$ のとき $y = 3$.

したがって，共有点は，$(-1, 0)$ と $(2, 3)$ の 2 個である．

2) $2x^2 + 4x + 3 = -x^2 - 2x$ より，$3x^2 + 6x + 3 = 0$. すなわち，$3(x+1)^2 = 0$.

これを解いて，$x = -1$（重解）．

このとき，$y = 1$. したがって，共有点（接点）は $(-1, 1)$ の 1 個である．

問 5.16 次の 2 つのグラフに共有点があれば，その座標を求めなさい．また，グラフを作成してそれが正しいことを確かめなさい．

1) $\begin{cases} y = x^2 + 4x - 3 \\ y = 2x \end{cases}$
2) $\begin{cases} y = x^2 + 2x \\ y = -x^2 + 4x - 4 \end{cases}$

5.5 その他の関数

関数としては，1 次関数や 2 次関数だけでなく，3 次関数，4 次関数，分数関数，無理関数などいろいろなものがある．以下では，グラフの概形をいくつか紹介するにとどめる．

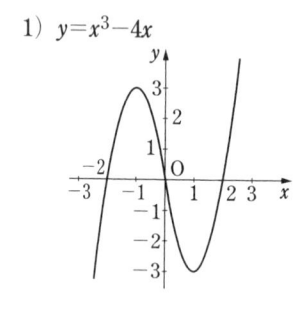

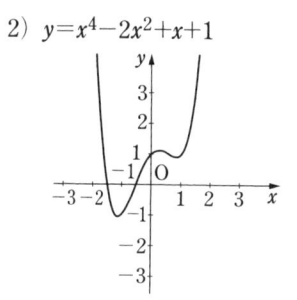

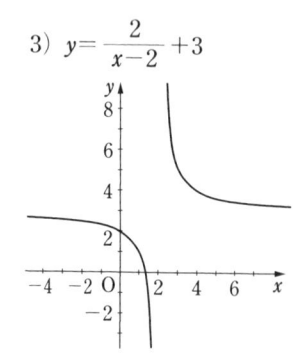

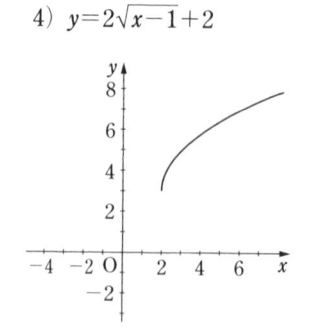

1) $y = x^3 - 4x$

2) $y = x^4 - 2x^2 + x + 1$

3) $y = \dfrac{2}{x - 2} + 3$

4) $y = 2\sqrt{x - 1} + 2$

図 5.10 いろいろな関数

第 5 章のまとめ

1) 変数 x の値を決めると，それにともなって y の値がただ 1 つきまるとき，y は x の ┌─a)─┐ であるという．

2) 直交座標において，原点の座標は ┌─b)─┐ である．

3) $y = ax$ （a は 0 でない定数）となるとき，y は x に ┌─c)─┐ するという．

4) y が x に反比例するとき，両者の積を ┌─d)─┐ という．

5) 1 次関数 $y = ax + b$ のグラフにおいて，a を ┌─e)─┐ ，b を ┌─f)─┐ という．

6) 2 次関数のグラフを ┌─g)─┐ という．これは，「モノを投げたときにできる軌跡」という意味である．

7) 2 次関数 $y = a(x-p)^2 + q$ のグラフにおいて，座標 (p, q) をその ┌─h)─┐ という．また，直線 $x = p$ を ┌─i)─┐ という．

8) 2 次関数 $y = ax^2 + bx + c$ は，判別式 $D = b^2 - 4ac$ の値が 0 のとき，x 軸と ┌─j)─┐ ことになる．

第 5 章の復習問題

[1] $f(x) = x^3 - 3x$ のとき，次の関数の値を求めなさい．

    1) $f(1)$ 2) $f(-3)$

[2] 次の点が関数 $y = 3x^2 - 2x$ のグラフ上にあるかどうかを調べなさい．

    1) $(-2, 6)$ 2) $(3, 21)$

[3] 次の関数において，$x_1 = 2$ から $x_2 = 5$ に変化するときの y の変化量を求めなさい．

    1) $y = 4x - 3$ 2) $y = -3x + 2$

[4] 次の関数のグラフと x 軸，y 軸との交点を求めなさい．

    1) $y = 2x - 5$ 2) $y = -4x + 2$

[5] 次の関数のグラフを x 軸方向に 2，y 軸方向に 3 平行移動したときのグラフの方程式を求めなさい．

    1) $y = 2x^2$ 2) $y = -x^2$

[6] 次の放物線における軸の方程式と頂点の座標を求めなさい．

    1) $y = x^2 - 3x + 2$ 2) $y = -2x^2 - 10x + 1$

［7］ 次の放物線と x 軸との共有点の個数を求めなさい．

　　1)　$y = x^2 - 2x$　　　　　　2)　$y = -x^2 - 4$

第 5 章の発展問題

【1】 次の2直線における交点の座標を求めなさい．

　　1)　$\begin{cases} y = x + 4 \\ y = 2x - 6 \end{cases}$　　　　2)　$\begin{cases} 2x - y - 2 = 0 \\ y = 3x - 5 \end{cases}$

【2】 次の放物線の頂点の座標を求めなさい．また，x 軸との共有点の座標を求めなさい．

　　1)　$y = x^2 - 4x + 4$　　　　2)　$y = 2x^2 - x$

【3】 次の2つのグラフにおける共有点の座標を求めなさい．

　　1)　$\begin{cases} y = 2x + 1 \\ y = x^2 - x + 3 \end{cases}$　　　　2)　$\begin{cases} y = x^2 - 2x \\ y = -x^2 + 2x \end{cases}$

【4】 次の2点を通る直線の方程式を求めなさい．

　　1)　$(0, 3)$ と $(2, 4)$　　　　2)　$(1, -3)$ と $(-2, 6)$

　　（ヒント：直線の方程式を $y = ax + b$ とし，a と b の連立方程式を解く）

【5】 次の3点を通る放物線の方程式を求めなさい．

　　1)　$(0, 0)$ と $(2, 0)$ と $(-1, 3)$
　　2)　$(1, 2)$ と $(2, 1)$ と $(-1, -2)$

　　（ヒント：放物線の方程式を $y = ax^2 + bx + c$ とし，a, b, c の連立方程式を解く）

第6章 不等式

> 本章では，不等式について述べる．不等式は方程式の拡張とみなすことができる．また，不等式を解くには，関数のグラフを利用する必要もある．そのため，本章に進む前に，方程式や関数についてしっかり理解しておこう．

6.1 不等式の基本

A）不等号と不等式

「a は b より大きい」

のような大小関係を表す式を**不等式**という．不等式は，不等号（$<, >, \leqq, \geqq$）を用いて表す．例えば，「a は b より大きい」という関係は，

$$a > b \quad \text{または} \quad b < a$$

と表すことができる（$a > b$ は「a 大なり b」と読み，$b < a$ は「b 小なり a」と読む）．

不等号の左側の式を**左辺**，右側の式を**右辺**，両者をまとめて**両辺**という．等号を含む不等号（$\leqq, \geqq$）を用いた不等式では，左辺と右辺が等しい場合を含む．例えば，$x \geqq 3$ という不等式は

「$x > 3$ または $x = 3$」

を意味する．

表 6.1 不等式表現

日本語表現	不等式
x は y 以上である	$x \geqq y$
x は y 以下である	$x \leqq y$
x は y 未満である （x は y より小さい）	$x < y$
x は y より大きい	$x > y$

なお，日本語で「以上」，「以下」，「未満」といった表現を用いることがあるが，これらは表 6.1 のように不等式を用いて表すことができる．特に，「未満」には等号は含まれていないことに注意しよう．「18才未満はお断り」という貼り紙がある店には，18才以上であれば入ることができる．

B）不等式の複合化

不等式は，不等号の向きが同じであれば，複数組み合わせて記述してもよい．例えば，

$$3 < x \quad \text{かつ} \quad x \leqq 5$$

は $3 < x \leqq 5$ と記述できる．

もっとも，$2 < x < -3$ といった記述は不自然である．$2 < x$ かつ $x < -3$ となる実数 x は存在しないからである．

例題 6.1

次の事柄を，不等号を用いて表現しなさい．

1) x は 2 より小さい
2) x は 2 より大きく 3 以下

[解説] 1)は不等号1つ, 2)は不等号2つで表す.

[解答] 1) $x < 2$ 　　　　2) $2 < x \leqq 3$

問 6.1 次の事柄を，不等号を用いて表現しなさい．

　1) a は5以上　　　　2) y は -1 以上2未満

例題 6.2

次の不等式を満たす整数 n をすべて求めなさい．

　1) $2 < n \leqq 5$ 　　　　2) $1 \leqq n < 3$

[解説] 1)では2は含まれない．2)では3は含まれない．

[解答] 1) 3, 4, 5 　　　　2) 1, 2

問 6.2 次の不等式を満たす整数 n をすべて求めなさい．

　1) $-2 \leqq n \leqq 2$ 　　　　2) $3 < n < 5$

6.2 関数の値の範囲

A) 関数の定義域と値域

関数 $y = f(x)$ において，変数 x のとりうる範囲のことをその関数の**定義域**という．また，変数 x が定義域内のすべての値をとるときの $f(x)$ の値全体を，その関数の**値域**という．前章で述べた関数の大半では，定義域が実数全体であったが，関数によっては，定義域が実数の一部というものも存在する．

B) 1次関数の値の範囲

1次関数の場合は直線のグラフとなるので，x の範囲の端点における値を求めると自動的に関数の値の範囲も決まる．実際，1次関数を $f(x) = ax + b$ とし，定義域を $p < x \leqq q$ とすると，

　　　$a > 0$ の場合, $f(p) < f(x) \leqq f(q)$

　　　$a < 0$ の場合, $f(q) \leqq f(x) < f(p)$

となる．**傾き**（x の係数 a）が負のときは順序が逆になることに注意しよう．

例題 6.3

x の範囲を $2 < x \leqq 4$ とするとき，次に示す関数の値の範囲を求めなさい．また，グラフを書きなさい．

　1) $f(x) = 2x - 3$ 　　　　2) $f(x) = -x + 4$

[解説] x の範囲の端点における値を求めると関数の値の範囲も決まる．ただし，等号を含むかどうかに注意が必要である．

[解答] 1) $f(2) = 1$, $f(4) = 5$ より, $1 < f(x) \leqq 5$

　　　 2) $f(2) = 2$, $f(4) = 0$ より, $0 \leqq f(x) < 2$

グラフは以下のとおりである．範囲内は実線で，範囲外は点線で示している．また，x 軸上に x の範囲を，y 軸上に $f(x)$ の範囲を示した．その際，端点の黒丸はその値を含むことを，白丸はその値を含まないことを表している．

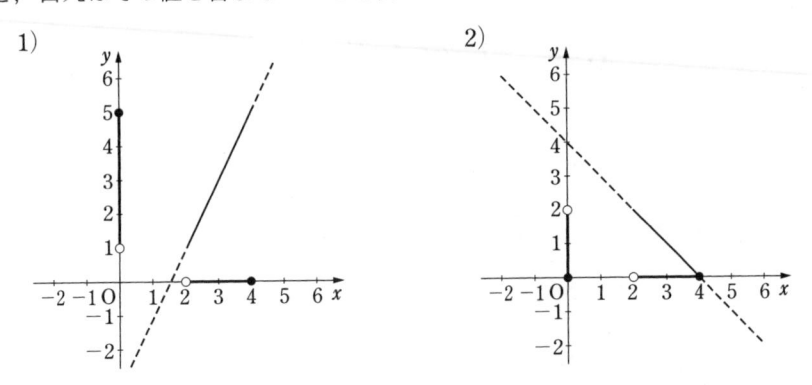

問 6.3 x の範囲を $0 \leqq x < 3$ とするとき，次に示す関数の値の範囲を求めなさい．

1) $f(x) = x + 2$
2) $f(x) = -2x + 1$

C) 2次関数の値の範囲

2次関数の場合，x の範囲の端点における値だけでは関数の値の範囲は特定できない．軸がその範囲に含まれる場合には，頂点の y 座標が最大値か最小値となる．

例題 6.4

x の範囲を $-1 < x \leqq 3$ とするとき，次に示す関数の値の範囲を求めなさい．また，グラフを書きなさい．

1) $f(x) = x^2 - 4x$
2) $f(x) = -x^2 + 4$

[解説] x の範囲の端点における値と共に，頂点の座標を求める．軸がその範囲に含まれない場合には頂点の y 座標は考慮する必要がない．一方，軸が x の範囲に含まれる場合，頂点の y 座標が1つの端点となる．これらはグラフを書いてみると明らかとなる．

[解答] 1) 頂点の座標は $(2, -4)$ で，$f(-1) = 5$，$f(2) = -4$，$f(3) = -3$ より，$-4 \leqq f(x) < 5$

2) 頂点の座標は $(0, 4)$ で，$f(-1) = 3$，$f(0) = 4$，$f(3) = -5$ より，$-5 \leqq f(x) \leqq 4$

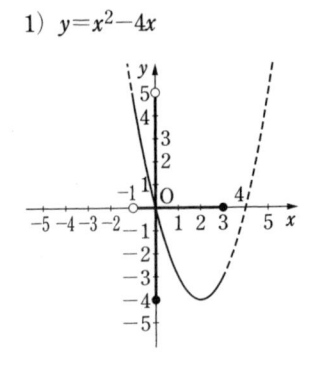

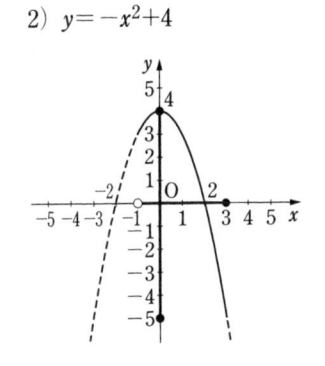

問 6.4 x の範囲を $0 \leq x < 3$ とするとき，次に示す関数の値の範囲を求めなさい．

1) $f(x) = x^2 + 2x - 3$ 　　　　 2) $f(x) = x^2 - 4x + 1$

6.3　1次不等式

A）不等式の性質

不等式には次の性質がある．これらを用いて不等式を変形することができる．

> i1)　$a < b$　ならば　$a + c < b + c$, $a - c < b - c$
>
> i2)　$a < b$, $c > 0$　ならば　$ac < bc$, $\dfrac{a}{c} < \dfrac{b}{c}$
>
> i3)　$a < b$, $c < 0$　ならば　$ac > bc$, $\dfrac{a}{c} > \dfrac{b}{c}$

特に i3) には注意しよう．負数を掛けたり負数で割ったりすると，不等号の向きが変わる．
例えば，$-2x < -4$ のとき，両辺を -2 で割ると，$x > 2$ となる．

B）1次不等式の解法

1次式のみからなる不等式を **1次不等式** という．例えば，
$$3x - 5 > 2x + 3$$
は1次不等式である．

1次不等式を解く方法は，1次方程式を解く方法とほぼ同じである．すなわち，必要な項を移項して整理すればよい．ただし，負数による乗除算の場合，不等号の向きが変わるので注意が必要である．

例題 6.5

次の不等式を解きなさい．

1) $5x - 4 > 8x + 5$ 　　　　 2) $3(x - 2) + 1 \leq 2x + 4$

[解説]　x の項を左辺に，定数項を右辺にまとめた後，x の係数で割ればよい．

[解答]　1)　$5x - 8x > 5 + 4$ 　　　　 2)　$3x - 6 + 1 \leq 2x + 4$

　　　　　　$-3x > 9$ 　　　　　　　　　　$3x - 2x \leq 4 + 6 - 1$

　　　　　　$x < -3$ 　　　　　　　　　　　$x \leq 9$

問 6.5 次の不等式を解きなさい．

1) $2x + 8 < 5x - 1$ 　　　　 2) $x + 3(x - 3) \geq 2x + 7$

例題 6.6

次の不等式を解きなさい．
$$2x - 4 < 6 < x + 3$$

[解説]　このように不等式が複合化されている場合は，まず，$2x - 4 < 6$ と $6 < x + 3$ に分け，そ

れぞれの不等式を解く．最後に，その結果を「かつ」でつなぐ．

[解答]　$2x-4<6$　より　$x<5$．

　　　　$6<x+3$　より　$x>3$．

　　　　したがって，$3<x<5$．

問 6.6　次の不等式を解きなさい．
$$2x+8<5x-1<3x+7$$

6.4　2次不等式

A）2次不等式とグラフ

2次式からなる不等式を**2次不等式**という．例えば，
$$2x^2-4x+3>0$$
は2次不等式である．

2次不等式 $ax^2+bx+c>0$ の解は，2次関数 $y=ax^2+bx+c$ のグラフが x 軸の上方にあるような x の集まりである．また，2次不等式 $ax^2+bx+c<0$ の解は，2次関数 $y=ax^2+bx+c$ のグラフが x 軸の下方にあるような x の集まりである．

2次関数 $y=ax^2+bx+c$ のグラフが x 軸と共有点を持つ場合には，その x 座標は2次方程式 $ax^2+bx+c=0$ の解（α, β とする）なので，x の範囲は α と β によって表される．2次方程式 $ax^2+bx+c=0$ が実数解を持つかどうかは，判別式 $D=b^2-4ac$ の値によって決まるので，2次不等式の解も判別式 D の値によって分類できることになる．

表 6.2 に $a>0$ のときの分類を，表 6.3 に $a<0$ のときの分類を示す．ただし，$\alpha\leqq\beta$ としている．

表 6.2　$a>0$ の場合

判別式の値	$D>0$	$D=0$	$D<0$
グラフの位置			
$ax^2+bx+c>0$ の解	$x<\alpha$, $\beta<x$	$x\neq\alpha$	すべての実数
$ax^2+bx+c\geqq0$ の解	$x\leqq\alpha$, $\beta\leqq x$	すべての実数	すべての実数
$ax^2+bx+c<0$ の解	$\alpha<x<\beta$	解なし	解なし
$ax^2+bx+c\leqq0$ の解	$\alpha\leqq x\leqq\beta$	$x=\alpha$	解なし

表 6.3　$a < 0$ の場合

判別式の値	$D > 0$	$D = 0$	$D < 0$
グラフの位置	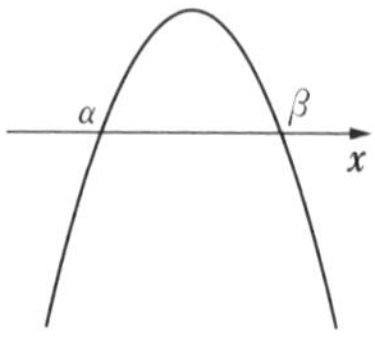 α, β と交わる	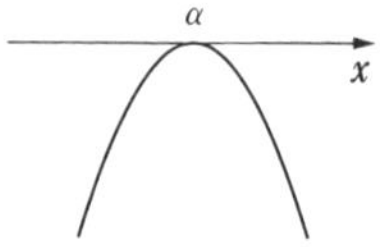 α で接する	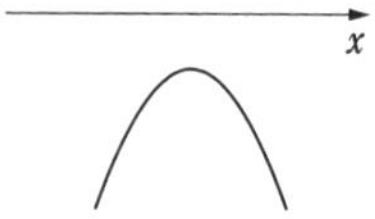 交わらない
$ax^2 + bx + c > 0$ の解	$\alpha < x < \beta$	解なし	解なし
$ax^2 + bx + c \geqq 0$ の解	$\alpha \leqq x \leqq \beta$	$x = \alpha$	解なし
$ax^2 + bx + c < 0$ の解	$x < \alpha$, $\beta < x$	$x \neq \alpha$	すべての実数
$ax^2 + bx + c \leqq 0$ の解	$x \leqq \alpha$, $\beta \leqq x$	すべての実数	すべての実数

【注】「$x < \alpha$, $\beta < x$」は，「$x < \alpha$ または $\beta < x$」を意味する．

B) 2次不等式の解法

2次不等式を解くには，図 6.1 に示す手順に従う．もっとも，x^2 の係数が正となるように移項しておけば，表 6.2 のみを参照すればよい．

> 1) 判別式 D の値を求める。
> 2) 必要なら、2次方程式の解 α, β を求める。
> 3) x^2 の係数が正のときは表 6.2，負のときは表 6.3 を参照し x の範囲を求める。

図 6.1　2次不等式を解く手順

例題 6.7

次の不等式を解きなさい．

1) $x^2 - 3x + 2 > 0$
2) $x^2 - 2x - 3 \leqq 0$

[解説]　図 6.1 の手順に従って解けばよい．なお，x^2 の係数は共に正なので表 6.2 を参照する．

[解答]　1)　$D = (-3)^2 - 4 \times 2 = 1 > 0$　より　x 軸と交差する．

$x^2 - 3x + 2 = (x-1)(x-2) = 0$ の解は 1 と 2 なので，表 6.2 より，

$x < 1$, $2 < x$

2)　$D = (-2)^2 - 4 \times (-3) = 16 > 0$　より　x 軸と交差する．

$x^2 - 2x - 3 = (x+1)(x-3) = 0$ の解は -1 と 3 なので，表 6.2 より，

$-1 \leqq x \leqq 3$

問 6.7　次の不等式を解きなさい．

1) $x^2 - 4x + 3 > 0$
2) $x^2 + 2x - 3 \leqq 0$

例題 6.8

次の不等式を解きなさい．

1) $x^2 - 2x + 1 > 0$
2) $x^2 - 4x + 4 \leqq 0$

[解説] 共に判別式が 0 の場合，すなわちグラフが x 軸と接する場合である．

[解答] 1) $D = (-2)^2 - 4 \times 1 = 0$ より x 軸と接する．

$x^2 - 2x + 1 = (x-1)^2 = 0$ の解は 1 なので，表 6.2 より，

1 以外のすべての実数が解となる．

2) $D = (-4)^2 - 4 \times 4 = 0$ より x 軸と接する．

$x^2 - 4x + 4 = (x-2)^2 = 0$ の解は 2 なので，表 6.2 より，

解は $x = 2$ のみ

問 6.8 次の不等式を解きなさい．

1) $x^2 + 4x + 4 > 0$
2) $x^2 + 2x + 1 \leqq 0$

C) 連立不等式の解法

2 つ以上の組となった不等式を**連立不等式**という．連立不等式の解は，すべての不等式を満たすものでなければならない．したがって，各不等式を解いた後，その共通部分を求める．それが解となる．例えば，1 つの不等式の解が $x < 1$, $3 < x$ で，もう

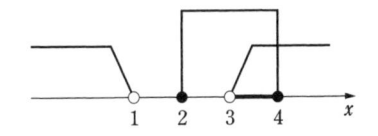

図 6.2 連立不等式の解の例

1 つの不等式の解が $2 \leqq x \leqq 4$ のとき，共通部分は $3 < x \leqq 4$ となる．したがって，これが連立不等式の解となる．共通部分を求めるには，図 6.2 のような図を書いてみるとよい．図中，垂直の場合はその点を含むことを意味し，斜線の場合はその点を含まないことを示している．

例題 6.9

次の連立不等式を解きなさい．
$$\begin{cases} x^2 - 4x + 3 \geqq 0 \\ x^2 - 7x + 10 < 0 \end{cases}$$

[解説] まず，各不等式を解く．次に，それらの共通部分を求める．

[解答] $x^2 - 4x + 3 = (x-1)(x-3) \geqq 0$ を解いて，

$x \leqq 1$, $3 \leqq x$.

$x^2 - 7x + 10 = (x-2)(x-5) < 0$ を解くと，

$2 < x < 5$.

よって，求める解は，これらの共通部分

$3 \leqq x < 5$

である（右図参照）．

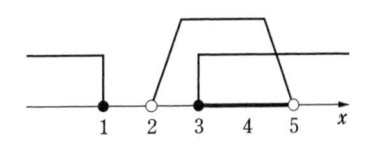

問 6.9 次の連立不等式を解きなさい．
$$\begin{cases} x^2-4x+3>0 \\ x^2-9x+14\leqq 0 \end{cases}$$

6.5 絶対値

A）絶対値とその表現

数直線上で原点から数 x の表す点までの距離を，数 x の**絶対値**といい，$|x|$ と表す．一般には，
$$|x| = \begin{cases} x & (x\geqq 0 \text{ のとき}) \\ -x & (x<0 \text{ のとき}) \end{cases}$$
と定義される．

例えば，2 の絶対値は $|2|=2$，-3 の絶対値は $|-3|=3$ である．なお，定義から明らかなように，0 の絶対値は $|0|=0$ である．

絶対値に関しては，以下の事柄が成立する．

$$\boxed{|x|\geqq 0,\quad |x|^2=x^2,\quad |-x|=|x|,\quad |xy|=|x||y|}$$

例題 6.10

次の式から絶対値記号をはずしなさい．
1) $|\sqrt{2}-1|$ 　　　 2) $|3-\pi|$

［解説］$\sqrt{2}=1.414\cdots$ なので，$\sqrt{2}-1>0$ である．一方，$\pi=3.141\cdots$ なので，$3-\pi<0$ である．

［解答］ 1) 与式 $=\sqrt{2}-1$ 　　　 2) 与式 $=-(3-\pi)=-3+\pi$

問 6.10 次の式から絶対値記号をはずしなさい．
1) $|2\sqrt{2}-3|$ 　　　 2) $|\sqrt{2}-2|^2$

B）場合分け

絶対値記号の中に文字が含まれているとき，それをはずすには，次に示すように場合分けが必要となる．

例題 6.11

場合分けにより，以下の式から絶対値記号をはずしなさい．
1) $|x-3|$ 　　　 2) $|x+1|$

［解説］絶対値記号の中が 0 になるときが分かれ目となる．したがって，1)では x が 3 以上と，3 未満に場合分けする．2)では x が -1 以上と，-1 未満に場合分けする．

［解答］ 1) 与式 $=\begin{cases} x-3 & (x\geqq 3 \text{ のとき}) \\ -x+3 & (x<3 \text{ のとき}) \end{cases}$ 　　　 2) 与式 $=\begin{cases} x+1 & (x\geqq -1 \text{ のとき}) \\ -x-1 & (x<-1 \text{ のとき}) \end{cases}$

問 6.11 場合分けにより，以下の式から絶対値記号をはずしなさい．

1) $|x-2|$ 2) $|x+3|$

例題 6.12

次の関数のグラフを書きなさい．

1) $y = |x-3|$ 2) $y = |x+1| - 2$

[解説] まず場合分けを行い絶対値記号をはずす．その後，場合分けによる x の範囲で関数を描く．

[解答] 1) $y = \begin{cases} x-3 & (x \geqq 3 \text{ のとき}) \\ -x+3 & (x < 3 \text{ のとき}) \end{cases}$ 2) $y = \begin{cases} x-1 & (x \geqq -1 \text{ のとき}) \\ -x-3 & (x < -1 \text{ のとき}) \end{cases}$

したがって，グラフは以下のとおりとなる．

1) $y = |x-3|$ 2) $y = |x+1| - 2$

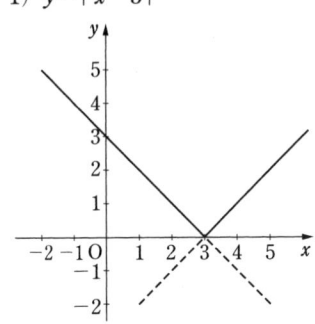

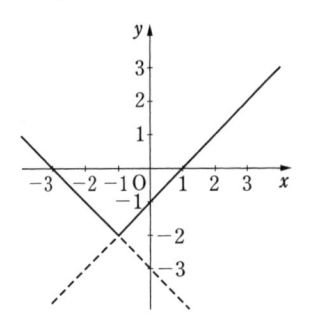

問 6.12 次の関数のグラフを書きなさい．

1) $y = |x-2|$ 2) $y = x + |x+3|$

第 6 章のまとめ

1) 不等号を用いた式を　a)　という．
2) 1次式のみからなる　a)　が　b)　である．
3) 2つ以上の組となった　a)　を　c)　という．
4) 数直線上で原点から数 x の表す点までの距離を，数 x の　d)　という．
5) -4 の　d)　は　e)　である．

- - - 第6章の復習問題 - - -

[1] 次の事柄を，不等号を用いて表現しなさい．
　　1) x は 3 未満　　　　2) x は 2 以上で 5 以下

[2] 次の不等式を満たす整数 n をすべて求めなさい．
　　1) $3.5 \leqq n \leqq 5.5$　　　2) $1.5 \leqq n < 3.5$

[3] x の範囲を $-1 < x < 2$ とするとき，次に示す関数の値の範囲を求めなさい．また，グラフを書きなさい．
　　1) $f(x) = 2x - 1$　　　2) $f(x) = -x^2 + 2x + 1$

[4] 次の不等式を解きなさい．
　　1) $2x - 3 < -x + 12$　　　2) $x - 5 < 10 \leqq 2x + 2$
　　3) $2x^2 - 3x + 1 \leqq 0$　　　4) $x^2 - x - 2 > 0$

[5] 次の式から絶対値記号をはずしなさい．
　　1) $|3\sqrt{2} - 5|$　　　2) $|2\pi - 4|$

- - - 第6章の発展問題 - - -

【1】 2つの関数 $f(x)$ と $g(x)$ を
$$f(x) = x - 4$$
$$g(x) = -x^2 + 2x - 2$$
とするとき，条件 $g(x) \geqq f(x)$ を満たす x の範囲を求めなさい．

【2】 次の連立不等式を解きなさい．
$$\begin{cases} x^2 - 2x + 1 > 0 \\ -x^2 + 3x > 0 \end{cases}$$

【3】 次の不等式を解きなさい．
$$|x^2 - 4| \geqq 3x$$

【4】 次の関数のグラフを作成しなさい．
　　1) $y = |x^2 + x - 2| + 1$　　　2) $y = x^2 - 2|x|$

第 7 章 集合

> 本章では，集合について述べる．集合は，一つ一つの数ではなく全体をまとめて扱いたいときに必要となる．また，方程式や不等式とも関連するので，前章までの内容を理解しておく必要がある．

7.1 集合の基礎

A）集合と要素

集合とは，「もの」の集まりである．集合を構成する「もの」を**要素**または**元**という．集合には，外延的記法と内包的記法という2通りの表現がある．**外延的記法**は要素を書き並べる方法で，例えば，1から5までの自然数の集合を外延的記法で表すと，

$$\{1,\ 2,\ 3,\ 4,\ 5\}$$

となる．**内包的記法**は要素が満たす条件を記述する方法で，上に述べた集合を内包的記法で表すと，

$$\{n\,|\,n\text{ は自然数 かつ } 1 \leqq n \leqq 5\}$$

となる．

また，x が集合 A に含まれているとき，x は集合 A に属するといい，

$$x \in A$$

と表す．x が集合 A に含まれていないときは

$$x \notin A$$

と表す．

例題 7.1

次の事柄が成り立つかどうかを調べなさい．
  1) $5 \in \{1,\ 3,\ 5\}$ 2) $6 \in \{x\,|\,x \text{ は奇数}\}$

[解説] 1)は 5 が集合 $\{1,\ 3,\ 5\}$ の要素であるかどうかという質問, 2)は 6 が奇数かどうかという質問と考える．

[解答] 1) 成り立つ   2) 成り立たない

問 7.1 次の事柄が成り立つかどうかを調べなさい．
  1) $0 \in \{1,\ 2,\ 3,\ 4\}$ 2) $8 \in \{x\,|\,x \text{ は偶数}\}$

B）部分集合

2つの集合 A, B を考える．

集合 A の要素がすべて集合 B の要素となっているとき，

「集合 A は集合 B に含まれている」

または，

「集合 A は集合 B の**部分集合**である」

といい，

$A \subset B$

と書く．この状態は図 7.1 のように表すことができる．

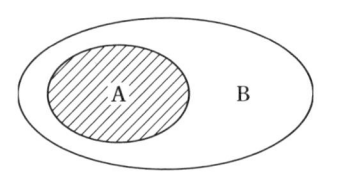

図 7.1 $A \subset B$ の関係

このような図を**ベン図**といい，集合を端的に表すのによく用いられる．

なお，定義から明らかなように，任意の集合 S に対し，

$S \subset S$

が成立する．

　【注】「$A \subset B$」は「$B \supset A$」とも表し，「集合 B は集合 A を含む」ともいう．

　なお，$A \subset B$ であってかつ $A \neq B$ のとき，A は B の**真部分集合**であるという．A が B の真部分集合であることを $A \subsetneq B$ と表すこともある．

例題 7.2

次の事柄が成り立つかどうかを調べなさい．

1) $\{4, 5\} \subset \{1, 2, 3, 4\}$ 2) $\{6, 8\} \subset \{n \mid n \text{ は偶数}\}$

[解説] 1) では，要素 5 が集合 $\{1, 2, 3, 4\}$ には含まれていないことに注意しよう．

[解答] 1) 成り立たない   2) 成り立つ

問 7.2 次の事柄が成り立つかどうかを調べなさい．

1) $\{1, 2, 3, 4, 5\} \subset \{1, 2, 3, 4, 5\}$
2) $\{1, 2, 3\} \subset \{n \mid n \text{ は奇数}\}$

C）空集合

　集合論では，要素を 1 つも持たない集合も考える．要素を 1 つも持たないこの特殊な集合を**空集合**という．空集合は ϕ で表す．

　空集合 ϕ は，任意の集合の部分集合となる．すなわち，任意の集合を S とすると，

$\phi \subset S$

となる．

D）全体集合

　議論によっては，範囲を自然数に限定したり，実数に限定したりすることがある．このような限定された範囲全体を表す集合を**全体集合**という．全体集合は通常 U で表すことが多い．

7.2 基本的な集合演算

2つの集合をもとに,別の集合を作り出すことができる.これを集合演算という.集合演算にはいろいろなものがあるが,以下では,そのうちで基本となるものについて紹介する.なお,以下では,全体集合Uの中の集合A, Bを図7.2のように表しておく.

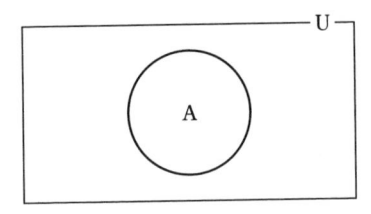

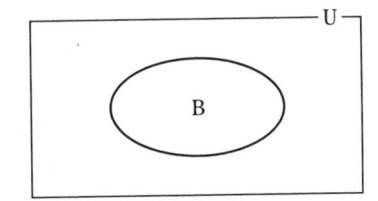

図7.2 集合AとB

A) 共通部分

2つの集合A, Bの両方に属する要素の集まりを,集合A, Bの**共通部分**といい,

$$A \cap B$$

と書く(これは,**AインタセクションB**と読む).内包的に表すと,

$$A \cap B = \{x \mid x \in A \text{ かつ } x \in B\}$$

となる.明らかに,

$$A \cap B \subset A, \quad A \cap B \subset B, \quad A \cap A = A$$

が成立する.

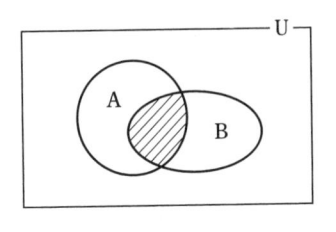

図7.3 A∩B

一般に,$A_1, A_2, \cdots, A_n$ の共通部分は

$$A_1 \cap A_2 \cap \cdots \cap A_n$$

と書くことができる.

なお,$A \cap B = \phi$ となるとき,AとBは「**互いに素である**」という.

例題 7.3

次の集合演算を行いなさい.
1) {英語, 数学} ∩ {国語, 数学, 社会}
2) {1, 2, 3, 4, 5} ∩ {2, 4, 6, 8, 10}

[解説] 演算結果は集合なので,要素が一つだけの場合でも,中括弧で囲まなければならない.
[解答] 1) {数学}　　　2) {2, 4}

問 7.3 次の集合演算を行いなさい.
1) {経済学部, 経営学部, 社会学部} ∩ {経済学部, 文学部}
2) {1, 2, 3, 4, 5} ∩ {1, 3, 5, 7, 9}

例題 7.4

次の集合演算を行いなさい．ただし，実数全体の集合を全体集合とする．

1) $\{x \mid 2 \leqq x < 5\} \cap \{x \mid 4 \leqq x < 6\}$
2) $\{x \mid x^2 - 7x + 10 < 0\} \cap \{x \mid x^2 - 10x + 24 \leqq 0\}$

[解説] このような問題の場合，連立不等式で用いた図を書いてみるとわかりやすい．なお，$x^2 - 7x + 10 < 0$ を解くと $2 < x < 5$ であり，$x^2 - 10x + 24 \leqq 0$ を解くと $4 \leqq x \leqq 6$ である．

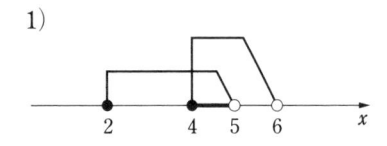

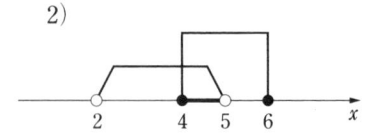

[解答] 1) $\{x \mid 4 \leqq x < 5\}$ 2) $\{x \mid 4 \leqq x < 5\}$

問 7.4 次の集合演算を行いなさい．ただし，実数全体の集合を全体集合とする．

1) $\{x \mid 1 \leqq x < 3\} \cap \{x \mid 2 < x \leqq 4\}$
2) $\{x \mid x^2 - 7x + 6 < 0\} \cap \{x \mid x^2 - 6x + 8 \leqq 0\}$

B) 合併集合

2つの集合 A, B の少なくともいずれか一方に含まれる要素の集まりを，集合 A, B の**合併集合**または**和集合**といい，

$$A \cup B$$

と書く（これは，**A ユニオン B** と読む）．すなわち，

$$A \cup B = \{x \mid x \in A \text{ または } x \in B\}$$

である．明らかに，

$$A \subset A \cup B, \quad B \subset A \cup B, \quad A = A \cup A$$

である．

一般に，$A_1, A_2, \cdots, A_n$ の合併集合は

$$A_1 \cup A_2 \cup \cdots \cup A_n$$

と書くことができる．

図 7.4 $A \cup B$

例題 7.5

次の集合演算を行いなさい．

1) $\{英語, 数学\} \cup \{国語, 数学, 社会\}$
2) $\{1, 2, 3, 4, 5\} \cup \{2, 4, 6, 8, 10\}$

[解説] 一般に，集合を外延的に表現する場合，同じ要素を何度も記述することはしない．1) では数学が，2) では 2 と 4 が重複する．

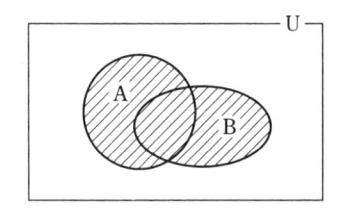

[解答] 1) {英語, 数学, 国語, 社会}　　　2) {1, 2, 3, 4, 5, 6, 8, 10}

問 7.5 次の集合演算を行いなさい.
1) {経済学部, 経営学部, 社会学部} ∪ {経済学部, 文学部}
2) {1, 2, 3, 4, 5} ∪ {1, 3, 5, 7, 9}

─ 例題 7.6 ──────────────
次の集合演算を行いなさい. ただし, 実数全体の集合を全体集合とする.
1) $\{x \mid 2 \leqq x < 5\}$ ∪ $\{x \mid 4 \leqq x < 6\}$
2) $\{x \mid x^2 - 7x + 10 < 0\}$ ∪ $\{x \mid x^2 - 10x + 24 \leqq 0\}$
──────────────────────

[解説] 例題 7.4 で示した図を書いてみるとよい.
[解答] 1) $\{x \mid 2 \leqq x < 6\}$　　　2) $\{x \mid 2 < x \leqq 6\}$

問 7.6 次の集合演算を行いなさい. ただし, 実数全体の集合を全体集合とする.
1) $\{x \mid 1 \leqq x < 3\}$ ∪ $\{x \mid 2 < x \leqq 4\}$
2) $\{x \mid x^2 - 7x + 6 < 0\}$ ∪ $\{x \mid x^2 - 6x + 8 \leqq 0\}$

C) 補集合

集合 A に含まれないものの集まりを, 集合 A の**補集合**といい,
$$\overline{A}$$
と表す. 補集合を扱う場合には, 全体集合を明らかにしておく必要がある. 全体集合を U とすると,
$$\overline{A} = \{x \mid x \in U \text{ かつ } x \notin A\}$$
となる.

図 7.5 $\overline{A}$

補集合については, 以下が成立する.

> c1) $\overline{U} = \phi$　　$\overline{\phi} = U$
> c2) $\overline{\overline{A}} = A$
> c3) $A \cup \overline{A} = U$　$A \cap \overline{A} = \phi$

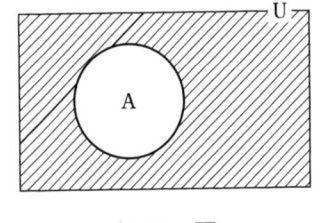

─ 例題 7.7 ──────────────
次の集合演算を行いなさい. ただし, 整数全体の集合を全体集合とする.
$$\overline{\{n \mid n \text{ は奇数}\}}$$
──────────────────────

[解説] 奇数でない整数はすべて偶数である.
[解答] $\{n \mid n \text{ は偶数}\}$

問 7.7 次の集合演算を行いなさい. ただし, $\{1,2,3,4,5\}$ を全体集合とする.
1) $\overline{\{2, 4\}}$　　　2) $\overline{\{1, 2, 3\}}$

例題 7.8

次の集合演算を行いなさい．ただし，実数全体の集合を全体集合とする．

1) $\overline{\{x \mid 2 \leqq x \leqq 5\}}$　　　　2) $\overline{\{x \mid 2 < x < 5\}}$

[解説]　端点が含まれるかどうかを考える必要がある．もとの集合が端点を含んでいるときは，その端点は補集合には含まれない．もとの集合が端点を含んでいないときは，補集合はその端点を含む．

[解答]　1) $\{x \mid x < 2$　または　$5 < x\}$　　　　2) $\{x \mid x \leqq 2$　または　$5 \leqq x\}$

問 7.8　次の集合演算を行いなさい．ただし，実数全体の集合を全体集合とする．

1) $\overline{\{x \mid 1 \leqq x < 3\}}$　　　　2) $\overline{\{x \mid x > 0\}}$

D）基本的な公式

図 7.6 に，集合演算に関する公式をいくつか掲げる．これらは，集合演算を行う際によく利用される．

s1)　$A \cap A = A$　　　　　　$A \cup A = A$

s2)　$A \cap B = B \cap A$　　　$A \cup B = B \cup A$

s3)　$A \cap U = A$　　　　　　$A \cup U = U$

s4)　$A \cap \phi = \phi$　　　　　　$A \cup \phi = A$

s5)　分配法則
$$A \cap (B \cup C) = (A \cap B) \cup (A \cap C)$$
$$A \cup (B \cap C) = (A \cup B) \cap (A \cup C)$$

s6)　$A \cap (A \cup B) = A$
$A \cup (A \cap B) = A$

s7)　ド・モルガンの法則
$$\overline{A \cap B} = \overline{A} \cup \overline{B} \qquad \overline{A \cup B} = \overline{A} \cap \overline{B}$$

図 7.6　集合に関する公式

ここで，ド・モルガンの法則は重要なので補足しておこう．

ド・モルガンの法則では，補集合の記号をはずすと，インタセクションはユニオンに，ユニオンはインタセクションに置き換わる．これはベン図を用いて示すことができるが，ここでは，具体的な例を示す．

今，A を偶数の集合，B を 3 の倍数の集合とする．そのとき，

　　　　$A \cap B$ は 6 の倍数の集合

であり，

　　　　$\overline{A \cap B}$ は 6 の倍数でない整数の集合

となる．「6 の倍数でない」とは，「奇数」であるかまたは「3 の倍数でない」ことをあらわす

ので，6 の倍数でない整数の集合は $\overline{A} \cup \overline{B}$ でもある．すなわち，
$$\overline{A \cap B} = \overline{A} \cup \overline{B}$$
が成立する．

7.3 集合の要素の個数

A) 要素数

ここでは，有限集合のみを考える．

今，集合 A の要素数を $n(A)$ と表すと，以下が成立する．

$n(\phi) = 0$

$A \subset B$ のとき $n(A) \leqq n(B)$

$$n(A) + n(B) = n(A \cup B) + n(A \cap B)$$

特に，

$A \cap B = \phi$ のとき $n(A) + n(B) = n(A \cup B)$

となるので，全体集合を U とするとき，

$$n(A) + n(\overline{A}) = n(U)$$

が成立する．

例題 7.9

$U = \{1, 2, 3, 4, 5, 6, 7, 8, 9, 10\}$, $A = \{1, 2, 3, 4\}$, $B = \{3, 6, 9\}$ とするとき，次の値を求めなさい．

1) $n(A \cup B)$　　　2) $n(\overline{B})$

[解説] $A \cup B = \{1, 2, 3, 4, 6, 9\}$, $\overline{B} = \{1, 2, 4, 5, 7, 8, 10\}$ である．

[解答] 1) $n(A \cup B) = 6$　　2) $n(\overline{B}) = 7$

問 7.9 U，A，B を例題 7.9 で与えられた集合とするとき，次の値を求めなさい．

1) $n(\overline{A})$　　　2) $n(\overline{A \cup B})$

例題 7.10

太郎の英語のクラスには 40 人の学生がいる．そのうち，サッカーを好きな学生は 25 人，野球を好きな学生は 20 人，サッカーも野球も好きな学生は 10 人である．

このとき，サッカーも野球も好きでない学生は何人か．

[解説] クラス全体の集合を U，サッカーを好きな学生の集合を A，野球を好きな学生の集合を B とすると，与えられた条件から，$n(U) = 40$, $n(A) = 25$, $n(B) = 20$, $n(A \cap B) = 10$ である．求めるものは，
$$\overline{A} \cap \overline{B} = \overline{A \cup B}$$
という集合の人数である．

[解答]　$n(A \cup B) = n(A) + n(B) - n(A \cap B)$
$\qquad\qquad = 25 + 20 - 10 = 35$

より,

$\quad n(\overline{A} \cap \overline{B}) = n(\overline{A \cup B})$
$\qquad\qquad = n(U) - n(A \cup B)$
$\qquad\qquad = 40 - 35 = 5$

したがって，どちらも好きでない学生は 5 人.

問 7.10　花子のドイツ語のクラスには 45 人の学生がいる．そのうち，ピアノの経験者は 15 人，フルートの経験者は 8 人，どちらも経験していない学生は 25 人である．両方の経験者は何人か．

―― 第 7 章のまとめ ――

1) $A \subset B$ が成立するとき，集合 A は集合 B の [　a)　] であるという．
2) 要素を 1 つも持たない集合を [　b)　] といい，ϕ で表す．
3) 2 つの集合 A, B の両方に属する要素からなる集合 $A \cap B$ を [　c)　] という．
3) $A \cap B = \phi$ となるとき，A と B は [　d)　] という．
4) A と B の [　e)　] は，$A \cup B$ と表す．
5) 全体集合を U とするとき，$\overline{U} =$ [　f)　] となる．
6) $\overline{A \cap B} =$ [　g)　] は，ド・モルガンの法則という．

---- 第 7 章の復習問題 ----

[1]　次の事柄が成り立つかどうかを調べなさい．

　　1)　$7 \in \{x \mid 5 \leqq x \leqq 8\} \cap$ 自然数全体の集合

　　2)　$\{6, 7\} \subset \{x \mid 1 < x < 7\} \cup \{y \mid 7 < y \leqq 9\}$

[2]　次の集合を外延的に記述しなさい．

　　1)　$\{n \mid -4 < n < 3\} \cap$ 整数全体の集合

　　2)　$\{n \mid -4 < n < 3\} \cap$ 自然数全体の集合

[3]　次の集合演算をおこないなさい．

　　1)　$\{n \mid n$ は自然数で $3 \leqq n < 8\} \cap \{1, 2, 3, 4, 5\}$

　　2)　$\{x \mid 1 \leqq x < 2\} \cup \{x \mid 2 \leqq x < 3\} \cup \{x \mid 3 \leqq x < 4\}$

[4]　$U = \{1, 2, 3, 4, 5, 6, 7, 8, 9, 10\}$, $A = \{2, 3, 4\}$, $B = \{3, 4, 5, 6, 7\}$ とするとき，次の集合を求めなさい．

　　1)　$A \cap B$　　　　2)　$A \cup B$　　　　3)　$\overline{B}$　　　　4)　$\overline{A} \cup \overline{B}$

[5] $U=\{x \mid 0 \leqq x \leqq 10\}$, $A=\{x \mid 1 < x < 4\}$, $B=\{x \mid 3 \leqq x \leqq 7\}$ とするとき，次の集合を求めなさい．

1) $A \cap B$　　　2) $A \cup B$　　　3) $A \cap \overline{B}$　　　4) $\overline{A} \cup \overline{B}$

第7章の発展問題

【1】 U を 1 以上 1000 以下の整数の集合,
A を偶数の集合,
B を 3 の倍数の集合
とするとき，次の値を求めなさい．

1) $n(A \cap B)$　　　2) $n(A \cup B)$　　　3) $n(\overline{B})$　　　4) $n(\overline{A} \cap \overline{B})$

【2】 C 大学の経済学部には 300 人の学生がいる．その学生の中で，ヨーロッパ旅行の経験者は 80 人，アメリカ旅行の経験者は 120 人である．両方の経験者は 25 人である．このとき，どちらも経験していない学生は何人か．

第8章 数列と級数

本章では，数列とその和（すなわち級数）について述べる．これらは事象の時系列的変化などを表すのに有用である．数列や級数を理解するには記号化された番号（添え字）に早く慣れることがポイントとなる．

8.1 数列と一般項

A）数列とは

正の偶数を小さい順に並べると，

$$2,\ 4,\ 6,\ 8,\ 10,\ 12,\ \cdots$$

となる．このように，ある規則にしたがって数を並べたものを**数列**，数列の中のそれぞれの数を**項**という．

一般に，数列は，項の番号を添え字として

$$a_1,\ a_2,\ a_3,\ \cdots,\ a_n,\ \cdots$$

のように記述することができる．また，数列全体は $\{a_n\}$ と記述する．

第1項 a_1 を**初項**，第 n 項 a_n や第 k 項 a_k を**一般項**という．上の例では，$a_n = 2n$ となる．

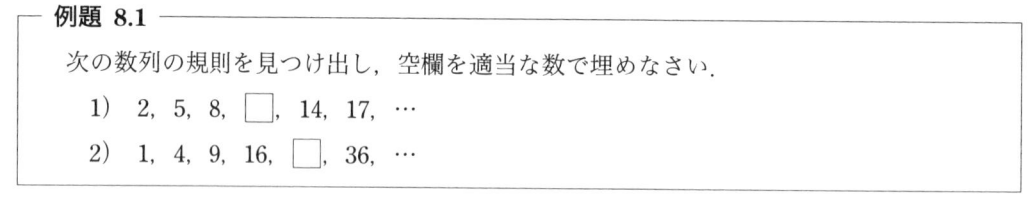

例題 8.1

次の数列の規則を見つけ出し，空欄を適当な数で埋めなさい．

1) $2,\ 5,\ 8,\ \square,\ 14,\ 17,\ \cdots$
2) $1,\ 4,\ 9,\ 16,\ \square,\ 36,\ \cdots$

[解説] 1)では3ずつ増えている．2)では添え字の2乗となっている．

[解答] 1) $8+3=11$　　　2) $5^2=25$

問 8.1 次の数列の規則を見つけ出し，空欄を適当な数で埋めなさい．

1) $1,\ 5,\ 9,\ \square,\ 17,\ 21,\ \cdots$
2) $1,\ 2,\ 4,\ 8,\ 16,\ \square,\ 64,\ \cdots$

例題 8.2

一般項 a_n を $4n-3$ とするとき，次の項を求めなさい．

1) a_3　　　　2) a_{t+1}

[解説] n に3や $t+1$ を代入して計算すればよい．

[解答] 1) $4 \times 3 - 3 = 9$　　　2) $4(t+1) - 3 = 4t+1$

問 8.2 一般項 a_n を $n^2 + 2n$ とするとき，次の項を求めなさい．

1) a_4　　　　2) a_{k-1}

8.2 等差数列と等比数列

A) 等差数列

次のような数列を考えてみよう.

$$3, \ 8, \ 13, \ 18, \ 23, \ \cdots$$

これは，初項 3 に順に 5 を加えた数列である．このように，初項に順に一定の数を加えて得られる数列を**等差数列**，その一定の数を**公差**という．

初項が a，公差が d の等差数列は

$$a_1 = a, \ a_2 = a+d, \ a_3 = a+2d, \ a_4 = a+3d, \ \cdots$$

となるので，一般項 a_n は

$$a_n = a + (n-1)d$$

となることがわかる．

等差数列の公式

初項が a，公差が d の等差数列の一般項 a_n は $\quad a_n = a + (n-1)d$

例題 8.3

一般項 a_n が $3n+2$ である数列は等差数列であることを示しなさい．

[解説] a_{n+1} と a_n の差（公差）が一定であることを示せばよい．

[解答] $a_n = 3n+2$ より，$a_{n+1} = 3(n+1)+2 = 3n+5$ となるので，

$$a_{n+1} - a_n = (3n+5) - (3n+2) = 3$$

よって，等差数列である．

問 8.3 一般項 a_n が $4n+3$ である数列は等差数列であることを示しなさい．

一般に，一般項 a_n が n の 1 次式で表される数列は等差数列である．

例題 8.4

次の等差数列の一般項 a_n を求めなさい．

$$4, \ 1, \ -2, \ -5, \ -8, \ \cdots$$

[解説] 初項 a と公差 d がわかれば，それらを一般項 a_n の公式に当てはめるだけである．

[解答] 初項 a は 4，公差 d は $-3 \ (=1-4)$ であることがわかるので，一般項 a_n は

$$a_n = 4 + (n-1)(-3) = -3n+7$$

問 8.4 次の等差数列の一般項 a_n を求めなさい．

$$4, \ 7, \ 10, \ 13, \ \cdots$$

例題 8.5

第 2 項が 9，第 4 項が 15 である等差数列の一般項 a_n を求めなさい．

[解説] まず，与えられた条件から初項 a と公差 d に関する連立方程式を作り，a と d を求める．次に一般項 a_n を求める．

[解答] 初項を a, 公差を d とすると, 条件より,
$$\begin{cases} a+d=9 \\ a+3d=15 \end{cases}$$
これを解いて,
$$\begin{cases} a=6 \\ d=3 \end{cases}$$
したがって,
$$a_n = 6+3\cdot(n-1) = 3n+3$$

問 8.5 第 3 項が 10, 第 7 項が -10 である等差数列の一般項 a_n を求めなさい.

B) 等比数列

次のような数列を考えてみよう.

$$4,\ 8,\ 16,\ 32,\ \cdots$$

これは, 初項 4 に順に 2 をかけて得られる数列である. このように, 初項に順に一定の数をかけて得られる数列を**等比数列**, その一定の数を**公比**という.

初項が a, 公比が r の等比数列は

$$a_1=a,\ a_2=ar,\ a_3=ar^2,\ a_4=ar^3,\ \cdots$$

となるので, 一般項 a_n は

$$a_n = ar^{n-1}$$

となることがわかる.

> **等比数列の公式**
> 初項が a, 公比が r の等比数列の一般項 a_n は $\quad a_n = ar^{n-1}$

例題 8.6

第 2 項が 6, 第 5 項が 48 である等比数列の一般項 a_n を求めなさい.

[解説] 与えられた条件から初項と公比を求めれば一般項 a_n は上記の公式により求めることができる.

[解答] 初項を a, 公比を r とすると, 条件より,
$$\begin{cases} ar=6 & \cdots ① \\ ar^4=48 & \cdots ② \end{cases}$$
②を①で割ることにより,
$r^3=8$ であるから $r=2$
これを①に代入して, $a=3$
よって, $a_n = 3\cdot 2^{n-1}$

問 8.6 第 2 項が 6, 第 4 項が 54 である等比数列 (ただし, 公比 r は $r>0$ とする) の一般項 a_n

を求めなさい．

8.3 級数

A) 級数とは

数列の和を**級数**という．級数は，もとの数列の一般項と $\overset{\text{シグマ}}{\Sigma}$ という記号を用いて表現することができる．例えば，

$$a_1 + a_2 + \cdots + a_n$$

という和の場合は，$\sum_{k=1}^{n} a_k$ と表す．ここでは添え字として k を用いたが，別の文字を用いて $\sum_{i=1}^{n} a_i$ や $\sum_{j=1}^{n} a_j$ としてもよい．一般に，第 m 項から第 n 項までの和

$$a_m + a_{m+1} + \cdots + a_n$$

は $\sum_{k=m}^{n} a_k$（ただし，$m \leqq n$）と表す．

例題 8.7

一般項 a_n を $2n-3$ とするとき，次の級数の値を求めなさい．

1) $\sum_{k=1}^{3} a_k$　　　　2) $\sum_{k=2}^{4} a_k$

[解説] 1) は $a_1 + a_2 + a_3$ であり，2) は $a_2 + a_3 + a_4$ である．また，$a_1 = 2-3 = -1$, $a_2 = 4-3 = 1$, $a_3 = 6-3 = 3$, $a_4 = 8-3 = 5$ である．

[解答] 1) 与式 $= a_1 + a_2 + a_3 = (-1) + 1 + 3 = 3$

2) 与式 $= a_2 + a_3 + a_4 = 1 + 3 + 5 = 9$

問 8.7 一般項 a_n を $n^2 - 2n$ とするとき，次の級数の値を求めなさい．

1) $\sum_{k=1}^{3} a_k$　　　　2) $\sum_{k=2}^{4} a_k$

よく利用される級数とその値を示しておこう．

---
s1) $\sum_{k=1}^{n} c = c + c + \cdots + c = cn$ （ただし，c は k とは無関係の定数）

s2) $\sum_{k=1}^{n} k = 1 + 2 + \cdots + n = \dfrac{1}{2} n(n+1)$

s3) $\sum_{k=1}^{n} k^2 = 1^2 + 2^2 + \cdots + n^2 = \dfrac{1}{6} n(n+1)(2n+1)$

s4) $\sum_{k=1}^{n} k^3 = 1^3 + 2^3 + \cdots + n^3 = \left\{ \dfrac{1}{2} n(n+1) \right\}^2$

【注】 $c = 1$ とすると，$\sum_{k=1}^{n} 1 = 1 + 1 + \cdots + 1 = n$ が得られる．すなわち，$\sum_{k=1}^{n} 1 = n$．

また，$\sum_{k=1}^{n}$ の計算において，n は k とは無関係の定数なので，例えば，$\sum_{k=1}^{n} n = n + n + \cdots + n = n^2$ となる．

また，級数同士の足し算については，次の事柄が成立する．
$$\sum_{k=1}^{n}(pa_k+qb_k)=p\sum_{k=1}^{n}a_k+q\sum_{k=1}^{n}b_k$$
ここで，p や q は k とは無関係の定数である．

s2) はよく用いるので，以下にその証明を示す．

＜証明＞

$\sum_{k=1}^{n}k$ を S とすると，
$$S=1+2+\cdots+(n-1)+n \quad \cdots \quad ①$$
である．右辺の足し方を逆に書くと，
$$S=n+(n-1)+\cdots+2+1 \quad \cdots \quad ②$$
ここで，①と②の両辺を加えると，
$$2S=\overbrace{(n+1)+(n+1)+\cdots+(n+1)+(n+1)}^{n\text{個}}=n(n+1)$$
したがって，
$$S=\sum_{k=1}^{n}k=\frac{1}{2}n(n+1)$$

B）等差級数

さて，初項が a，公差が d である等差数列 $\{a_n\}$ の級数（**等差級数**）を考えよう．初項から第 n 項までの和を S とすると，$a_n=a+(n-1)d$ なので

$$S=\sum_{k=1}^{n}\{a+(k-1)d\}=\sum_{k=1}^{n}a+d\sum_{k=1}^{n}(k-1)=na+\frac{1}{2}d(n-1)n$$
$$=\frac{2na+dn(n-1)}{2}=\frac{n\{2a+(n-1)d\}}{2}$$

となる．

> 初項が a，公差が d の等差数列 $\{a_n\}$ の和は $\quad S=\sum_{k=1}^{n}a_k=\dfrac{n\{2a+(n-1)d\}}{2}$

例題 8.8

一般項 a_n が $4n+3$ である等差数列の初項から第 n 項までの和 S を求めなさい．

［解説］　まず，与えられた条件から初項 a と公差 d を求める．その後，上記の公式に代入すればよい．

［解答］　$a=a_1=7$, $d=4$ となるので，
$$S=\frac{n\{2\cdot7+(n-1)4\}}{2}=\frac{n(4n+10)}{2}=n(2n+5)$$

問 8.8　一般項 a_n が $3n-5$ である等差数列の初項から第 n 項までの和 S を求めなさい．

C）等比級数

さて，次に，等比数列の級数（**等比級数**）を考えよう．

初項 a から第 n 項 ar^{n-1} までの和を S とする．

ⅰ） $r=1$ のとき

$$S = a+a+\cdots+a = na$$

ⅱ） $r \neq 1$ のとき

$$S = a+ar+ar^2+\cdots+ar^{n-1} \quad \cdots \text{①}$$

である．この両辺に r をかけると，

$$rS = ar+ar^2+ar^3+\cdots+ar^n \quad \cdots \text{②}$$

①から②を引いて，

$$S-rS = a-ar^n$$
$$(1-r)S = a(1-r^n)$$

よって，

$$S = \sum_{k=1}^{n} ar^{k-1} = \frac{a(1-r^n)}{1-r} = \frac{a(r^n-1)}{r-1}$$

となる．

初項が a，公比が r の等比数列 $\{a_n\}$ の和は

$$S = na \qquad (r=1 \text{ のとき})$$

$$S = \sum_{k=1}^{n} ar^{k-1} = \frac{a(1-r^n)}{1-r} = \frac{a(r^n-1)}{r-1} \qquad (r \neq 1 \text{ のとき})$$

例題 8.9

次の等比数列の初項から第 n 項までの和を求めなさい．

1) $3, -6, 12, -24, 48, \cdots$
2) $1, (x-2), (x-2)^2, (x-2)^3, \cdots$

[解説] 1)は初項が 3 で公比が -2 の等比数列であり，2)は初項が 1 で公比が $(x-2)$ の等比数列である．

[解答] 1) $S = \dfrac{3\{1-(-2)^n\}}{1-(-2)} = 1-(-2)^n$

2) 公比 $(x-2)$ が 1 のときと 1 でないときに分けなければならない．

ⅰ） $(x-2)=1$ のとき，すなわち $x=3$ のとき

$$S = n \cdot 1 = n$$

ⅱ） $(x-2) \neq 1$ のとき，すなわち $x \neq 3$ のとき

$$S = \frac{(x-2)^n - 1}{(x-2)-1} = \frac{(x-2)^n - 1}{x-3}$$

問 8.9 次の等比数列の初項から第 n 項までの和を求めなさい．

1) $2, -4, 8, -16, 32, \cdots$
2) $3x, 9x^2, 27x^3, 81x^4, \cdots$

8.4 その他の数列

A）いろいろな数列

等差数列と等比数列を説明したが，これら以外にもいろいろな数列が存在する．もっとも，等差数列と等比数列が基本であることには変わりはない．

例題 8.10

次の数列の第 k 項を求めなさい．
1) $1\cdot 3, \ 2\cdot 5, \ 3\cdot 7, \ 4\cdot 9, \ 5\cdot 11, \cdots$
2) $1, \ 1+2, \ 1+2+3, \ 1+2+3+4, \ 1+2+3+4+5, \cdots$

[解説] 1)における第 k 項は，最初の因子が奇数 k，次の因子が $2k+1$ である．2)の第 k 項は $1+2+\cdots+k$ である．

[解答] 1) 第 k 項 $= k(2k+1) = 2k^2+k$

2) 第 k 項 $= \displaystyle\sum_{i=1}^{k} i = \frac{k(k+1)}{2} = \frac{1}{2}k^2 + \frac{1}{2}k$

問 8.10 次の数列の第 k 項を求めなさい．
1) $2\cdot 1, \ 3\cdot 3, \ 4\cdot 5, \ 5\cdot 7, \ 6\cdot 9, \cdots$
2) $2, \ 2+4, \ 2+4+6, \ 2+4+6+8, \ 2+4+6+8+10, \cdots$

例題 8.11

次の数列の初項から第 n 項までの和 S を求めなさい．
1) $1\cdot 3, \ 2\cdot 5, \ 3\cdot 7, \ 4\cdot 9, \ 5\cdot 11, \cdots$
2) $1, \ 1+2, \ 1+2+3, \ 1+2+3+4, \ 1+2+3+4+5, \cdots$

[解説] 各問の第 k 項は前の例題で解答しているので，それに基づき和を求めればよい．

[解答] 1)
$$\sum_{k=1}^{n}(2k^2+k) = 2\sum_{k=1}^{n} k^2 + \sum_{k=1}^{n} k = \frac{2}{6}n(n+1)(2n+1) + \frac{1}{2}n(n+1)$$
$$= \frac{1}{6}n(n+1)\{2(2n+1)+3\} = \frac{1}{6}n(n+1)(4n+5)$$

2)
$$\sum_{k=1}^{n}\left(\frac{1}{2}k^2+\frac{1}{2}k\right) = \frac{1}{2}\sum_{k=1}^{n} k^2 + \frac{1}{2}\sum_{k=1}^{n} k = \frac{1}{12}n(n+1)(2n+1) + \frac{1}{4}n(n+1)$$
$$= \frac{1}{12}n(n+1)\{(2n+1)+3\} = \frac{1}{12}n(n+1)(2n+4)$$
$$= \frac{1}{6}n(n+1)(n+2)$$

問 8.11 次の数列の初項から第 n 項までの和を求めなさい（問 8.10 の結果を利用する）．
1) $2\cdot 1, \ 3\cdot 3, \ 4\cdot 5, \ 5\cdot 7, \ 6\cdot 9, \cdots$

2) $2,\ 2+4,\ 2+4+6,\ 2+4+6+8,\ 2+4+6+8+10,\cdots$

B）階差数列

数列 $\{a_n\}$ に対し，隣り合う項の差
$$b_n = a_{n+1} - a_n$$
によって得られる数列 $\{b_n\}$ を，数列 $\{a_n\}$ の**階差数列**という．この階差数列を用いて，数列 $\{a_n\}$ の一般項 a_n を表すことを考えよう．

まず，階差数列の定義より，
$$b_1 = a_2 - a_1$$
$$b_2 = a_3 - a_2$$
$$b_3 = a_4 - a_3$$
$$\cdots$$
$$b_{n-1} = a_n - a_{n-1}$$

となる．各式の両辺を加えると，
$$\sum_{k=1}^{n-1} b_k = a_n - a_1$$

したがって，
$$a_n = a_1 + \sum_{k=1}^{n-1} b_k$$

> 階差数列を $\{b_n\}$ とすると，
> $$a_n = a_1 + \sum_{k=1}^{n-1} b_k \quad (\text{ただし } n \geq 2)$$

例題 8.12

次の数列の一般項 a_n を求めなさい．

$1,\ 3,\ 7,\ 13,\ 21,\cdots$

[解説] 階差数列を求めると，$2, 4, 6, 8, \cdots$ となる．

[解答] 階差数列を $\{b_n\}$ とすると，これは，初項が 2，公差が 2 の等差数列である．よって，
$$b_n = 2 + (n-1) \cdot 2 = 2n$$

したがって，$n \geq 2$ のとき
$$a_n = a_1 + \sum_{k=1}^{n-1} b_k = 1 + \sum_{k=1}^{n-1} 2k = 1 + 2\sum_{k=1}^{n-1} k = 1 + 2\frac{(n-1)n}{2} = n^2 - n + 1$$

この式で $n = 1$ のとき 1 となり，a_1 と一致する．

よって，
$$a_n = n^2 - n + 1$$

問 8.12 次の数列の一般項 a_n を求めなさい．

$3,\ 6,\ 7,\ 6,\ 3,\ -2 \cdots$

8.5 数列の帰納的定義

A）漸化式

一般項 a_n が与えられれば数列 $\{a_n\}$ は決まる．しかし，一般項が与えられていない場合でも数列 $\{a_n\}$ が決まることもある．

例えば，
$$\begin{cases} a_1 = 3 & \cdots \text{①} \\ a_{n+1} = 2a_n + 1 \quad (n \geq 1) & \cdots \text{②} \end{cases}$$

という関係が成立しているとき，数列 $\{a_n\}$ は決まる．実際，

$a_1 = 3$

$a_2 = 2a_1 + 1 = 2 \cdot 3 + 1 = 7$ （②で n に 1 を代入）

$a_3 = 2a_2 + 1 = 2 \cdot 7 + 1 = 15$ （②で n に 2 を代入）

$\cdots$

のように，数列 $\{a_n\}$ の各項は次々と決まっていく．すなわち，数列 $\{a_n\}$ は①と②によって定義される．

このように，①と②のような関係式で数列を定義することを数列の**帰納的定義**という．また，②のような関係式を**漸化式**という．

例題 8.13

次のように帰納的に定義された数列 $\{a_n\}$ の最初の 5 項を求めなさい．

1) $a_1 = 1,\ a_{n+1} = {a_n}^2 - n \quad (n \geq 1)$

2) $a_1 = 1,\ a_2 = 1,\ a_{n+1} = a_n + a_{n-1} \quad (n \geq 2)$

[解答] 1) $a_1 = 1$ 　　　　　　　　　　　　2) $a_1 = 1$

$a_2 = {a_1}^2 - 1 = 1^2 - 1 = 0$ 　　　　　　$a_2 = 1$

$a_3 = {a_2}^2 - 2 = 0^2 - 2 = -2$ 　　　　　$a_3 = a_2 + a_1 = 1 + 1 = 2$

$a_4 = {a_3}^2 - 3 = (-2)^2 - 3 = 1$ 　　　　$a_4 = a_3 + a_2 = 2 + 1 = 3$

$a_5 = {a_4}^2 - 4 = 1^2 - 4 = -3$ 　　　　　$a_5 = a_4 + a_3 = 3 + 2 = 5$

【注】 例題 8.13 の 2) で定義される数列 1, 1, 2, 3, 5, 8, 13, 21, $\cdots$ を，**フィボナッチ数列**という．

問 8.13 次のように帰納的に定義された数列 $\{a_n\}$ の最初の 5 項を求めなさい．

1) $a_1 = 1,\ a_{n+1} = 2a_n + n \quad (n \geq 1)$

2) $a_1 = 1,\ a_2 = 2,\ a_{n+1} = a_n + 2a_{n-1} \quad (n \geq 2)$

B）等差数列と等比数列の漸化式

等差数列や等比数列も帰納的に定義することができる．

例えば，初項 a，公差 d の等差数列の場合，

$$\begin{cases} a_1 = a \\ a_{n+1} = a_n + d \quad (n \geq 1) \end{cases}$$

と定義することができる．逆に，この形式で定義された数列は等差数列である．

また，初項 a，公比 r の等比数列の場合，

$$\begin{cases} a_1 = a \\ a_{n+1} = r a_n \quad (n \geq 1) \end{cases}$$

と定義することができる．逆に，この形式で定義された数列は等比数列である．

例題 8.14

次のように帰納的に定義された数列 $\{a_n\}$ の一般項 a_n を求めなさい．

1) $a_1 = 4$, $a_{n+1} = a_n + 2$ $(n \geq 1)$
2) $a_1 = 3$, $a_{n+1} = 2 a_n$ $(n \geq 1)$

[解説]　1) は $a=4$, $d=2$ の等差数列であり，2) は $a=3$, $r=2$ の等比数列である．

[解答]　1)　$a_n = 4 + 2(n-1) = 2n + 2$　　　2)　$a_n = 3 \cdot 2^{n-1}$

問 8.14　次のように帰納的に定義された数列 $\{a_n\}$ の一般項 a_n を求めなさい．

1) $a_1 = 1$, $a_{n+1} = a_n - 5$ $(n \geq 1)$
2) $a_1 = 2$, $a_{n+1} = 3 a_n$ $(n \geq 1)$

C) $a_{n+1} = a_n + f(n)$ という形式の漸化式

$a_{n+1} = a_n + f(n)$ という形式の漸化式で定義されている数列の一般項は，以下のようにして求めることができる．

階差数列を $\{b_n\}$ とすると，

$$b_n = a_{n+1} - a_n = f(n)$$

となるので，$f(n)$ は階差数列の一般項である．したがって，

$$a_n = a_1 + \sum_{k=1}^{n-1} b_k = a_1 + \sum_{k=1}^{n-1} f(k)$$

により a_n を求めることができる．

例題 8.15

$a_1 = 2$, $a_{n+1} = a_n + 2n$ $(n \geq 1)$ で定義される数列 $\{a_n\}$ の一般項を求めなさい．

[解説]　$f(n) = 2n$ である．

[解答]　$a_n = a_1 + \sum_{k=1}^{n-1} f(k) = 2 + \sum_{k=1}^{n-1} (2k) = 2 + 2 \sum_{k=1}^{n-1} k = 2 + 2 \dfrac{(n-1)n}{2} = n^2 - n + 2$

問 8.15　$a_1 = 1$, $a_{n+1} = a_n + 2n - 1$ $(n \geq 1)$ で定義される数列 $\{a_n\}$ の一般項を求めなさい．

D) $a_{n+1} = p a_n + q$ という形式の漸化式

$a_{n+1} = p a_n + q$ という形式の漸化式で定義されている数列の一般項は，以下のようにして求

めることができる.ただし, p, q は定数で, $p \neq 1, q \neq 0$ とする($p=1$ のときは等差数列, $q=0$ のときは等比数列である).

<方法1>

まず,もとの漸化式と同じ形をした方程式
$$x = px + q$$
を解く.その解を α とすると, $\alpha = p\alpha + q$ であるから,
$$a_{n+1} - \alpha = (pa_n + q) - \alpha = (pa_n + q) - (p\alpha + q) = p(a_n - \alpha)$$
となる.すなわち,もとの漸化式は
$$a_{n+1} - \alpha = p(a_n - \alpha)$$
と変形できる.なお, $\alpha = \dfrac{q}{1-p}$ である.

次に, $t_n = a_n - \alpha$ とおくと, $t_{n+1} = a_{n+1} - \alpha$ より $t_{n+1} = pt_n$ となる.また, $t_1 = a_1 - \alpha$ である.したがって, t_n は公比が p の等比数列である.すなわち,
$$t_n = t_1 p^{n-1}$$
よって,
$$a_n = t_n + \alpha = (a_1 - \alpha)p^{n-1} + \alpha$$
となる.

── 例題 8.16 ──

$a_1 = 1, a_{n+1} = 3a_n + 2 \ (n \geq 1)$ で定義される数列 $\{a_n\}$ の一般項を<方法1>により求めなさい.

[解説] 方程式は $x = 3x + 2$ であり,その解は $x = -1$ すなわち $\alpha = -1$ である.また $p = 3$ である.

[解答] $a_n = (a_1 - (-1)) \cdot 3^{n-1} + (-1) = (1+1) \cdot 3^{n-1} - 1 = 2 \cdot 3^{n-1} - 1$

問 8.16 $a_1 = 3, a_{n+1} = 2a_n - 2 \ (n \geq 1)$ で定義される数列 $\{a_n\}$ の一般項を求めなさい.

<方法2>

まず,もとの漸化式 $a_{n+1} = pa_n + q$ で, n のかわりに $n-1$ とおく.
$$a_n = pa_{n-1} + q \quad \cdots \quad ①$$
次に,もとの漸化式から①を引いて, q を消去する.
$$a_{n+1} - a_n = p(a_n - a_{n-1})$$
ここで, $b_n = a_{n+1} - a_n$ とおくと,階差数列 $\{b_n\}$ の漸化式 $b_n = pb_{n-1}$ が得られる.また, $b_1 = a_2 - a_1$ である.したがって,階差数列 $\{b_n\}$ は公比を p とする等比数列である.それを求めたのち,
$$a_n = a_1 + \sum_{k=1}^{n-1} b_k$$
により a_n を求める.

例題 8.17

$a_1 = 1$, $a_{n+1} = 3a_n + 2$ $(n \geq 1)$ で定義される数列 $\{a_n\}$ の一般項を＜方法2＞により求めなさい．

[解答] $a_{n+1} - a_n = 3(a_n - a_{n-1})$

となるので，$b_n = a_{n+1} - a_n$ とおくと，階差数列 $\{b_n\}$ は公比を3とする等比数列である．

ここで，$a_2 = 3a_1 + 2 = 5$ であるから，
$$b_1 = a_2 - a_1 = 5 - 1 = 4$$
より，
$$b_n = 4 \cdot 3^{n-1}$$
したがって，
$$a_n = a_1 + \sum_{k=1}^{n-1} b_k = 1 + 4 \sum_{k=1}^{n-1} 3^{k-1} = 1 + 4 \cdot \frac{3^{n-1} - 1}{3 - 1} = 1 + 2 \cdot 3^{n-1} - 2 = 2 \cdot 3^{n-1} - 1$$

問 8.17 $a_1 = 3$, $a_{n+1} = 2a_n - 2$ $(n \geq 1)$ で定義される数列 $\{a_n\}$ の一般項を＜方法2＞により求めなさい．

第8章のまとめ

1) ある規則にしたがって数を並べたものを ［ a) ］ という．
2) 初項に次々と一定の数を加えて得られる ［ a) ］ を ［ b) ］ という．また，そのときの一定の数を ［ c) ］ という．
3) 初項に次々と一定の数をかけて得られる ［ a) ］ を ［ d) ］ という．また，そのときの一定の数を ［ e) ］ という．
4) ［ a) ］ の和を ［ f) ］ といい，Σ を用いて表す．
5) 数列 $\{a_n\}$ に対し，隣り合う数の差 $b_n = a_{n+1} - a_n$ によって得られる数列 $\{b_n\}$ を，数列 $\{a_n\}$ の ［ g) ］ という．

第8章の復習問題

［1］ 一般項を $a_n = -2n^2 + 4n$ とするとき，次の項を求めなさい．
  1) a_5
  2) a_{n+1}

［2］ 第3項が10，第5項が6の等差数列の一般項を求めなさい．

［3］ 第2項が192，第5項が24の等比数列の一般項を求めなさい．

［4］ 次の値を求めなさい．
  1) $\sum_{k=1}^{n} 4$
  2) $\sum_{k=1}^{n} (2k+1)$
  3) $\sum_{k=1}^{n} (k^2 + k)$
  4) $\sum_{k=1}^{n} x^k$

[5] 次の数列の最初の5項を求めなさい．

1) $a_1 = 2$, $a_{n+1} = 3a_n - 1$

2) $a_1 = 1$, $a_{n+1} = 2a_n + 1$

第8章の発展問題

【1】 等差数列になる3数の和が18，積が192であるとき，この3数を求めよ．

【2】 初項が40，公差が-3の等差数列の初項から第n項までの和をS_nとする．S_nが最大となるときのnを求めよ．また，そのときのS_nを求めよ．

【3】 等比数列になる3数の和が21，積が216であるとき，この3数を求めよ．

【4】 太郎は，ある年の初めにa円借金をした．その後毎年，年末にd円ずつ返済する場合，n年後の借金残高を求めよ．ただし，年率をr％とする．

【5】 $a_1 = 2$, $a_{n+1} = 2a_n - 1$ ($n \geqq 1$) で定義される数列$\{a_n\}$の一般項を求めよ．

第9章 指数と対数

> 本章では，指数と対数について述べる．指数に関しては，これまで特に意識せずに使用してきたが，ここでキチンと整理しよう．対数は指数と対をなす概念である．対数を理解するためには指数を十分に理解しておく必要がある．

9.1 指数

A) 累乗

実数 a が与えられているとする．この a を n 個掛け合わせたものを a の n 乗といい，a^n と表す．また，$a^1, a^2, a^3, \cdots$ を a の**累乗**または**ベキ**といい，右肩に書く $1, 2, 3, \cdots$ をその**指数**という．a の指数を扱う場合，a のことを**底**という．

B) 累乗根

実数 a が与えられているとする．2乗して a となる数を a の2乗根または**平方根**，3乗して a となる数を a の3乗根または**立方根**という．一般に，n を自然数としたとき，n 乗して a となる数を a の n 乗根という．また，これらをまとめて**累乗根**という．

a の n 乗根は，方程式 $x^n - a = 0$ の解である．a の n 乗根は複素数の範囲で考えると一般に n 個存在するが，実数の範囲では以下のようになる．

---
1) n が偶数のとき
  1.1) $a > 0$ のとき　　実数の n 乗根は2つある．
      正のほうを $\sqrt[n]{a}$，負のほうを $-\sqrt[n]{a}$ と表す．
      ただし，$\sqrt[2]{a}$ は単に $\sqrt{a}$ と書く．
  1.2) $a = 0$ のとき　　n 乗根は0のみである．
  1.3) $a < 0$ のとき　　実数の n 乗根は存在しない．
2) n が奇数のとき
  a の正負に関係なく，実数の n 乗根はただ一つ存在する．
  それを，$\sqrt[n]{a}$ と表す．

例題 9.1

次の値を実数の範囲で答えなさい．
1) 7の2乗根　　2) -5 の2乗根
3) 5の3乗根　　4) -64 の3乗根

[解答] 1) $\sqrt{7}$ と $-\sqrt{7}$　　2) 存在しない　　3) $\sqrt[3]{5}$　　4) $\sqrt[3]{-64} = -4$

問 9.1 次の値を実数の範囲で答えなさい．

1) 3 の 4 乗根
2) −3 の 4 乗根
3) 17 の 3 乗根
4) −27 の 3 乗根

C）指数の公式

さて，指数に関する演算についてみていこう．とりあえず，a は正の実数，n, m は自然数とする．

まず，累乗の積に関しては，

$$a^m \times a^n = \underbrace{(a \times \cdots \times a)}_{m \text{ 個}} \times \underbrace{(a \times \cdots \times a)}_{n \text{ 個}} = \underbrace{a \times \cdots \times a}_{m+n \text{ 個}} = a^{m+n}$$

となる．すなわち，

$$\boldsymbol{a^m \times a^n = a^{m+n}}$$

が成立する．

次に，累乗の商を考えよう．例えば，$\frac{a^5}{a^3} = a^2$ であり，また $a^{5-3} = a^2$ となるので，$\frac{a^5}{a^3} = a^{5-3}$ がいえる．これは一般化でき，

$$\boldsymbol{\frac{a^m}{a^n} = a^{m-n}}$$

が成立する．この公式は，$m > n$ の場合だけでなく $m \leq n$ の場合も成立する．

指数が 0 の場合は $\boldsymbol{a^0 = 1}$ であり，指数が負数となる場合は $\boldsymbol{a^{-n} = \frac{1}{a^n}}$ となる．

$\frac{a^m}{a^n} = a^{m-n}$ という公式を利用すると，$a^0 = 1$，$a^{-n} = \frac{1}{a^n}$ は簡単に証明できる．

さらに，

$$(a^m)^n = \underbrace{a^m \times a^m \times \ldots \times a^m}_{n \text{ 個}} = \underbrace{a \times a \times \ldots \times a}_{mn \text{ 個}} = \boldsymbol{a^{mn}}$$

が成立する．

例題 9.2

$\frac{a^m}{a^n} = a^{m-n}$ を用いて，$a^0 = 1$ を証明しなさい．

[解説] $m = n$ とすると，0 乗が得られる．

[解答] $m = n$ とすると，公式の左辺 $= \frac{a^n}{a^n} = 1$，公式の右辺 $= a^{n-n} = a^0$

よって，$a^0 = 1$

問 9.2 $a^{-n} = \frac{1}{a^n}$ を証明しなさい．

実は，指数は，自然数や整数だけでなく，有理数，さらには実数にまで拡張することができる．指数を実数にまで拡張した場合，図 9.1 に示す公式が成立する．図 9.1 では，n は自然数，m は整数，x, y は実数とする．また，$a \neq 0$ とする．

> e1) $a^0 = 1$、$a^1 = a$
>
> e2) $a^{-x} = \dfrac{1}{a^x}$
>
> e3) $a^x \times a^y = a^{x+y}$
>
> e4) $\dfrac{a^x}{a^y} = a^{x-y}$
>
> e5) $(a^x)^y = a^{xy}$
>
> e6) $(ab)^x = a^x b^x$
>
> e7) $\left(\dfrac{a}{b}\right)^x = \dfrac{a^x}{b^x}$
>
> e8) $a > 0$ のとき、$a^{\frac{m}{n}} = \sqrt[n]{a^m}$、特に、$m = 1$ のとき $a^{\frac{1}{n}} = \sqrt[n]{a}$
>
> e9) $a > 1$ のとき　　$x < y$ ↔ $a^x < a^y$
>
> 　　　$0 < a < 1$ のとき、$x < y$ ↔ $a^x > a^y$
>
> e10) $a > 0$、$b > 0$ のとき
>
> 　　e10.1) $x > 0$ のとき　$a < b$ ↔ $a^x < b^x$
>
> 　　e10.2) $x < 0$ のとき　$a < b$ ↔ $a^x > b^x$

図 9.1　指数の公式

ここで，公式 e8) $a^{\frac{m}{n}} = \sqrt[n]{a^m}$ について補足しておこう．

$A = a^{\frac{1}{n}}$ とおくと，$A^n = \left(a^{\frac{1}{n}}\right)^n = a^{\frac{1}{n} \times n} = a^1 = a$ であるから，A は a の n 乗根であり，$A = \sqrt[n]{a}$ である．すなわち，$a^{\frac{1}{n}} = \sqrt[n]{a}$ となることがわかる．したがって，より一般的には，$a^{\frac{m}{n}} = a^{m \times \frac{1}{n}} = (a^m)^{\frac{1}{n}} = \sqrt[n]{a^m}$ が成立する．

―― 例題 9.3 ――――――――――――――――――――――――――――
次の式を a^x の形式で表しなさい．ただし，$a > 0$ とする．

1) $\sqrt[3]{\dfrac{a^3}{\sqrt{a^3}}}$ 　　　　　　2) $\dfrac{\sqrt{a\sqrt{a}}}{\sqrt[4]{a}}$
―――――――――――――――――――――――――――――――――

[解説]　まず，公式 e8) $a^{\frac{m}{n}} = \sqrt[n]{a^m}$ を用いて，根号を消去しよう．

[解答]　1) $\sqrt[3]{\dfrac{a^3}{\sqrt{a^3}}} = \left(\dfrac{a^3}{a^{\frac{3}{2}}}\right)^{\frac{1}{3}} = \left(a^{3-\frac{3}{2}}\right)^{\frac{1}{3}} = \left(a^{\frac{3}{2}}\right)^{\frac{1}{3}} = a^{\frac{3}{2} \times \frac{1}{3}} = a^{\frac{1}{2}}$

2) $\dfrac{\sqrt{a\sqrt{a}}}{\sqrt[4]{a}} = \dfrac{(a \cdot a^{\frac{1}{2}})^{\frac{1}{2}}}{a^{\frac{1}{4}}} = \dfrac{a^{\frac{3}{2} \cdot \frac{1}{2}}}{a^{\frac{1}{4}}} = a^{\frac{3}{4} - \frac{1}{4}} = a^{\frac{1}{2}}$

問 9.3　次の式を a^x の形式で表しなさい．ただし，$a > 0$ とする．

1) $\sqrt[4]{\dfrac{a^6}{\sqrt{a^3}}}$ 　　　　　　2) $\dfrac{a\sqrt{a}}{\sqrt[4]{a^3}}$

例題 9.4

次の値を求めなさい．

1) $8^{\frac{2}{3}}$
2) $\left(\dfrac{27}{8}\right)^{-\frac{4}{3}}$

[解説] a の部分を累乗で表したのち指数法則を適用する．なお，$8=2^3$，$27=3^3$ である．

[解答] 1) $8^{\frac{2}{3}} = (2^3)^{\frac{2}{3}} = 2^{3\times\frac{2}{3}} = 2^2 = 4$

2) $\left(\dfrac{27}{8}\right)^{-\frac{4}{3}} = \left(\dfrac{3}{2}\right)^{3\times\left(-\frac{4}{3}\right)} = \left(\dfrac{3}{2}\right)^{-4} = \left(\dfrac{2}{3}\right)^4 = \dfrac{2^4}{3^4} = \dfrac{16}{81}$

なお，上の例題の 2) では，$\left(\dfrac{a}{b}\right)^{-n} = \left(\dfrac{b}{a}\right)^n$ を用いている．この公式は，次のようにして示すことができる．

$$\left(\dfrac{a}{b}\right)^{-n} = \dfrac{1}{\left(\dfrac{a}{b}\right)^n} = \dfrac{1}{\left(\dfrac{a^n}{b^n}\right)} = \dfrac{b^n}{a^n} = \left(\dfrac{b}{a}\right)^n$$

問 9.4 次の値を求めなさい．

1) $9^{-\frac{3}{2}}$
2) $144^{-\frac{1}{2}}$

例題 9.5

$3^x = 4$ のとき，次の値を求めなさい．

1) 3^{2x+1}
2) 3^{-x+2}

[解説] 指数のままでは計算できないので，掛け算の形式に変形する必要がある．

[解答] 1) 与式 $= 3^{2x+1} = (3^x)^2 \cdot 3 = 4^2 \cdot 3 = 48$

2) 与式 $= 3^{-x+2} = (3^x)^{-1} \cdot 3^2 = 4^{-1} \cdot 9 = \dfrac{9}{4}$

問 9.5 $5^x = 3$ のとき，$5^{2x+3} + 5^{-x+1}$ の値を求めなさい．

例題 9.6

$x^{\frac{1}{2}} + x^{-\frac{1}{2}} = 4$ のとき，$x + x^{-1}$ の値を求めなさい．

[解説] 与式の両辺を 2 乗すると，求める式の形が現れてくる．

[解答] 与えられた条件の両辺を二乗すると，

$$\left(x^{\frac{1}{2}} + x^{-\frac{1}{2}}\right)^2 = 4^2$$

$$x + 2 + x^{-1} = 16$$

よって，

$$x + x^{-1} = 14$$

問 9.6 $x + x^{-1} = 3$ のとき，$x^2 + x^{-2}$ の値を求めなさい．

例題 9.7

3^{21} と 5^{14} を大小比較しなさい．

[解説] 21 と 14 の最大公約数 7 を考える.

[解答] $3^{21} = (3^3)^7 = 27^7$ であり, $5^{14} = (5^2)^7 = 25^7$ である.

ここで, $25 < 27$ なので, $25^7 < 27^7$

よって,
$$5^{14} < 3^{21}$$

問 9.7 2^{30} と 3^{20} を大小比較しなさい.

9.2 対数

A) 対数の定義

対数は次のように定義される.

$a > 0, a \neq 1$ のとき, 正の実数 x に対して, $x = a^y$ となる実数 y がただ一つ定まる. この y を
$$y = \log_a x$$
と書き, a を底とする x の**対数**という. また, $\log_a x$ において x を**真数**という. 真数は常に正でなければならない. 例えば, $2^3 = 8$ なので $3 = \log_2 8$ となる. また, $3^2 = 9$ なので $2 = \log_3 9$ となる.

一般に,
$$n = \log_a a^n$$
が成り立つ.

B) 対数の公式

対数に関しては, 図 9.2 に示す公式が成立する. ただし, a, c は 1 でない正数, また $M > 0$, $N > 0$, $b > 0$ とする. 対数の公式 L1), L2), L3) は, 指数の公式 e1), e3), e4) と対応させると理解しやすいであろう.

> L1) $\log_a 1 = 0, \quad \log_a a = 1$
>
> L2) $\log_a MN = \log_a M + \log_a N$
>
> L3) $\log_a \dfrac{M}{N} = \log_a M - \log_a N$
>
> L4) $\log_a M^p = p \log_a M$
>
> L5) $\log_a b = \dfrac{\log_c b}{\log_c a}, \quad$ 特に $\quad \log_a b = \dfrac{1}{\log_b a}$
>
> L6) $a > 1$ のとき, $0 < x < y \leftrightarrow \log_a x < \log_a y$
> $0 < a < 1$ のとき, $0 < x < y \leftrightarrow \log_a x > \log_a y$

図 9.2 対数の公式

例題 9.8

公式 L2) $\log_a MN = \log_a M + \log_a N$ を証明しなさい.

[解説] $p = \log_a M$, $q = \log_a N$ とおいて指数の形式に戻してみよう.

[解答] $p = \log_a M$, $q = \log_a N$ とおくと, $M = a^p$, $N = a^q$.

よって, $MN = a^p a^q = a^{p+q}$.

したがって,
$$\log_a MN = p + q = \log_a M + \log_a N$$

問 9.8 次の公式を証明しなさい.

1) $\log_a \dfrac{M}{N} = \log_a M - \log_a N$ 　　　2) $\log_a M^p = p \log_a M$

例題 9.9

公式 L5) $\log_a b = \dfrac{\log_c b}{\log_c a}$ を証明しなさい.

[解説] $p = \log_a b$ とおいてみよう.

[解答] $p = \log_a b$ とおくと, $b = a^p$.

よって, $\log_c b = \log_c a^p = p \log_c a$.

したがって,
$$p = \log_a b = \frac{\log_c b}{\log_c a}$$

この結果により, 次の式も公式として使用できる.
$$\log_c b = (\log_c a)(\log_a b)$$

問 9.9 次の式の値を求めなさい.

1) $\log_8 32$ 　　　2) $\log_{27} 9$

例題 9.10

$\log_{10} 2 = p$, $\log_{10} 3 = q$ とするとき, $\log_{10} \dfrac{9}{50}$ を p, q で表しなさい.

[解説] 真数 $\dfrac{9}{50}$ を 2, 3, 10 で表してみよう.

[解答] $\dfrac{9}{50} = \dfrac{18}{100} = \dfrac{2 \cdot 3^2}{10^2}$ なので,
$$\log_{10} \frac{9}{50} = \log_{10} \frac{2 \cdot 3^2}{10^2} = (\log_{10} 2 + \log_{10} 3^2) - \log_{10} 10^2 = p + 2q - 2$$

問 9.10 $\log_{10} 2 = p$, $\log_{10} 3 = q$ とするとき, $\log_{10} \dfrac{\sqrt{15}}{2}$ を p, q で表しなさい.

例題 9.11

$\log_2 3 = p$, $\log_3 7 = q$ とするとき, $\log_{21} 42$ を p, q で表しなさい.

[解説] 21, 42 を 2, 3, 7 で表し，底を 2 にそろえて計算してみよう．

[解答] $\log_{21} 42 = \dfrac{\log_2 42}{\log_2 21} = \dfrac{\log_2 2 \cdot 3 \cdot 7}{\log_2 3 \cdot 7} = \dfrac{\log_2 2 + \log_2 3 + \log_2 7}{\log_2 3 + \log_2 7}$

ここで，前ページの公式より，$\log_2 7 = (\log_2 3)(\log_3 7) = pq$

よって，$\log_{21} 42 = \dfrac{\log_2 2 + \log_2 3 + \log_2 7}{\log_2 3 + \log_2 7} = \dfrac{pq + p + 1}{pq + p}$

問 9.11 $\log_4 5 = p$，$\log_5 6 = q$ とするとき，$\log_{20} 30$ を p, q で表しなさい．

C) 常用対数

10 を底とする対数を**常用対数**という．

常用対数 $\log_{10} x$ を整数部分 n と小数部分 a (ただし $0 \leqq a < 1$) とに分けてみる．すなわち，

$$\log_{10} x = n + a$$

とする．例えば，$n = 1$ の場合，

$1 \leqq \log_{10} x < 2 \ \leftrightarrow \ 10^1 \leqq x < 10^2$

$\leftrightarrow \ 10 \leqq x < 100$

$\leftrightarrow \ x$ の整数部分は 2 桁となる

また，$n = -2$ の場合，

$-2 \leqq \log_{10} x < -1 \ \leftrightarrow \ \dfrac{1}{10^2} \leqq x < \dfrac{1}{10^1}$

$\leftrightarrow \ 0.01 \leqq x < 0.1$

$\leftrightarrow \ x$ は小数第 2 位で初めて 0 でない数字が現れる．

一般には，次の事柄が成立する．

> $n \geqq 0$ のとき，x の整数部分は $(n+1)$ 桁である．
> $n < 0$ のとき，x は小数第 $(-n)$ 位で初めて 0 でない数字が現れる

実際，$n \geqq 0$ の場合，

$n \leqq \log_{10} x < n + 1 \ \leftrightarrow \ 10^n \leqq x < 10^{n+1}$

$\leftrightarrow \ x$ の整数部分は $(n+1)$ 桁となる．

また，$\log_{10} x$ の整数部分が $-n (n > 0)$ の場合，

$-n \leqq \log_{10} x < -n + 1 \ \leftrightarrow \ \dfrac{1}{10^n} \leqq x < \dfrac{1}{10^{n-1}}$

$\leftrightarrow \ x$ は小数第 n 位で初めて 0 でない数字が現れる．

【注】 なお，$10^n = \overset{n \text{ 個}}{\overline{100\cdots 0}}$，$\dfrac{1}{10^n} = \overset{n \text{ 個}}{\overline{0.000\cdots 01}}$ である．例えば，$10^3 = 1000$，$\dfrac{1}{10^3} = 0.001$ である．

したがって，例えば，$\log_{10} x = 5.41$ であれば x の整数部分は 6 桁である．$\log_{10} x = -3.28$ であれば，$-3.28 = -4 + 0.72$ なので x は小数第 4 位から始まる．

なお，近似値として
$$\log_{10} 2 = 0.3010, \quad \log_{10} 3 = 0.4771$$
である．これらはよく使用されるので覚えておいた方がよい．

例題 9.12

$x = 2^{50}$ について，次の問に答えなさい．
1) x は何桁の整数か．
2) $\dfrac{1}{x}$ は小数第何位で初めて 0 でない数字が現れるか．

[解説] $\log_{10} 2 = 0.3010$ を用いて，$\log_{10} x$, $\log_{10} \dfrac{1}{x}$ を計算してみよう．

[解答] 1) $\log_{10} x = \log_{10} 2^{50} = 50 \log_{10} 2 = 50 \times 0.3010 = 15.05$ より，**16 桁**．

2) $\log_{10} \dfrac{1}{x} = \log_{10} 2^{-50} = -50 \log_{10} 2 = -15.05 = -16 + 0.95$ より，**小数第 16 位**．

問 9.12 $x = 3^{50}$ について，次の問に答えなさい．
1) x は何桁の整数か．
2) $\dfrac{1}{x}$ は小数第何位で初めて 0 でない数字が現れるか．

9.3 指数関数と対数関数

A）指数関数

関数 $f(x) = a^x$ を**指数関数**という．図 9.3 に示すように，$a > 1$ の場合の指数関数と $0 < a < 1$ の場合の指数関数は y 軸に対して対象である．$a^0 = 1$ なので，いずれにせよ点 $(0, 1)$ を通る．

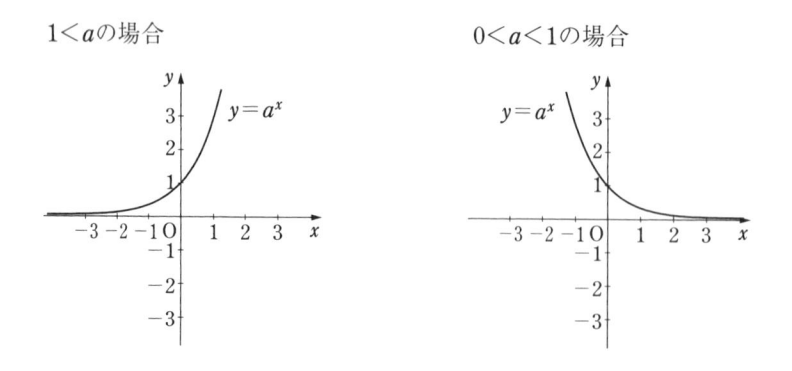

図 9.3 指数関数

B）対数関数

関数 $f(x) = \log_a x$ を**対数関数**という．図 9.4 に示すように，$a > 1$ の場合の対数関数と $0 < a < 1$ の場合の対数関数は x 軸に対して対象である．$\log_a 1 = 0$ なので，共に点 $(1, 0)$ を通

9.3 指数関数と対数関数

る.

1<aの場合　　　　　0<a<1の場合

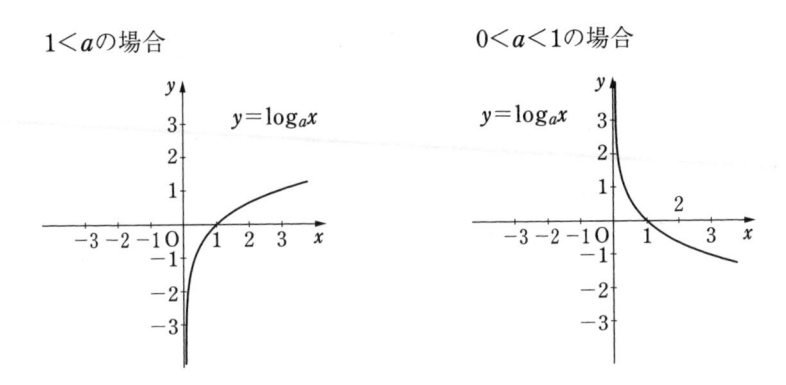

図9.4　対数関数

C）逆関数

一般に，y が x の関数である場合，x を1つ定めると y も1つ決まる．しかし，逆に，y を1つ定めても x が1つ定まるとは言えない．それに対し，x と y が1対1に対応している関数であれば y を1つ定めると x も1つ決まることになる．このような場合，x は y の関数となる．すなわち，関数 $y = f(x)$ が1対1に対応する関数である場合には，関数 $x = g(y)$ を考えることができる．この関数 g を f の**逆関数**といい，f^{-1} と表す．もっとも，関数を表す場合，$x = f^{-1}(y)$ とは記述せず，$y = f^{-1}(x)$ と書く．

$$y = f(x) \text{ の逆関数は，} y = f^{-1}(x)$$

$y = f(x)$ の逆関数を求めるには，$y = f(x)$ において x と y を入れ替えた後，$y = g(x)$ の形式に整理すればよい．その結果の $g(x)$ が逆関数 $f^{-1}(x)$ である．

例題 9.13

$f(x) = 2x - 2$ の逆関数 $f^{-1}(x)$ を求めなさい．また，2つの関数のグラフを書きなさい．

[解説]　まず，$y = 2x - 2$ とおき，x と y を入れ替える．

その式を y について解けばよい．

[解答]　$y = 2x - 2$ の x と y を入れ替えて $x = 2y - 2$.

これを y について解くと，$y = \dfrac{1}{2}x + 1$.

よって，$f^{-1}(x) = \dfrac{1}{2}x + 1$.

$y = f(x)$ と $y = f^{-1}(x)$ のグラフは右図のようになる（点線は直線 $y = x$）．

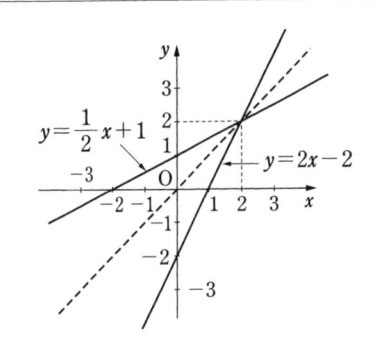

（直線 $y = x$ に関して対称）

問 9.13　$f(x) = 2x + 2$ の逆関数 $f^{-1}(x)$ を求め，両者のグラフを書きなさい．

上例のグラフでは，$f(x)=2x-2$ とその逆関数 $f^{-1}(x)=\dfrac{1}{2}x+1$ のグラフは直線 $y=x$ に対して対称となっている．一般に，$y=f(x)$ とその逆関数 $y=f^{-1}(x)$ のグラフは，その定義から直線 $y=x$ に対して対称となる．実は，対数関数 $f(x)=\log_a x$ は，その定義から指数関数 $f(x)=a^x$ の逆関数であり，両者のグラフを書くと，直線 $y=x$ に対して対称となる．

例題 9.14

$f(x)=2^x$ の逆関数 $f^{-1}(x)$ を求めなさい．また，2つの関数のグラフを書きなさい．

[解説] まず，$y=2^x$ とおき，x と y を入れ替える．その式を y について解けばよい．

[解答] $y=2^x$ の x と y を入れ替えて $x=2^y$．

これを y について解くと，$y=\log_2 x$．

よって，$f^{-1}(x)=\log_2 x$．

$y=f(x)$ と $y=f^{-1}(x)$ のグラフは右図のようになる．

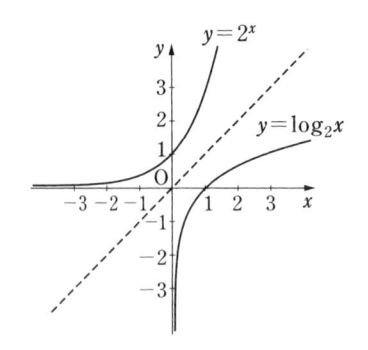

問 9.14 $f(x)=3^{x-2}+1$ の逆関数 $f^{-1}(x)$ を求め，両者のグラフを書きなさい．

第9章のまとめ

1) a の累乗 a^n において，n を ____a)____ ，a を ____b)____ という．
2) 2乗して a となる数を a の ____c)____ という．3乗して a となる数を a の ____d)____ という．
3) a^0 の値は ____e)____ である．
4) 正の実数 x に対して，$x=a^y$ となる実数 y を ____f)____ と書く．これを a を底とする x の ____g)____ という．また，____f)____ において x を ____h)____ という．
5) $\log_a 1$ の値は ____i)____ である．
6) 底を10とする対数は ____j)____ と呼ばれる．

第9章の復習問題

[1] 次の式を a^x の形式で表しなさい．

1) $\sqrt[7]{a^5} \times \sqrt[3]{a}$
2) $\dfrac{\sqrt{a} \times (\sqrt[3]{a})^4}{\sqrt[5]{a^2}}$

[2] 次の値を求めなさい．

1) $81^{\frac{1}{4}}$
2) $\left(\dfrac{64}{125}\right)^{-\frac{2}{3}}$

［3］ $7^x = 9$ のとき，次の値を求めなさい．
  1) 7^{2x}　　　　　　　　　　2) 7^{-x+1}

［4］ 2^{20} と 3^{10} を大小比較しなさい．

［5］ 次の値を求めなさい．
  1) $\log_9 81$　　　　　　　　　2) $\log_{64} 16$

［6］ $\log_2 3 = p$, $\log_3 5 = q$ とするとき，$\log_{15} 90$ を p, q で表しなさい．

［7］ 2^{32} が 10 進数で何桁となるかを調べなさい．

第 9 章の発展問題

【1】 関数 $y = \dfrac{1}{2}(2^x + 2^{-x})$ のグラフを書きなさい．

【2】 方程式 $9^x - 24 \cdot 3^{x-1} - 9 = 0$ を解きなさい．
  　　　（ヒント：3^x を X とせよ．）

【3】 方程式 $2(4^x + 4^{-x}) - 5(2^x + 2^{-x}) + 6 = 0$ を解きなさい．
  　　　（ヒント：$2^x + 2^{-x}$ を X とせよ．）

【4】 不等式 $4^x - 5 \cdot 2^{x-1} + 1 < 0$ を解きなさい．

【5】 $x \leqq 3$ のとき，関数 $f(x) = 2^{x+2} - 4^x$ の最大値と最小値を求めなさい．
  　　　（ヒント：2^x を X とせよ．）

【6】 方程式 $(\log_{10} x)^2 - 2\log_{10} x - 3 = 0$ を解きなさい．
  　　　（ヒント：$\log_{10} x$ を X とせよ．）

【7】 不等式 $2(\log_{10} x)^2 - 5\log_{10} x + 2 \leqq 0$ を解きなさい．

【8】 関数 $f(x) = (\log_{10} x)^2 + \log_{10} x^2 - 2$ の最小値と，そのときの x の値を求めなさい．

第 10 章 極限

> 本章では，数列の極限と関数の極限について述べる．本章あたりから，「算数」を越えたいわゆる「数学」の世界に入ることになる．数列や関数の極限はその基本である．

10.1 数列の極限

A）極限の定義

数列 $\left\{\dfrac{1}{n}\right\}$ において，n をどんどん大きくしてみると

$$1,\ \frac{1}{2},\ \frac{1}{3},\ \cdots,\ \frac{1}{10}=0.1,\ \cdots,\ \frac{1}{100}=0.01,\ \cdots,\ \frac{1}{1000}=0.001,\ \cdots$$

となり，$\dfrac{1}{n}$ は 0 に近づいていく．このように，数列 $\{a_n\}$ によっては，n が限りなく大きくなるときに，a_n が一定の値 α に近づくことがある．このようなとき，数列 $\{a_n\}$ は α に**収束する**といい，

$$\lim_{n\to\infty} a_n = \alpha$$

または

$$n\to\infty \text{ のとき }\quad a_n \to \alpha$$

と書く（なお，記号 ∞ は**無限大**と読む）．また，α をこの数列の**極限値**または**極限**という．例えば，$\displaystyle\lim_{n\to\infty}\dfrac{1}{n}=0$ であり，数列 $\left\{\dfrac{1}{n}\right\}$ の極限値は 0 である．

収束しない数列は**発散する**という．発散には以下の 3 種類がある．

① **正の無限大に発散**（$\displaystyle\lim_{n\to\infty} a_n = \infty$ と書く）

② **負の無限大に発散**（$\displaystyle\lim_{n\to\infty} a_n = -\infty$ と書く）

③ **振動**（①でも②でもない発散）

例えば，$\displaystyle\lim_{n\to\infty} n^2 = \infty$，$\displaystyle\lim_{n\to\infty}(-n) = -\infty$ である．一般に，$p>0$ とすると，

$$\lim_{n\to\infty} n^p = \infty,\quad \lim_{n\to\infty}\frac{1}{n^p} = 0$$

となる．

また，n が偶数のとき $(-1)^n = 1$，n が奇数のとき $(-1)^n = -1$ であるから，$\displaystyle\lim_{n\to\infty}(-1)^n$ は振動する．

B) 極限の公式

極限に関しては，次の公式が成立する．

$$\lim_{n\to\infty} a_n = \alpha, \quad \lim_{n\to\infty} b_n = \beta \text{ のとき}$$

- L1) $\lim_{n\to\infty} a_n = \alpha \iff \lim_{n\to\infty} |a_n - \alpha| = 0$
- L2) $\lim_{n\to\infty} k a_n = k\alpha$ （k は定数）
- L3) $\lim_{n\to\infty} (a_n + b_n) = \alpha + \beta$
- L4) $\lim_{n\to\infty} a_n b_n = \alpha\beta$
- L5) $\lim_{n\to\infty} \dfrac{a_n}{b_n} = \dfrac{\alpha}{\beta}$ （$\beta \neq 0$）
- L6) $a_n \leqq b_n \ (n \geqq 1)$ ならば $\alpha \leqq \beta$

さらに，よく用いられる等比数列の極限を以下に示しておく．

$r > 1$ のとき，$\lim_{n\to\infty} r^n = \infty$

$r = 1$ のとき，$\lim_{n\to\infty} r^n = 1$

$|r| < 1$ のとき，$\lim_{n\to\infty} r^n = 0$

例題 10.1

次の極限を求めなさい．

1) $\lim_{n\to\infty} \dfrac{6n^2 - 5n}{3n^2 + 4}$ 2) $\lim_{n\to\infty} (\sqrt{n^2 + 3n - 4} - n)$ 3) $\lim_{n\to\infty} \dfrac{3^n - 1}{4^n + 2^n}$

[解説] 1)は $\dfrac{\infty}{\infty}$ の形式なので，分母・分子を次数が最大である n^2 で割ればよい．

2)は無理数を用いた $\infty - \infty$ の形式なので，分母が1の分数と考え分子を有理化する．

3)も $\dfrac{\infty}{\infty}$ の形式であり，分母・分子を最大項 4^n で割る．

[解答] 1) 与式 $= \lim_{n\to\infty} \dfrac{6 - \dfrac{5}{n}}{3 + \dfrac{4}{n^2}} = \dfrac{6 - 0}{3 + 0} = 2$

2) 与式 $= \lim_{n\to\infty} \dfrac{(n^2 + 3n - 4) - n^2}{\sqrt{n^2 + 3n - 4} + n} = \lim_{n\to\infty} \dfrac{3n - 4}{\sqrt{n^2 + 3n - 4} + n}$

$= \lim_{n\to\infty} \dfrac{3 - \dfrac{4}{n}}{\sqrt{1 + \dfrac{3}{n} - \dfrac{4}{n^2}} + 1} = \dfrac{3 - 0}{1 + 1} = \dfrac{3}{2}$

3) 与式 $= \lim_{n\to\infty} \dfrac{\left(\dfrac{3}{4}\right)^n - \left(\dfrac{1}{4}\right)^n}{1 + \left(\dfrac{2}{4}\right)^n} = \dfrac{0 + 0}{1 + 0} = 0$

問 10.1 次の極限を求めなさい．

1) $\displaystyle\lim_{n\to\infty}\frac{3n^2+5n+2}{4n^2-3n+1}$ 　　2) $\displaystyle\lim_{n\to\infty}(\sqrt{4n^2+n-2}-2\sqrt{n^2-n})$ 　　3) $\displaystyle\lim_{n\to\infty}\frac{2^n-2\cdot5^n}{5^n-4}$

C）特殊な数列 $a_n=\left(1+\dfrac{1}{n}\right)^n$

$a_n=\left(1+\dfrac{1}{n}\right)^n$ という数列は重要である．この数列は収束する．この値を一般に e と表す．すなわち，$e=\displaystyle\lim_{n\to\infty}\left(1+\dfrac{1}{n}\right)^n$ である．e は無理数であり，$e=\mathbf{2.71828\cdots}$ である．この e を用いた指数関数 $f(x)=e^x$ や対数関数 $f(x)=\log_e x$ は重要であり，次章以降で扱う．

例題 10.2

次の極限を求めなさい．

1) $\displaystyle\lim_{n\to\infty}\left(1+\frac{1}{n}\right)^{2n}$ 　　　　2) $\displaystyle\lim_{n\to\infty}\left(1+\frac{1}{2n}\right)^n$

[解説] 　1) では，$\left\{\left(1+\dfrac{1}{n}\right)^n\right\}^2$ と変形してみよう．2) では，$m=2n$ とおく．$n\to\infty$ のとき $m\to\infty$ である．

[解答] 　1) 　与式 $=\displaystyle\lim_{n\to\infty}\left\{\left(1+\frac{1}{n}\right)^n\right\}^2=\left\{\displaystyle\lim_{n\to\infty}\left(1+\frac{1}{n}\right)^n\right\}^2=e^2$

　　　　2) 　与式 $=\displaystyle\lim_{m\to\infty}\left(1+\frac{1}{m}\right)^{\frac{m}{2}}=\left\{\displaystyle\lim_{m\to\infty}\left(1+\frac{1}{m}\right)^m\right\}^{\frac{1}{2}}=e^{\frac{1}{2}}=\sqrt{e}$

問 10.2 　次の極限を求めなさい．

1) $\displaystyle\lim_{n\to\infty}\left(1+\frac{3}{n}\right)^n$ 　　　　2) $\displaystyle\lim_{n\to\infty}\left(1+\frac{1}{3n}\right)^n$

10.2　無限級数

A）無限級数の値

数列を $\{a_n\}$ とするとき，

$$a_1+a_2+a_3+\cdots+a_n+\cdots$$

という無限の和を**無限級数**といい，

$$\sum_{k=1}^{\infty}a_k$$

と書く．

無限の和は，有限の場合とは異なった様相を呈する．今，次のような無限級数を考えてみよう．

$$S=1-1+1-1+1-1+\cdots$$

2項ずつまとめてみると，

$$S = (1-1) + (1-1) + (1-1) + \cdots$$
$$= 0 + 0 + 0 + \cdots$$
$$= 0$$

となる．一方，初項の 1 を残し，その他を 2 項ずつまとめると，

$$S = 1 + (-1+1) + (-1+1) + (-1+1) + \cdots$$
$$= 1 + 0 + 0 + 0 + \cdots$$
$$= 1$$

となる．このように，無限の和では，計算の仕方を変えると，異なった結果が得られてしまうことがある．そのため，厳密な定義が必要となる．

B）無限級数の収束の定義

無限級数 $\sum_{k=1}^{\infty} a_k$ の和は，以下のように定義される．

> 初項から第 n 項までの和を $S_n = \sum_{k=1}^{n} a_k$ とする．これを級数の**部分和**という．
>
> 部分和の数列 $S_1, S_2, \ldots, S_n, \ldots$ について $\lim_{n \to \infty} S_n$ が存在し，**S に収束するとき**
>
> すなわち $\lim_{n \to \infty} S_n = S$ となるとき，S をこの**級数の和**といい，$\sum_{k=1}^{\infty} a_k = S$ と書く．

この定義によると，無限級数については左から順に計算しなければならない．演算の順番を勝手に変更してはならない．先の例，

$$S = 1 - 1 + 1 - 1 + 1 - 1 + \cdots$$

では，部分和 S_n は 0 か 1 であり，この数列 $\{S_n\}$ は収束しないので，もとの無限級数についても和は存在しないことになる．

例題 10.3

次の無限級数の和を求めなさい．

$$2 + \frac{2}{3} + \frac{2}{8} + \frac{2}{15} + \frac{2}{24} + \cdots + \frac{2}{n^2 - 1} + \cdots$$

[解説] まず，初項から第 n 項までの和 S_n を求め，次にその極限を求める．

[解答] $n \geq 2$ のとき，$a_n = \dfrac{2}{n^2 - 1} = \dfrac{2}{(n-1)(n+1)} = \left(\dfrac{1}{n-1} - \dfrac{1}{n+1}\right)$ より，

$$S_n = 2 + \left(\frac{1}{1} - \frac{1}{3}\right) + \left(\frac{1}{2} - \frac{1}{4}\right) + \left(\frac{1}{3} - \frac{1}{5}\right) + \cdots + \left(\frac{1}{n-2} - \frac{1}{n}\right) + \left(\frac{1}{n-1} - \frac{1}{n+1}\right)$$

$$= 2 + 1 + \frac{1}{2} - \frac{1}{n} - \frac{1}{n+1}$$

よって，$\displaystyle \lim_{n \to \infty} S_n = \lim_{n \to \infty} \left(2 + 1 + \frac{1}{2} - \frac{1}{n} - \frac{1}{n+1}\right) = 2 + 1 + \frac{1}{2} = \frac{7}{2}$

問 10.3 次の無限級数の和を求めなさい．

$$\frac{1}{1\cdot 2}+\frac{1}{2\cdot 3}+\frac{1}{3\cdot 4}+\cdots+\frac{1}{n(n+1)}+\cdots$$

C) 無限等比級数

無限等比数列

$$a, ar, ar^2, ar^3, \cdots, ar^{n-1}, \cdots$$

を項とする級数

$$\sum_{n=1}^{\infty} ar^{n-1} = a+ar+ar^2+\cdots+ar^{n-1}+\cdots$$

を**無限等比級数**という．

この部分和 S_n を求めると，

$$S_n = a+ar+ar^2+\cdots+ar^{n-1} = \begin{cases} \dfrac{a(1-r^n)}{1-r} & (r \neq 1) \\ na & (r=1) \end{cases}$$

であるから，次のようになる．

> 1) $a=0$ の場合　収束して和は 0
> 2) $a \neq 0$ の場合
>   2.1) $|r|<1$ のとき　収束して和は $\dfrac{a}{1-r}$
>   2.2) それ以外のとき　発散

例題 10.4

次の無限等比級数の和を求めなさい．

$$0.9+0.09+0.009+\cdots+9(0.1)^n+\cdots$$

［解説］　これは初項が 0.9, 公比が 0.1 の無限等比級数である．公比の絶対値が 1 未満なので収束して和を持つ．

［解答］　与式 $= \dfrac{0.9}{1-0.1} = \dfrac{0.9}{0.9} = 1$

【注】　この級数は $0.9999\cdots$ という値であり，実はこれが 1 に等しいことを示している．

問 10.4　次の無限等比級数の和を求めなさい．

$$5+2+\frac{4}{5}+\frac{8}{25}+\cdots$$

10.3　関数の極限

関数の値の変化をとらえることは，その関数が表す事象を理解する上で欠かせない．次に述べる事柄は，第 11 章の「微分」の基本となる．

A) 関数の極限の定義

関数の極限については，次のように定義されている．

> 関数 $f(x)$ において，x が a と異なる値をとって限りなく a に近づくとき $f(x)$ が値 b に近づくならば，この b を x が a に近づくときの $f(x)$ の極限値といい，
> $$\lim_{x \to a} f(x) = b$$
> または
> $$x \to a \text{ のとき} \quad f(x) \to b$$
> と表す．

B) 連続関数

関数 $f(x)$ が点 $x=a$ で連続であるときは，
$$\lim_{x \to a} f(x) = f(a)$$
が成立する．

これまでに述べてきた x の整式で表された関数は基本的に各点で連続である．分数関数においても分母を 0 にする x 以外であれば，各点で連続である．

C) 極限の公式

関数の極限に関しては，次の公式が成立する．

> $\lim_{x \to a} f(x) = \alpha$, $\lim_{x \to a} g(x) = \beta$ のとき
> F1) $\lim_{x \to a} k f(x) = k\alpha$ (k は定数)
> F2) $\lim_{x \to a} \{f(x) \pm g(x)\} = \alpha \pm \beta$
> F3) $\lim_{x \to a} f(x) g(x) = \alpha \beta$
> F4) $\lim_{x \to a} \dfrac{f(x)}{g(x)} = \dfrac{\alpha}{\beta}$ ($\beta \neq 0$)

F4) において，$\beta \neq 0$ という条件は重要である．例えば，$\lim_{x \to 0} \dfrac{1}{x}$ では分母がどんどん小さくなるので，全体は大きな値となる．すなわちこの極限は無限大となる．0 で割り算をしてはいけない理由がここにある．

なお，$\lim_{x \to 1} \dfrac{x^2 - 1}{x - 1}$ のように，形式的に $x = 1$ を代入すると $\dfrac{0}{0}$ となる極限（**不定形の極限**という）では，計算に工夫が必要となる．

― 例題 10.5 ―――――――――――――――――――――――――――
次の極限値を求めなさい．

1) $\displaystyle\lim_{x\to 1}\frac{x^2+2x-3}{x^2-3x+2}$ 　　　　2) $\displaystyle\lim_{x\to 0}\frac{\sqrt{x+4}-2}{x}$

[解説] いずれも $\dfrac{0}{0}$ という不定形の極限である．1)では分母分子を因数分解すると $x-1$ という因数が出てくるので，$x-1$ で約分する．2)では分母分子に $\sqrt{x+4}+2$ を掛けて分子を有理化すると約分が可能となる．

[解答] 1) 与式 $=\displaystyle\lim_{x\to 1}\frac{(x-1)(x+3)}{(x-1)(x-2)}=\lim_{x\to 1}\frac{x+3}{x-2}=\frac{1+3}{1-2}=-4$

2) 与式 $=\displaystyle\lim_{x\to 0}\frac{(x+4)-2^2}{x(\sqrt{x+4}+2)}=\lim_{x\to 0}\frac{x}{x(\sqrt{x+4}+2)}$

$=\displaystyle\lim_{x\to 0}\frac{1}{\sqrt{x+4}+2}=\frac{1}{\sqrt{4}+2}=\frac{1}{4}$

問 10.5 次の極限値を求めなさい．

1) $\displaystyle\lim_{x\to 2}\frac{x^2-4x+4}{x^2-3x+2}$ 　　　　2) $\displaystyle\lim_{x\to 1}\frac{\sqrt{x+3}-2}{x-1}$

― 例題 10.6 ―――――――――――――――――――――――――――
$\displaystyle\lim_{x\to 1}\frac{x^2+ax+b}{x^2+x-2}=1$ が成り立つように定数 a，b を求めなさい．

[解説] 分母について $\displaystyle\lim_{x\to 1}(x^2+x-2)=\lim_{x\to 1}(x-1)(x+2)=0$ が成り立つので，分子についても $\displaystyle\lim_{x\to 1}(x^2+ax+b)=0$ でなければならない．

[解答] $\displaystyle\lim_{x\to 1}(x^2+ax+b)=1+a+b=0$ より，$b=-(a+1)$ … ①

これをもとの式に代入して，

与式 $=\displaystyle\lim_{x\to 1}\frac{x^2+ax-(a+1)}{x^2+x-2}=\lim_{x\to 1}\frac{(x-1)(x+a+1)}{(x-1)(x+2)}=\lim_{x\to 1}\frac{x+a+1}{x+2}=\frac{a+2}{3}=1$

よって，$a=1$

これを①に代入して，$b=-2$

問 10.6 $\displaystyle\lim_{x\to 2}\frac{x^2+ax+b}{x-2}=4$ が成り立つように定数 a，b を求めなさい．

D) その他の極限

関数 $f(x)$ において，$x\to\infty$ のときの極限を $\displaystyle\lim_{x\to\infty}f(x)$，$x\to-\infty$ のときの極限を $\displaystyle\lim_{x\to-\infty}f(x)$ と表す．これらは関数によっては収束して値を持つ．

例えば，$\displaystyle\lim_{x\to\infty}\frac{1}{x}=0$，$\displaystyle\lim_{x\to-\infty}\frac{1}{x}=0$ である．

また，x を点 a に左から近づけるときは $\displaystyle\lim_{x\to a-0}f(x)$，右から近づけるときは $\displaystyle\lim_{x\to a+0}f(x)$ と表

す． $\lim_{x\to a-0} f(x)$ と $\lim_{x\to a+0} f(x)$ は等しいとは限らない．例えば，

$$\lim_{x\to -0}\frac{1}{x}=-\infty, \quad \lim_{x\to +0}\frac{1}{x}=\infty$$

である．

例題 10.7

次の極限値を求めなさい．

1) $\displaystyle\lim_{x\to\infty}\frac{3x^2+2x}{x^2-3x+2}$ 　　　2) $\displaystyle\lim_{x\to\infty}\frac{\sqrt{x^2+4}+1}{2x}$

[解説] 1)では分母分子を x^2 で割ればよい．2)では分母分子を x で割る．

[解答] 1) 　与式 $= \displaystyle\lim_{x\to\infty}\frac{3+\dfrac{2}{x}}{1-\dfrac{3}{x}+\dfrac{2}{x^2}} = \dfrac{3+0}{1-0+0} = 3$

　　　　2) 　与式 $= \displaystyle\lim_{x\to\infty}\frac{\sqrt{1+\dfrac{4}{x^2}}+\dfrac{1}{x}}{2} = \dfrac{1+0}{2} = \dfrac{1}{2}$

問 10.7 次の極限値を求めなさい．

1) $\displaystyle\lim_{x\to\infty}\frac{x^2-4}{x^2-3x+2}$ 　　　2) $\displaystyle\lim_{x\to\infty}x(\sqrt{x^2+4}-x)$

指数関数や対数関数の極限については，次の事柄が成立する．これらはグラフから明らかであろう．

$0<a<1$ のとき 　$\displaystyle\lim_{x\to\infty}a^x=0,$ 　　　$\displaystyle\lim_{x\to-\infty}a^x=\infty$

　　　　　　　　$\displaystyle\lim_{x\to\infty}\log_a x=-\infty,$ 　　$\displaystyle\lim_{x\to+0}\log_a x=\infty$

$a>1$ のとき 　　$\displaystyle\lim_{x\to\infty}a^x=\infty,$ 　　$\displaystyle\lim_{x\to-\infty}a^x=0$

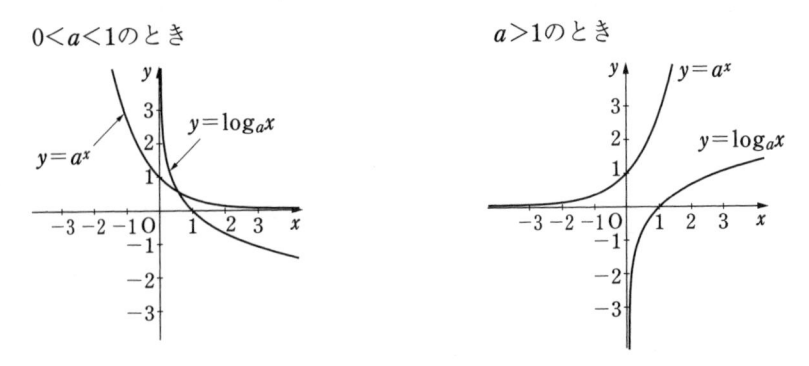

　　　　　　　　$\displaystyle\lim_{x\to\infty}\log_a x=\infty,$ 　　$\displaystyle\lim_{x\to+0}\log_a x=-\infty$

図 10.1 　指数関数と対数関数

例題 10.8

次の極限値を求めなさい．

1) $\displaystyle\lim_{x\to\infty}\frac{2^{x+1}}{2^x+1}$ 2) $\displaystyle\lim_{x\to\infty}\{\log_{10}x-\log_{10}(x+1)\}$

[解説] 1)では分母分子を 2^x で割ればよい．2)では対数の公式を用いて真数を分数形式にしよう．

[解答] 1) 与式 $=\displaystyle\lim_{x\to\infty}\frac{2}{1+\frac{1}{2^x}}=\frac{2}{1+0}=2$

2) 与式 $=\displaystyle\lim_{x\to\infty}\log_{10}\frac{x}{x+1}=\lim_{x\to\infty}\log_{10}\frac{1}{1+\frac{1}{x}}=\log_{10}\frac{1}{1+0}=\log_{10}1=0$

問 10.8 次の極限値を求めなさい．

1) $\displaystyle\lim_{x\to\infty}\frac{3^{x-1}}{3^x-1}$ 2) $\displaystyle\lim_{x\to\infty}\log_2(\sqrt{x^2+x}-x)$

第 10 章のまとめ

1) 数列 $\{a_n\}$ が α に [a)] するとき，$\displaystyle\lim_{n\to\infty}a_n=\alpha$ と書き，α を [b)] という．

2) [a)] しない数列は [c)] するという．

3) $a_n=\left(1+\dfrac{1}{n}\right)^n$ という数列は [a)] し，一般に [d)] と書く．

4) 数列を $\{a_n\}$ とするとき，
$$a_1+a_2+a_3+\cdots+a_n+\cdots$$
という無限の和を [e)] といい，$\displaystyle\sum_{k=1}^{\infty}a_k$ と書く．

5) $\displaystyle\sum_{n=1}^{\infty}ar^{n-1}=a+ar+ar^2+\cdots+ar^{n-1}+\cdots$ を [f)] という．

6) $\displaystyle\lim_{x\to 1}\frac{x^2-1}{x-1}$ の値は [g)] である．

第 10 章の復習問題

[1] 次の極限を求めなさい．

1) $\displaystyle\lim_{n\to\infty}\frac{6n^2+1}{3n^2-4n}$ 2) $\displaystyle\lim_{n\to\infty}(\sqrt{n^2+n}-\sqrt{n^2-n})$

3) $\displaystyle\lim_{n\to\infty}\frac{2^n-3^n}{3^n+2^n}$ 4) $\displaystyle\lim_{n\to\infty}(\sqrt{4n^2+3n-4}-2n)$

5) $\displaystyle\lim_{n\to\infty}\left(1+\frac{a}{n}\right)^n$ (a は正の定数)

[2] 次の無限等比級数の和を求めなさい．

$$6+4+\frac{8}{3}+\frac{16}{9}+\cdots$$

［3］ 次の極限を求めなさい.

1) $\displaystyle\lim_{x\to 3}\frac{x^2-3x}{x^2-4x+3}$
2) $\displaystyle\lim_{x\to 2}\frac{\sqrt{x}-\sqrt{2}}{x-2}$
3) $\displaystyle\lim_{x\to\infty}\frac{2x-1}{\sqrt{x^2+x+1}+1}$
4) $\displaystyle\lim_{x\to\infty}\log_3\left(\frac{3^x}{3^{x+1}+2^x}\right)$

第10章の発展問題

【1】 次の無限等比級数の和を求めなさい.
$$x+x(x-2)+x(x-2)^2+\cdots+x(x-2)^{n-1}+\cdots$$

【2】 $\displaystyle\lim_{x\to 1}\frac{x^2+ax-2}{x^2-(b+1)x+b}=1$ が成立するとき，定数 a, b を求めなさい.

【3】 次の極限を求めなさい.

1) $\displaystyle\lim_{x\to\infty}\frac{a^{x-1}}{a^x+1}\ (a>0)$
2) $\displaystyle\lim_{x\to\infty}2^{\frac{1}{x}}$

【4】 $f(x)=ax^3+bx^2+cx+d$ について，
$$\lim_{x\to\infty}\frac{f(x)}{x^2-1}=1,\quad \lim_{x\to 1}\frac{f(x)}{x^2-1}=2$$
が成立している．このとき，係数 a, b, c, d を求めなさい.

第 11 章 微分

> 本章では，微分を取り上げる．微分は複雑な関数の性質を知る上で不可欠である．もっとも，微分は極限の一種であり，前章の内容を十分に理解していることが前提となる．

11.1 微分係数

A）平均変化率

関数 $y=f(x)$ において，x が a から b まで変化するとき，y の変化量は $f(b)-f(a)$ である．また，y の変化量 $f(b)-f(a)$ と x の変化量 $b-a$ との比

$$\frac{f(b)-f(a)}{b-a}$$

を，$x=a$ から $x=b$ まで変化するときの関数 $y=f(x)$ の**平均変化率**という．

座標 $(a, f(a))$ の点を A，座標 $(b, f(b))$ の点を B とすると，平均変化率は直線 AB の傾きを表している．

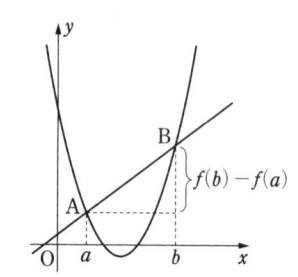

図 11.1 平均変化率

なお，$b=a+h$ とおくと，$b-a=h$ なので，$x=a$ から $x=a+h$ までの平均変化率は

$$\frac{f(a+h)-f(a)}{h}$$

となる．

B）微分係数

平均変化率において，$b \to a$ とする（b を a に近づける）とき，その極限が存在するならば，これを $x=a$ における関数 $y=f(x)$ の**微分係数**または**（瞬間）変化率**といい，$f'(a)$ と表す．すなわち，

$$f'(a) = \lim_{b \to a} \frac{f(b)-f(a)}{b-a}$$

である．

$b=a+h$ とおくと，$b \to a$ のとき，$h \to 0$ であるから，微分係数は

$$f'(a) = \lim_{h \to 0} \frac{f(a+h)-f(a)}{h}$$

と表すこともできる．微分係数は，一般には，後者の書き方をすることが多い．

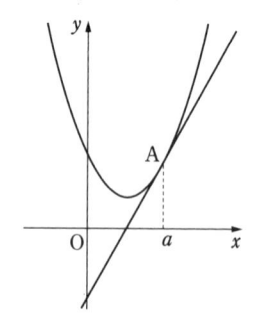

図 11.2 接線

微分係数 $f'(a)$ は点 $(a, f(a))$ における接線の傾きを表している．

例題 11.1

関数 $f(x) = x^2 - 2x$ について，次の問に答えなさい．

1) $x=1$ から $x=3$ までの平均変化率を求めなさい．
2) $x=1$ における微分係数 $f'(1)$ を求めなさい．
3) $x=a$ における微分係数 $f'(a)$ を求めなさい．

[解説] 1)では，$f(1)$ と $f(3)$ を求めた後，定義の式に当てはめる．2)と3)では微分係数の定義を用いる．

[解答] 1) $f(1) = -1$, $f(3) = 3$ より，平均変化率 $= \dfrac{f(3) - f(1)}{3 - 1} = \dfrac{3 - (-1)}{2} = 2$

2) $f(1+h) = (1+h)^2 - 2(1+h) = h^2 - 1$ より，
$$f'(1) = \lim_{h \to 0} \frac{f(1+h) - f(1)}{h} = \lim_{h \to 0} \frac{(h^2 - 1) - (-1)}{h} = \lim_{h \to 0} \frac{h^2}{h} = \lim_{h \to 0} h = 0$$

3) $f(a+h) = (a+h)^2 - 2(a+h) = h^2 + (2a-2)h + (a^2 - 2a)$, $f(a) = a^2 - 2a$ より
$$f'(a) = \lim_{h \to 0} \frac{f(a+h) - f(a)}{h} = \lim_{h \to 0} \frac{h^2 + (2a-2)h}{h} = \lim_{h \to 0} \{h + (2a-2)\} = 2a - 2$$

問 11.1 関数 $f(x) = x^2 - 3x + 2$ について，次の問に答えなさい．

1) $x=1$ から $x=3$ までの平均変化率を求めなさい．
2) $x=1$ における微分係数 $f'(1)$ を求めなさい．
3) $x=a$ における微分係数 $f'(a)$ を求めなさい．

11.2 導関数

A）微分の定義

微分係数 $f'(a)$ は a を変数とみると1つの関数と考えることができる．そこで，a を x に置き換えた $f'(x)$ を $f(x)$ の**導関数**という．すなわち，
$$f'(x) = \lim_{h \to 0} \frac{f(x+h) - f(x)}{h}$$
である．関数 $f(x)$ の導関数を求めることを，$f(x)$ を**微分**するという．微分係数 $f'(a)$ は導関数 $f'(x)$ に $x = a$ を代入したものである．

ところで，x の変化量を x **の増分**といい，Δx（デルタ x と読む）**と書く**．また，y の変化量
$$f(x + \Delta x) - f(x)$$
を y の増分といい，Δy で表す．そうすると，$f(x)$ の導関数は
$$f'(x) = \lim_{\Delta x \to 0} \frac{\Delta y}{\Delta x} = \lim_{\Delta x \to 0} \frac{f(x + \Delta x) - f(x)}{\Delta x}$$
と表すこともできる．Δ は小さな量を表すものであり，専門書ではよく用いられるが，本書では簡単のため h を多用する．

また，**導関数 $f'(x)$** は

$$y', \quad \frac{dy}{dx}, \quad \frac{d}{dx}f(x)$$

とも表す（$\frac{dy}{dx}$ はディーワイディーエックスと読む）．

例題 11.2

定義にしたがって，次の関数の導関数を求めなさい．

1) $f(x) = 2x - 3$　　　2) $f(x) = \dfrac{1}{x}$

［解説］ いずれも定義にしたがって計算すればよいが，2)では分子が分数式となるので，分子を整理する必要がある．

［解答］　1) $f'(x) = \lim\limits_{h \to 0} \dfrac{\{2(x+h)-3\}-(2x-3)}{h} = \lim\limits_{h \to 0} \dfrac{2h}{h} = \lim\limits_{h \to 0} 2 = 2$

2)
$$f'(x) = \lim_{h \to 0} \frac{\dfrac{1}{x+h} - \dfrac{1}{x}}{h} = \lim_{h \to 0} \frac{1}{h} \left\{ \frac{x-(x+h)}{x(x+h)} \right\} = \lim_{h \to 0} \frac{-h}{hx(x+h)}$$

$$= \lim_{h \to 0} \frac{-1}{x(x+h)} = -\frac{1}{x^2}$$

問 11.2　定義にしたがって，次の関数の導関数を求めなさい．

1) $f(x) = x^2 - 3x$　　　2) $f(x) = \sqrt{x}$

11.3　微分の公式

A）基本公式

微分に関しては，次の公式がある．

D1)　$\dfrac{d}{dx} x^p = p x^{p-1}$　　（特に，c が定数のとき $\dfrac{dc}{dx} = 0$）

D2)　$\dfrac{d}{dx}\{kf(x)\} = k\dfrac{d}{dx}f(x)$　　（k は定数）

D3)　$\dfrac{d}{dx}\{f(x) \pm g(x)\} = \dfrac{d}{dx}f(x) \pm \dfrac{d}{dx}g(x)$　（複合同順）

D4)　$\dfrac{d}{dx}\{f(x)g(x)\} = \left\{\dfrac{d}{dx}f(x)\right\}g(x) + f(x)\left\{\dfrac{d}{dx}g(x)\right\}$

D5)　$\dfrac{d}{dx}\left\{\dfrac{f(x)}{g(x)}\right\} = \dfrac{\left\{\dfrac{d}{dx}f(x)\right\}g(x) - f(x)\left\{\dfrac{d}{dx}g(x)\right\}}{\{g(x)\}^2}$

$$\left(\text{特に，} \dfrac{d}{dx}\left\{\dfrac{1}{g(x)}\right\} = -\dfrac{\dfrac{d}{dx}g(x)}{\{g(x)\}^2}\right)$$

D1) は x の整式で表される関数の場合の基本である．例えば，
$$(x^3)' = 3x^{3-1} = 3x^2$$
である．もっとも，p は自然数だけでなく，一般に実数であっても成立する．例えば，
$$(x^{\frac{3}{2}})' = \frac{3}{2}x^{\frac{3}{2}-1} = \frac{3}{2}x^{\frac{1}{2}}$$
となる．この証明は後述する．

D2) と D3) は微分の定義からほぼ明らかであろう．

例題 11.3

公式 D4) を証明しなさい．

[解説] 証明には，もちろん，微分の定義を用いるが，途中で，
$$f(x+h)g(x+h) - f(x)g(x) = \{f(x+h) - f(x)\}g(x+h) + f(x)\{g(x+h) - g(x)\}$$
という変形が必要となる．また，微分可能な関数は連続（証明略）なので，
$$\lim_{h \to 0} g(x+h) = g(x)$$
である．

[解答]
$$\frac{d}{dx}\{f(x)g(x)\} = \lim_{h \to 0}\frac{f(x+h)g(x+h) - f(x)g(x)}{h}$$
$$= \lim_{h \to 0}\frac{\{f(x+h) - f(x)\}g(x+h) + f(x)\{g(x+h) - g(x)\}}{h}$$
$$= \lim_{h \to 0}\frac{f(x+h) - f(x)}{h} \cdot g(x+h) + \lim_{h \to 0} f(x) \cdot \frac{g(x+h) - g(x)}{h}$$
$$= \left\{\frac{d}{dx}f(x)\right\}g(x) + f(x)\left\{\frac{d}{dx}g(x)\right\}$$

問 11.3 公式 D5) を証明しなさい．

例題 11.4

次の関数を微分しなさい．
1) $f(x) = x^2 - 3x + 2$　　　2) $f(x) = (x+2)(x^2 - 2x)$

[解説] 1) は D1)，D2)，D3) を適用する．2) は積の形式なのでまず D4) を適用する．

[解答] 1) $f'(x) = \frac{d}{dx}(x^2) - \frac{d}{dx}(3x) + \frac{d}{dx}(2) = 2x - 3 + 0 = 2x - 3$

2) $f'(x) = \left\{\frac{d}{dx}(x+2)\right\} \cdot (x^2 - 2x) + (x+2) \cdot \frac{d}{dx}(x^2 - 2x)$
$= 1 \cdot (x^2 - 2x) + (x+2)(2x - 2) = (x^2 - 2x) + (2x^2 + 2x - 4) = 3x^2 - 4$

問 11.4 次の関数を微分しなさい．

1) $f(x) = (x^2 - x)(2x - 1)$　　　2) $f(x) = \dfrac{x+1}{x^2}$

B）合成関数の微分

$y=f(u),\ u=g(x)$ のとき，$y=f(g(x))$ であり，y は x の関数となる．この関数を，$y=f(u)$ と $u=g(x)$ の**合成関数**という．合成関数については，次の公式がある．ただし，f も g も微分可能とする．

> **D6)** $\dfrac{dy}{dx} = \dfrac{dy}{du}\dfrac{du}{dx}$

特に，$y=\{f(x)\}^n$ の場合，$y=u^n$, $u=f(x)$ であるから，$\dfrac{dy}{du}=nu^{n-1}=n\{f(x)\}^{n-1}$ より，

$$\frac{dy}{dx}=\frac{dy}{du}\frac{du}{dx}=n\{f(x)\}^{n-1}\frac{d}{dx}f(x)$$

となる．

> **D6′)** $\dfrac{d}{dx}\{f(x)\}^n = n\{f(x)\}^{n-1}\dfrac{d}{dx}f(x)$

例題 11.5

次の関数を微分しなさい．

1) $f(x)=(x^2-x+2)^4$ 　　　　2) $f(x)=\left(\dfrac{1}{x^2+1}\right)^3$

[解説]　D6′) を利用すればよい．1) では $u=x^2-x+2$ であり，2) では $u=\dfrac{1}{x^2+1}$ と考える．

[解答]　1)　$\dfrac{d}{dx}f(x)=4(x^2-x+2)^3\dfrac{d}{dx}(x^2-x+2)=4(x^2-x+2)(2x-1)$

　　　　2)　$\dfrac{d}{dx}f(x)=3\left(\dfrac{1}{x^2+1}\right)^2\dfrac{d}{dx}\left(\dfrac{1}{x^2+1}\right)=3\left(\dfrac{1}{x^2+1}\right)^2\left\{-\dfrac{2x}{(x^2+1)^2}\right\}=-\dfrac{6x}{(x^2+1)^4}$

問 11.5　次の関数を微分しなさい

1) $f(x)=(x^3-3x)^5$ 　　　　2) $f(x)=\left(\dfrac{x}{x^2-1}\right)^4$

C）対数関数の導関数

第 10 章で e に収束する数列 $\left(1+\dfrac{1}{n}\right)^n$ について説明したが，この極限は実数 x を用いて，

$$e=\lim_{x\to\infty}\left(1+\frac{1}{x}\right)^x$$

とすることができる．あるいはまた，$h=\dfrac{1}{x}$ とおくと，$x\to\infty$ のとき，$h\to 0$ となるので，

$$e=\lim_{h\to 0}(1+h)^{\frac{1}{h}}$$

も成立する（この式は後で使用する）．

　この e を底とする対数 $\log_e x$ を**自然対数**という．自然対数は，一般に，底 e を省略して $\log x$

と書く．微分や積分（後述）では，この自然対数がよく用いられる．

対数関数の微分については，次の公式がある．

> D7) $\dfrac{d}{dx}\log x = \dfrac{1}{x}$
>
> D7') $\dfrac{d}{dx}\log_a x = \dfrac{1}{x\log a}$

─ 例題 11.6 ─
公式 D7) を証明しなさい．

[解説] 少し式が込み入っているので，まず，Δy を計算してみよう．なお，この証明の途中で，e の定義ともいえる以下の式を用いる．

$$e = \lim_{h \to 0}(1+h)^{\frac{1}{h}}$$

[解答] $\Delta y = \log(x+\Delta x) - \log x = \log\dfrac{x+\Delta x}{x} = \log\left(1+\dfrac{\Delta x}{x}\right)$ より，

$$\dfrac{\Delta y}{\Delta x} = \dfrac{\log\left(1+\dfrac{\Delta x}{x}\right)}{\Delta x} = \dfrac{1}{x}\dfrac{x}{\Delta x}\log\left(1+\dfrac{\Delta x}{x}\right) = \dfrac{1}{x}\log\left(1+\dfrac{\Delta x}{x}\right)^{\frac{x}{\Delta x}}$$

ここで，$h = \dfrac{\Delta x}{x}$ とおくと，$\Delta x \to 0$ のとき，$h \to 0$ となるので，

$$\dfrac{d}{dx}\log x = \lim_{\Delta x \to 0}\dfrac{\Delta y}{\Delta x} = \lim_{\Delta x \to 0}\dfrac{1}{x}\log\left(1+\dfrac{\Delta x}{x}\right)^{\frac{x}{\Delta x}} = \dfrac{1}{x}\lim_{h \to 0}\log(1+h)^{\frac{1}{h}} = \dfrac{1}{x}\log e = \dfrac{1}{x}$$

問 11.6 公式 D7') を証明しなさい．

─ 例題 11.7 ─
次の関数を微分しなさい．
　1) $f(x) = \log 2x$　　　　2) $f(x) = \log(x^2+1)$

[解説] 合成関数の微分 D6) と対数関数の微分 D7) を利用する．1) では $u = 2x$，2) では $u = x^2+1$ とおいてみよう．

[解答]　1) $\dfrac{d}{dx}f(x) = \dfrac{1}{2x}(2x)' = \dfrac{2}{2x} = \dfrac{1}{x}$

　　　　2) $\dfrac{d}{dx}f(x) = \dfrac{1}{x^2+1}(x^2+1)' = \dfrac{2x}{x^2+1}$

問 11.7 次の関数を微分しなさい．
　1) $f(x) = x\log x$　　　　2) $f(x) = \dfrac{\log x}{x}$

D）指数関数の導関数

$y = f(x)$ に逆関数 $x = g(y)$ が存在するとき，逆関数の導関数 $\dfrac{dx}{dy}$ を用いると簡単に微分でき

る場合がある．これは，以下の公式による．

D8) $\dfrac{dy}{dx} = \dfrac{1}{\left(\dfrac{dx}{dy}\right)}$

例題 11.8
逆関数の微分法により，関数 $f(x) = \sqrt[4]{x}$ を微分しなさい．

[解説] $y = \sqrt[4]{x}$ とおくと，$x = y^4$ である．これを y で微分してみよう．

[解答] $\dfrac{dx}{dy} = \dfrac{d}{dy} y^4 = 4y^3$ となる．

したがって，$\dfrac{d}{dx} f(x) = \dfrac{dy}{dx} = \dfrac{1}{\left(\dfrac{dx}{dy}\right)} = \dfrac{1}{4y^3} = \dfrac{1}{4\sqrt[4]{x^3}}$

問 11.8 逆関数の微分法により，関数 $f(x) = \sqrt[3]{x+2}$ を微分しなさい．

指数関数 $y = e^x$ は，対数関数 $y = \log x$ の逆関数であるから，指数関数の微分は逆関数の微分法を用いて計算できる．その結果，次の公式が得られる．

D9) $\dfrac{d}{dx} e^x = e^x$

D9') $\dfrac{d}{dx} a^x = a^x \log a$

例題 11.9
逆関数の微分法をもちいて，公式 D9) を証明しなさい．

[解説] $y = e^x$ とおくと，$x = \log y$ である．これを y で微分してみよう．

[解答] $\dfrac{dx}{dy} = \dfrac{1}{y}$ となる．

したがって，$\dfrac{d}{dx} e^x = \dfrac{dy}{dx} = \dfrac{1}{\left(\dfrac{dx}{dy}\right)} = \dfrac{1}{\left(\dfrac{1}{y}\right)} = y = e^x$

問 11.9 公式 D9') を証明しなさい．

例題 11.10
次の関数を微分しなさい．
1) $f(x) = xe^x$ 　　　　2) $f(x) = e^{x^2}$

[解説] 1) では積の公式を用いる．2) では $u = x^2$ とおいて合成関数の微分を利用する．

[解答] 1) $\dfrac{d}{dx} f(x) = (x)' e^x + x(e^x)' = 1 \cdot e^x + xe^x = (x+1)e^x$

2) $u = x^2$ とおくと，$y = e^u$ より，$\dfrac{dy}{du} = e^u$, $\dfrac{du}{dx} = 2x$ となる．

したがって，$\dfrac{d}{dx}f(x) = \dfrac{dy}{du}\dfrac{du}{dx} = e^u \cdot 2x = 2xe^{x^2}$

問 11.10 次の関数を微分しなさい．

1) $f(x) = e^{3x}$ 　　　2) $f(x) = (x^2+x+1)e^x$ 　　　3) $f(x) = 2xe^{-2x}$

E）対数微分法

正の値をとる関数 $y = f(x)$ の導関数を求める場合，両辺の対数をとって微分する方法がある．これを**対数微分法**という．

$$\log y = \log f(x)$$

の両辺を x で微分すると，

$$\dfrac{d}{dy}\log y \cdot \dfrac{dy}{dx} = \{\log f(x)\}' \quad \text{より，} \quad \dfrac{y'}{y} = \{\log f(x)\}'$$

したがって，

$$y' = y\{\log f(x)\}' = f(x)\{\log f(x)\}'$$

となる．

対数微分法を用いると，これまで保留にしておいた公式 D1) が簡単に証明できる．

例題 11.11

公式 D1)　　$\dfrac{d}{dx}x^p = px^{p-1}$　　を証明しなさい．

［解説］ $y = x^p$ とおき，両辺の対数をとり微分する．

［解答］ $\log y = \log x^p = p\log x$ を x で微分すると，

$$\dfrac{y'}{y} = \dfrac{p}{x} \quad \text{より，} \quad y' = \dfrac{p}{x}y = \dfrac{p}{x}x^p = px^{p-1}$$

問 11.11 対数微分法を用いて，次の関数を微分しなさい．

1) $f(x) = \dfrac{(x-1)^2}{(x+3)^3}$ 　　　2) $f(x) = x^x$

11.4 高次導関数

A）第2次導関数

関数 $y = f(x)$ の導関数 $f'(x)$ は x の関数なので，微分可能なときは $f'(x)$ の導関数を考えることができる．これを $y = f(x)$ の**第2次導関数**といい，以下のように表す．

$$y'', \quad f''(x), \quad \dfrac{d^2y}{dx^2}, \quad \dfrac{d^2}{dx^2}f(x)$$

例題 11.12

次の関数の第 2 次導関数を求めなさい．

1) $f(x) = \sqrt{x}$ 2) $f(x) = x \log x$

[解説] まず $f'(x)$ を求め，それを微分する．

[解答] 1) $f(x) = x^{\frac{1}{2}}$ より，$f'(x) = \frac{1}{2} x^{\frac{1}{2}-1} = \frac{1}{2} x^{-\frac{1}{2}}$．

したがって，$f''(x) = \frac{1}{2}\left(-\frac{1}{2}\right) x^{-\frac{1}{2}-1} = -\frac{1}{4} x^{-\frac{3}{2}}$

2) $f'(x) = (x)' \log x + x (\log x)' = \log x + x \left(\frac{1}{x}\right) = \log x + 1$ より，

$f''(x) = (\log x + 1)' = \frac{1}{x}$

問 11.12 次の関数の第 2 次導関数を求めなさい．

1) $f(x) = \sqrt[4]{x}$ 2) $f(x) = x e^x$

B) 第 n 次導関数

一般に，関数 $y = f(x)$ を n 回微分することによって得られる関数を，$f(x)$ の**第 n 次導関数（高次導関数）**といい，以下のように表す．

$$y^{(n)}, \quad f^{(n)}(x), \quad \frac{d^n y}{dx^n}, \quad \frac{d^n}{dx^n} f(x)$$

$f'(x), f''(x), f'''(x), \cdots$ を求めてみると，第 n 次導関数 $f^{(n)}(x)$ を推定することは可能となるが，厳密には，次に示す「数学的帰納法」を用いて証明する必要がある．

数学的帰納法

ⅰ) $n = 1$ のときに成立することを示す．

ⅱ) $n = k$ のとき成立すると仮定し，$n = k+1$ のときも成立することを示す．

例題 11.13

関数 $f(x) = e^{2x}$ の第 n 次導関数を推定し，それが正しいことを数学的帰納法で証明しなさい．

[解説] まず $f'(x), f''(x), f'''(x)$ を求めてみよう．その結果を用いて規則性を見つけ出す．

[解答] ＜第 n 次導関数の推定＞

$f'(x) = 2 e^{2x}$,

$f''(x) = \frac{d}{dx} 2 e^{2x} = 2 \cdot 2 e^{2x} = 2^2 e^{2x}$,

$f'''(x) = \frac{d}{dx} 2^2 e^{2x} = 2^2 \cdot 2 e^{2x} = 2^3 e^{2x}$ となるので，

$f^{(n)}(x) = 2^n e^{2x}$ ··· ①

と推定することができる．

＜数学的帰納法による証明＞

ⅰ) $n=1$ のとき

$f'(x)=2e^{2x}=2^1 e^{2x}$ となるので，$n=1$ のとき①は成立する．

ⅱ) $n=k$ のとき①が成立すると仮定する．すなわち，

$$f^{(k)}(x)=2^k e^{2x}$$

このとき，

$$f^{(k+1)}(x)=\frac{d}{dx}f^{(k)}(x)=\frac{d}{dx}(2^k e^{2x})=2^k(2e^{2x})=2^{k+1}e^{2x}$$

これは $n=k+1$ のときも①が成立することを示している．

ⅰ)，ⅱ)より，①はすべての自然数 n について成立する．

問 11.13 関数 $f(x)=xe^x$ の第 n 次導関数を推定し，数学的帰納法によってそれを証明しなさい．

第 11 章のまとめ

1) $\dfrac{f(b)-f(a)}{b-a}$ を，$x=a$ から $x=b$ まで変化するときの関数 $y=f(x)$ の ［ a) ］ という．

2) $x=a$ における関数 $y=f(x)$ の ［ b) ］ は $f'(a)=\lim\limits_{b\to a}\dfrac{f(b)-f(a)}{b-a}$ で定義される．

3) $f'(x)=\lim\limits_{h\to 0}\dfrac{f(x+h)-f(x)}{h}$ を関数 $f(x)$ の ［ c) ］ という．また，これを求めることを，$f(x)$ を ［ d) ］ するという．

4) $\dfrac{d}{dx}\{f(x)g(x)\}=$ ［ e) ］ である．

5) e を底とする対数 $\log_e x$ を ［ f) ］ いい，$\log x$ と表す．

6) 正の値をとる関数 $y=f(x)$ の導関数を求める場合，両辺の対数をとって微分する方法がある．これを ［ g) ］ という．

7) $\dfrac{d}{dx}x^p=$ ［ h) ］ である．

8) $f(x)=x^3$ の第 2 次導関数は ［ i) ］ である．

第 11 章の復習問題

［1］ 関数 $f(x)=2x^2-3x$ について，以下の問に答えなさい．

1) $x=1$ から $x=3$ までの平均変化率 C を求めなさい．

2) $f'(a)=C$ となる a を求めなさい．

［2］ 定義にしたがって，次の関数の導関数を求めなさい．

1) $f(x)=x^2+2x$　　　2) $f(x)=\dfrac{1}{x+1}$

[3] 次の関数を微分しなさい．

1) $f(x) = 2x^5$
2) $f(x) = (x^2+x+1)(x^2-x-1)$
3) $f(x) = (4x+1)^5$
4) $f(x) = \log(2x+1)$
5) $f(x) = \log(x+\sqrt{x})$
6) $f(x) = e^{\sqrt{x}}$
7) $f(x) = \dfrac{e^x + e^{-x}}{2}$
8) $f(x) = \dfrac{e^x - e^{-x}}{e^x + e^{-x}}$

第 11 章の発展問題

【1】 次の極限値を，a, $f(a)$, $f'(a)$ を用いて表しなさい．

1) $\displaystyle\lim_{h \to 0} \frac{f(a+2h) - f(a)}{h}$
2) $\displaystyle\lim_{h \to 0} \frac{f(a+h) - f(a-h)}{h}$
3) $\displaystyle\lim_{x \to a} \frac{xf(a) - af(x)}{x - a}$

【2】 x の整式 $f(x)$ に対して，$f(\alpha) = f'(\alpha) = 0$ が成り立つとき，$f(x)$ は $(x-\alpha)^2$ で割り切れることを示しなさい．

【3】 2 次関数 $f(x)$ が $f(1) = 0$, $f'(0) = 1$, $f'(1) = 3$ を満たしている．関数 $f(x)$ を求めなさい．

第12章 微分の応用

> 本章では，微分の応用として，主に関数の概形を求める方法について学習する．微分の計算方法が理解できていない場合は前章を十分復習してから本章に進んで欲しい．

12.1 接線

A）接線の方程式

点 (a, b) を通り，傾きが m である直線の方程式は

$$y - b = m(x - a)$$

と表すことができる．

曲線 $y = f(x)$ 上の点 $(a, f(a))$ における接線の傾きは，$x = a$ における $f(x)$ の微分係数 $f'(a)$ に等しいので，点 $(a, f(a))$ における接線の方程式は

$$y - b(a) = f'(a)(x - a)$$

となる．

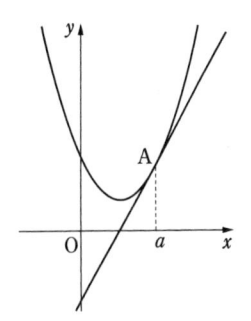

図 12.1　接線

例題 12.1

曲線 $f(x) = x^3 - 3x^2$ について，次の問に答えなさい．

1) この曲線上の点 $(1, -2)$ における接線の方程式を求めなさい．
2) 傾きが 0 となる接線を持つこの曲線上の点を求めなさい．

[解説] 1)では，まず，$f'(1)$ を求める．これが接線の傾きとなる．2)では，$f'(x) = 0$ という方程式を解く．その解が接点の x 座標となる．

[解答] 1) $f'(x) = 3x^2 - 6x$ より，$f'(1) = -3$ なので，接線の方程式は

$$y + 2 = -3(x - 1)$$

すなわち，$y = -3x + 1$．

2) $f'(x) = 3x^2 - 6x = 0$ を解くと，$x = 0$, $x = 2$．

$f(0) = 0$, $f(2) = -4$ なので，

求める接点は，$(0, 0)$, $(2, -4)$．

問 12.1 曲線 $f(x) = x^2 - 3x + 2$ について，次の問に答えなさい．

1) この曲線上の点 $(2, 0)$ における接線の方程式を求めなさい．
2) 傾きが 3 となる接線を持つこの曲線上の点を求めなさい．

12.2 関数の増減と極値

A) 区間

実数 a, b に対し,
$$a \leq x \leq b, \quad a < x \leq b, \quad a \leq x < b, \quad a < x < b, \quad x \leq a, \quad x > b$$
などを満たす実数 x の集合を**区間**という. 特に, $a \leq x \leq b$ を**閉区間**, $a < x < b$ を**開区間**という.

B) 関数の増減と導関数

関数の概形をみると, 「増加」したり, 「減少」したりしている. これらの用語は, 厳密には次のように定義される.

> ある区間内の任意の x_1, x_2 ($x_1 < x_2$) に対し,
> 1) $f(x_1) < f(x_2)$ のとき
> $f(x)$ はその区間で**増加**する,
>   または**増加関数**であるという.
> 2) $f(x_1) > f(x_2)$ のとき
> $f(x)$ はその区間で**減少**する,
>   または**減少関数**であるという.

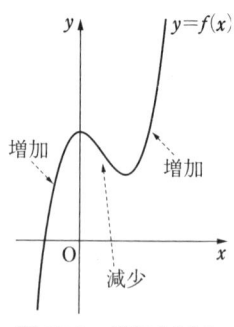

図 12.2 増加と減少

また, 関数 $y = f(x)$ のグラフ上に点 P $(a, f(a))$ をとったとき, 点 P を中心とした小区間, すなわち
$$a - \varepsilon < x < a + \varepsilon \quad (\varepsilon \text{ は十分小さな正数})$$
という小さな範囲では, $y = f(x)$ のグラフは点 P における接線とほとんど一致していると考えることができるので, 次の事柄が成立する.

> 1) $f'(x) > 0$ のとき
> $f(x)$ は増加し, $y = f(x)$ のグラフは右上がりとなる.
> 2) $f'(x) < 0$ のとき
> $f(x)$ は減少し, $y = f(x)$ のグラフは右下がりとなる.

【注】 これは, 厳密には, 「平均値の定理」を用いて証明しなければならないが, 「平均値の定理」は本書の範囲を越えているので省略する.

C) 極値

関数 $y = f(x)$ が $x = a$ を境目にして増加から減少に変化するとき, $y = f(x)$ は $x = a$ で**極大**になるといい, そのときの値 $f(a)$ を**極大値**という. また, $x = b$ を境目として減少から増加に変わるとき $y = f(x)$ は $x = b$ で**極小**になるといい, そのときの値 $f(b)$ を**極小値**という. 極大値と極小値をあわせて**極値**という. 極値をとる点で微分可能であれば $f'(x) = 0$ である.

ただし，逆は必ずしも成立しない．すなわち，$f'(x)=0$ であったとしても極値をとるとは限らない．

例えば，$f(x)=x^3$ という関数では $f'(x)=0$ となるのは $x=0$ の場合のみである．しかし，$f'(x)>0 (x\neq 0)$ なので，$f(0)$ は極大値でも極小値でもない．

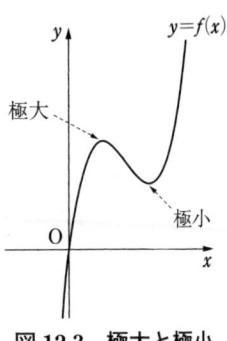

図 12.3 極大と極小

例題 12.2

関数 $f(x)=x^2-2x$ の増減・極値を調べ，グラフの概形を書きなさい．

[解説] まず，$f'(x)$ を求め，その符号を調べる．$f'(x)>0$ のときは増加，$f'(x)<0$ のときは減少である．この結果は，下に示す表（**増減表**という）にまとめるとわかりやすい．

[解答] $f'(x)=2x-2$ より，

$x<1$ のとき $f'(x)<0$ なので，減少

$x=1$ のとき $f'(x)=0$，

$x>1$ のとき $f'(x)>0$ なので，増加．

したがって，$f(x)$ の増減は下の表のようになる．

x	$\cdots$	1	$\cdots$
$f'(x)$	$-$	0	$+$
$f(x)$	$\searrow$	極小	$\nearrow$

また，

極小値は $f(1)=-1$

したがって，グラフは右図のようになる．

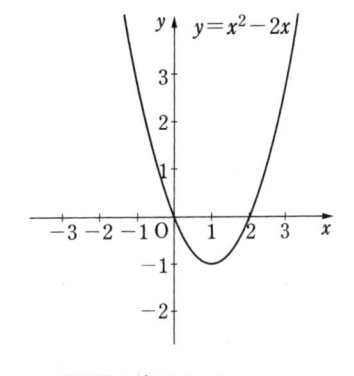

問 12.2 関数 $f(x)=-x^2-4x+1$ の増減・極値を調べ，グラフの概形を書きなさい．

上の例題・問から明らかなように，放物線（2次関数）の場合，その頂点において極値をとる．

例題 12.3

関数 $f(x)=x^3-3x^2$ の増減・極値を調べ，グラフの概形を書きなさい．

[解説] 前問と同様に，まず，$f'(x)$ を求め，その符号を調べる．

[解答] $f'(x)=3x^2-6x=3x(x-2)$ より，

$x=0, 2$ のとき $f'(x)=0$，

$x<0, 2<x$ のとき $f'(x)>0$ なので，増加

$0<x<2$ のとき $f'(x)<0$ なので，減少．

したがって，$f(x)$ の増減表は次のようになる．

x	$\cdots$	0	$\cdots$	2	$\cdots$
$f'(x)$	$+$	0	$-$	0	$+$
$f(x)$	↗	極大	↘	極小	↗

また，

極大値は $f(0)=0$

極小値は $f(2)=-4$

したがって，グラフは右図のようになる．

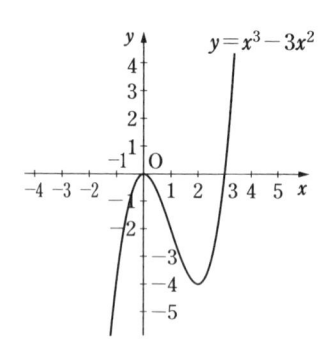

問 12.3 関数 $f(x)=x^3-3x+2$ の増減・極値を調べ，グラフの概形を書きなさい．

例題 12.4

関数 $f(x)=x\log x$ の増減・極値を調べ，グラフの概形を書きなさい．

[解説] まず，定義域が $x>0$ であることに注意しよう．あとは，$f'(x)$ を求め，その符号を調べればよい．

[解答] $f'(x)=\log x+x\cdot\dfrac{1}{x}=\log x+1=0$ より，$\log x=-1$．よって，$x=\dfrac{1}{e}$．

すなわち，

$0<x<\dfrac{1}{e}$ のとき $f'(x)<0$ なので，減少．

$x=\dfrac{1}{e}$ のとき $f'(x)=0$，

$x>\dfrac{1}{e}$ のとき $f'(x)>0$ なので，増加．

したがって，増減表は次のようになる．

x	0	$\cdots$	$\dfrac{1}{e}$	$\cdots$
$f'(x)$		$-$	0	$+$
$f(x)$		↘	極小	↗

また，

極小値は $f\left(\dfrac{1}{e}\right)=-\dfrac{1}{e}$

したがって，グラフは右図のようになる．

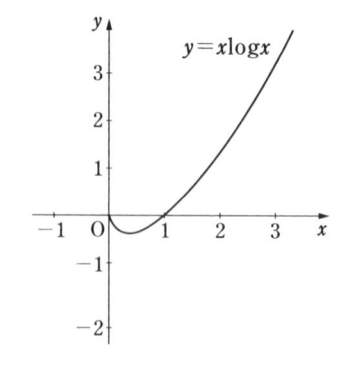

問 12.4 関数 $f(x)=xe^{-x}$ の増減・極値を調べ，グラフの概形を書きなさい．

D）最大値と最小値

関数値の中で最も大きな値を**最大値**，最も小さな値を**最小値**という．関数によっては，最大値や最小値を持つものと持たないものがある．しかし，$a\leqq x\leqq b$ という閉区間に限定すると，

その区間で連続な関数は必ず最大値と最小値を持つ.

最大値や最小値を調べるには，その区間の端点での値と極値を調べればよい．ここでも増減表が利用できる．なお，定義域が実数全体の場合は，$\lim_{x \to \infty} f(x)$ や $\lim_{x \to -\infty} f(x)$ を調べる必要がある.

例題 12.5

閉区間 $-3 \leqq x \leqq 2$ における関数 $f(x) = x^3 - 3x$ の最大値と最小値を求めなさい.

[解説] まず，端点の値 $f(-3)$, $f(2)$ を計算する．次に，微分して極値を求める.

[解答] $f(-3) = (-3)^3 - 3(-3) = -27 + 9 = -18$, $f(2) = 2^3 - 3 \cdot 2 = 8 - 6 = 2$ である.

また，$f'(x) = 3x^2 - 3 = 3(x-1)(x+1) = 0$ より，$x = \pm 1$.

$f(-1) = (-1)^3 - 3(-1) = -1 + 3 = 2$, $f(1) = 1^3 - 3 \cdot 1 = 1 - 3 = -2$.

よって，増減表は次のようになる.

x	-3	$\cdots$	-1	$\cdots$	1	$\cdots$	2
$f'(x)$	$+$	$+$	0	$-$	0	$+$	$+$
$f(x)$	-18	↗	極大 2	↘	極小 -2	↗	2

したがって，

　　最大値 $= 2$　($x = -1, 2$ のとき)

　　最小値 $= -18$ ($x = -3$ のとき)

問 12.5 閉区間 $-2 \leqq x \leqq 1$ における関数 $f(x) = x^4 - 2x^2$ の最大値と最小値を求めなさい.

例題 12.6

関数 $f(x) = \dfrac{3x-3}{x^2+3}$ の最大値と最小値を求めなさい.

[解説] 定義域が実数全体なので，極値のほかに $\lim_{x \to \infty} f(x)$ や $\lim_{x \to -\infty} f(x)$ を調べる必要がある.

[解答] $f'(x) = \dfrac{3 \cdot (x^2+3) - 3(x-1) \cdot 2x}{(x^2+3)^2} = \dfrac{-3x^2 + 6x + 9}{(x^2+3)^2} = -\dfrac{3(x-3)(x+1)}{(x^2+3)^2}$ であるから，

$f'(x) = 0$ より，$x = -1, 3$.

$f(-1) = \dfrac{3(-1)-3}{(-1)^2+3} = -\dfrac{6}{4} = -\dfrac{3}{2}$, $f(3) = \dfrac{3 \cdot 3 - 3}{3^2 + 3} = \dfrac{6}{12} = \dfrac{1}{2}$.

一方，$\displaystyle\lim_{x \to \infty} f(x) = \lim_{x \to \infty} \dfrac{\dfrac{3}{x} - \dfrac{3}{x^2}}{1 + \dfrac{3}{x^2}} = 0$, $\displaystyle\lim_{x \to -\infty} f(x) = \lim_{x \to \infty} \dfrac{\dfrac{3}{x} - \dfrac{3}{x^2}}{1 + \dfrac{3}{x^2}} = 0$

よって，増減表は次のようになる.

x	$-\infty$	$\cdots$	-1	$\cdots$	3	$\cdots$	∞
$f'(x)$		$-$	0	$+$	0	$-$	
$f(x)$	(0)	↘	極大 $-\dfrac{3}{2}$	↗	極小 $\dfrac{1}{2}$	↘	(0)

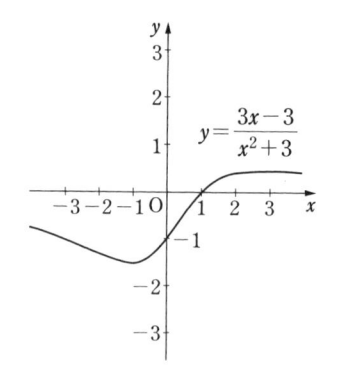

したがって,

$$\text{最大値} = \frac{1}{2}\,(x=3\,\text{のとき})$$

$$\text{最小値} = -\frac{3}{2}\,(x=-1\,\text{のとき})$$

問 12.6 $-1 \leqq x$ における関数 $f(x) = (x^2-3)e^{-x}$ の最大値と最小値を求めなさい.

12.3 関数の凹凸と変曲点

A) 関数の凹凸

これまではあまり意識してこなかったが,関数のグラフを書いてみると,**図 12.4** に示すように,直線以外のグラフには凹凸が見られる.

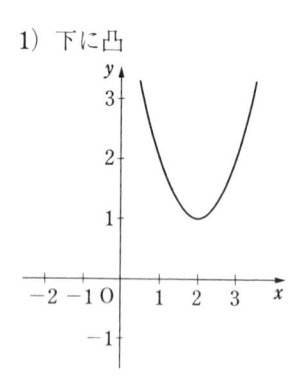

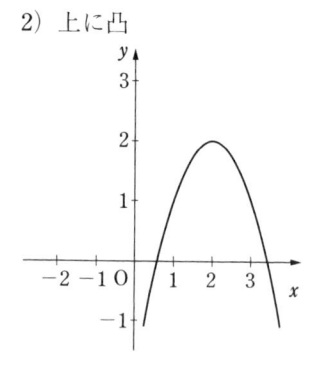

1) 下に凸   2) 上に凸

図 12.4 関数の凹凸

この凹凸は,数学的には次のように定義される.

定義

ある区間で,x が増加するにつれて,

1) 曲線 $y = f(x)$ の接線の傾き,すなわち導関数 $f'(x)$ が増加するとき
   曲線 $y = f(x)$ はその区間で下に凸(上に凹)であるという.
2) 曲線 $y = f(x)$ の接線の傾き,すなわち導関数 $f'(x)$ が減少するとき
   曲線 $y = f(x)$ はその区間で上に凸(下に凹)であるという.

B) 第2次導関数と変曲点

第2次導関数 $f''(x)$ が存在するとき，これを用いて，関数の凹凸の定義は次のように言い換えることができる．

> ある区間で，
> 1) つねに $f''(x) > 0$ のとき
>   曲線 $y = f(x)$ はその区間で下に凸（上に凹）である．
> 2) つねに $f''(x) < 0$ のとき
>   曲線 $y = f(x)$ はその区間で上に凸（下に凹）である．

例えば，2次関数 $f(x) = ax^2 + bx + c$ の第2次導関数は $f''(x) = 2a$ なので，

$a > 0$ のときは下に凸，

$a < 0$ のときは上に凸

である．

また，関数に凹凸があるとき，それが入れかわる点が存在する．この点を**変曲点**という．変曲点は，正式には次のように定義される．

> **定義**
> $f''(a) = 0$ であり，$x = a$ の前後で $f''(x)$ の符号が変わるとき，点 $(a, f(a))$ は曲線 $y = f(x)$ の変曲点である．

例題 12.7

曲線 $f(x) = x^3 - 3x^2$ の凹凸を調べ，変曲点を求めなさい．

[解説] 曲線の凹凸や変曲点を調べるには，第2次導関数を求め，その符号を調べればよい．

[解答] $f'(x) = 3x^2 - 6x$, $f''(x) = 6x - 6$ であるから，

$f''(x) = 0$ より，$x = 1$. また，$f(1) = -2$.

したがって，この曲線の凹凸は次のようになる．

x	$\cdots$	1	$\cdots$
$f''(x)$	$-$	0	$+$
$f(x)$	上に凸	-2	下に凸

したがって，

変曲点は $(1, -2)$.

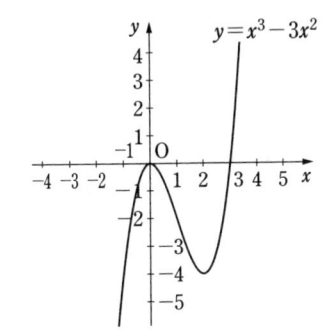

問 12.7 曲線 $f(x) = x^3 - 6x^2 + 9x$ の凹凸を調べ，変曲点を求めなさい．

【注】 3次関数においては，そのグラフは変曲点に関して対称となる．

12.4 方程式と不等式

A) 方程式の実数解の個数

方程式 $f(x)=0$ の実数解は，曲線 $y=f(x)$ と x 軸との共有点の x 座標である．したがって，方程式 $f(x)=0$ の実数解の個数を求めるには，曲線 $y=f(x)$ のグラフをかき，x 軸との共有点の個数を調べればよい．

> **例題 12.8**
> 方程式 $x^3-3x^2=-2$ の実数解の個数を調べなさい．

[解説] まず，$f(x)=x^3-3x^2+2$ とおいてみよう．次に，曲線 $y=f(x)$ をかき，x 軸との共有点を調べよう．

[解答] $f'(x)=3x^2-6x=3x(x-2)$ であり，$f(0)=2$, $f(2)=-2$．

したがって，増減表とグラフは以下のようになる．

x	$\cdots$	0	$\cdots$	2	$\cdots$
$f'(x)$	+	0	−	0	+
$f(x)$	↗	極大 2	↘	極小 −2	↗

右図から，実数解の個数は 3 個．

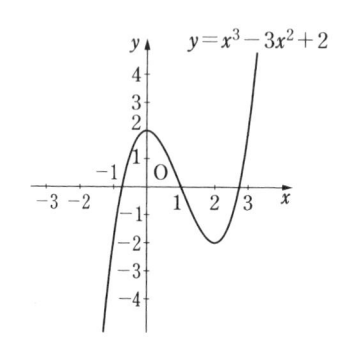

問 12.8 方程式 $x^4=8x^2-2$ の実数解の個数を調べなさい．

B) 不等式の証明

数学では，不等式 $f(x)>g(x)$ を証明しなければならないことがある．不等式の証明方法としてはいろいろなものがあるが，微分を用いるのもその一つである．

$f(x)>g(x)$ を示すことは，$f(x)-g(x)>0$ を示すことであり，$F(x)=f(x)-g(x)$ とおくと，$F(x)>0$ を示せばよいことになる．したがって，$F(x)$ の導関数を求めて曲線 $y=F(x)$ のグラフを作成し，それが x 軸より上にあることを示せばよい．等号を含む不等式 $f(x)\geqq g(x)$ の証明も同様である．x の条件（範囲）が与えられている場合には，その範囲内で $F(x)>0$ または $F(x)\geqq 0$ を示す．

> **例題 12.9**
> $x\geqq -2$ のとき，$x^3-4x\geqq 2x^2-8$ となることを証明しなさい．

[解説] $x\geqq -2$ のとき $f(x)=(x^3-4x)-(2x^2-8)\geqq 0$ となることを示せばよい．そのために，関数 $y=f(x)$ の増減表を作成し，$x\geqq -2$ のとき $f(x)\geqq 0$ となることを示す．

[証明] $f'(x) = 3x^2 - 4x - 4 = (x-2)(3x+2)$ であり，$f(-2) = 0$, $f(2) = 0$.

したがって，増減表は次のようになる．

x	-2	$\cdots$	$-\dfrac{2}{3}$	$\cdots$	2	$\cdots$
$f'(x)$		$+$	0	$-$	0	$+$
$f(x)$	0	↗	極大 $\dfrac{256}{27}$	↘	極小 0	↗

$y = f(x)$ は $x \geqq -2$ のとき，$x = -2, 2$ で最小となり，最小値は 0 である．

よって，$x \geqq -2$ のとき，$f(x) \geqq 0$.

すなわち，$x \geqq -2$ のとき $x^3 - 4x \geqq 2x^2 - 8$

となる．(なお，等号は $x = -2, 2$ のとき成り立つ)

問 12.9 $x > 0$ のとき，$e^x > x$ となることを証明しなさい．

第 12 章のまとめ

1) $1 \leqq x \leqq 4$, $2 < x \leqq 3$, $-1 \leqq x < 3$, $1 < x < 4$, $x \leqq 2$, $x > 3$ などを満たす実数 x の集合を　a)　という．

2) ある区間内の任意の $x_1, x_2 (x_1 < x_2)$ に対し，$f(x_1) < f(x_2)$ のとき，$f(x)$ はその区間で　b)　するという．

3) 関数 $y = f(x)$ が $x = a$ を境目にして増加から減少に変化するとき，$y = f(x)$ は $x = a$ で　c)　になるといい，そのときの値 $f(a)$ を　d)　という．

4) 関数の増減を表す表を　e)　という．

5) 関数に凹凸があるとき，それが入れかわる点が存在する．この点を　f)　という．

第 12 章の復習問題

[1] 関数 $f(x) = x^3 - 2x + 2$ について，以下の問に答えなさい．

1) 点 $(0, 2)$ における接線の方程式を求めなさい．

2) 原点を通る接線の方程式と接点を求めなさい．

[2] 次の関数の極値を求め，グラフを書きなさい．

1) $f(x) = x^3 - 4x^2 + 4x$ 　　　2) $f(x) = -x^3 - 6x^2 + 2$

[3] 閉区間 $-1 \leqq x \leqq 5$ における関数 $f(x) = x^3 - 6x^2$ の最大値と最小値を求めなさい．

[4] 次の関数の変曲点を求めなさい．

1) $f(x) = x^3 - 4x$ 　　　2) $f(x) = -x^3 + 6x^2$

第 12 章の発展問題

【1】 関数 $f(x) = x^3 + ax^2 + 3ax + 2$ が，どんな区間においても増加関数となるような a の範囲を求めなさい．

【2】 関数 $f(x) = x^3 + ax^2 + bx + c$ は，$x = -2$ のとき極大値 5 をとり，$x = 2$ のとき極小値をとる．
   1) a, b, c を求めなさい．
   2) 極小値を求めなさい．

【3】 方程式 $x^3 - 3x^2 + 2 = k$ が相異なる 3 つの実数解を持つような k の範囲を求めなさい．

【4】 $x > 0$ のとき，不等式 $e^{-x} > 1 - x$ が成り立つことを証明しなさい．

第 13 章 積分

> 本章では，積分を学習する．積分は微分の逆演算であり，積分を理解するためには微分の概念が要求される．そのため，本章に進む前に前章までの内容を十分復習しておこう．

13.1 不定積分

A) 不定積分の定義

微分すると $f(x)$ となる関数を $f(x)$ の**不定積分**または**原始関数**といい，

$$\int f(x)dx$$

と表す（記号 $\int$ は**インテグラル**と読む）．

もっとも，関数 $F(x)$ が $f(x)$ の不定積分のとき（すなわち $F'(x)=f(x)$ のとき），$G(x)=F(x)+C$（C は定数）も $f(x)$ の不定積分である．実際，定数の微分は 0 だから，

$$G'(x)=\frac{d}{dx}G(x)=\frac{d}{dx}(F(x)+C)=\frac{d}{dx}F(x)+\frac{d}{dx}C=F'(x)+0=f(x)$$

となる．例えば，x^3 も x^3+2 も微分すると $3x^2$ となるので，どちらも $3x^2$ の不定積分である．したがって，不定積分を表す場合，一般には，

$$\int f(x)dx=F(x)+C$$

と表す．例えば，$\int 3x^2 dx=x^3+C$ である．

不定積分 $\int f(x)dx=F(x)+C$ において，x を**積分変数**，$f(x)$ を**被積分関数**，C を**積分定数**という．また，$f(x)$ の不定積分を求めることを，$f(x)$ を**積分**するという．

【注】 $\int 1dx$ は，通常 $\int dx$ と記述する．

B) 不定積分の公式

積分は微分の逆演算である．したがって，微分の公式を逆に用いると積分の公式が得られる．

I1) $\displaystyle\int x^p dx=\frac{1}{p+1}x^{p+1}+C$ （ただし，$p \neq -1$） $\leftarrow \dfrac{d}{dx}x^p=px^{p-1}$

I2) $\displaystyle\int kf(x)dx=k\int f(x)dx$ （k は定数） $\leftarrow \dfrac{d}{dx}\{kF(x)\}=k\dfrac{d}{dx}F(x)$

I3) $\displaystyle\int \{f(x) \pm g(x)\}dx = \int f(x)dx \pm \int g(x)dx$　(複合同順)

$\qquad\qquad\qquad\qquad\qquad\qquad \leftarrow \dfrac{d}{dx}\{F(x) \pm G(x)\} = \dfrac{d}{dx}F(x) \pm \dfrac{d}{dx}G(x)$

I4) $\displaystyle\int \dfrac{1}{x}dx = \log|x| + C \qquad\qquad \leftarrow \dfrac{d}{dx}\log x = \dfrac{1}{x}$

I5) $\displaystyle\int e^x dx = e^x + C \qquad\qquad\qquad \leftarrow \dfrac{d}{dx}e^x = e^x$

―― 例題 13.1 ――

次の不定積分を求めなさい．

1) $\displaystyle\int \left(x^2 + 2x + \dfrac{3}{x} + \dfrac{4}{x^2}\right)dx$ 　　　2) $\displaystyle\int e^{x+3}(e^{-x} - 1)dx$

[解説] まず，公式 I3) を用いて被積分関数をわけ，その後他の公式を用いて積分を行う．

[解答] 1) 与式 $= \displaystyle\int x^2 dx + 2\int x dx + 3\int \dfrac{1}{x}dx + 4\int x^{-2}dx$

$\qquad\qquad = \dfrac{1}{3}x^3 + x^2 + 3\log|x| - 4x^{-1} + C$

$\qquad\qquad = \dfrac{1}{3}x^3 + x^2 + 3\log|x| - \dfrac{4}{x} + C$

2) 与式 $= \displaystyle\int e^3 dx - e^3\int e^x dx = e^3 x - e^3 e^x + C = e^3(x - e^x) + C$

問 13.1 次の不定積分を求めなさい．

1) $\displaystyle\int \left(x^3 + 1 - \dfrac{1}{\sqrt{x}} - \dfrac{1}{x}\right)dx$ 　　　2) $\displaystyle\int e^{-x}(2e^{2x} + 3e^x)dx$

C）置換積分

不定積分の公式を直接は利用できない場合でも，変数を置き換えることによって，積分できるようになる場合がある．これを **置換積分** という．置換積分は，厳密には次のように記述される．

$\displaystyle\int f(x)dx$ において，$x = g(t)$ とおくことができるとき

変数を x から t に変えて

$$\int f(x)dx = \int f(g(t)) \cdot \dfrac{dx}{dt} dt$$

とすることができる．

例えば，

$$\int (2x+3)^5 dx$$

について考えてみよう．5乗を展開するのは計算量が増えるだけであまり効率的とは言えないし，計算間違いの可能性が高くなる．そこで，$t = 2x+3$ とおくと，$\dfrac{dt}{dx} = 2$ より，$\dfrac{dx}{dt} = \dfrac{1}{2}$ となる．したがって，

$$\int (2x+3)^5 dx = \int t^5 \dfrac{dx}{dt} dt = \int t^5 \cdot \dfrac{1}{2} dt = \dfrac{1}{2} \int t^5 dt = \dfrac{1}{12} t^6 + C = \dfrac{1}{12}(2x+3)^6 + C$$

のような計算が可能となる．

置換積分は，「合成関数の微分」の逆演算である．

これを用いると，次のような公式が証明される．

I6) $\displaystyle\int f(x)dx = F(x)$ のとき，$\displaystyle\int f(ax+b)dx = \dfrac{1}{a} F(ax+b) + C$

I7) $\displaystyle\int \dfrac{f'(x)}{f(x)} dx = \log|f(x)| + C$

例題 13.2

公式 I7) を証明しなさい．

[解説] $t = f(x)$ とおくと，$\dfrac{dt}{dx} = f'(x)$ であり，これを $dt = f'(x)dx$ と書くことができる．

[解答] $\displaystyle\int \dfrac{f'(x)}{f(x)} dx = \int \dfrac{1}{t} dt = \log|t| + C = \log|f(x)| + C$

問 13.2 公式 I6) を証明しなさい．

例題 13.3

次の不定積分を求めなさい．

1) $\displaystyle\int (3x-2)^{-4} dx$ 　　　2) $\displaystyle\int \dfrac{2x-3}{x^2-3x+2} dx$

[解説] 1) では $t = 3x-2$ とおいてみると公式 I6) が適用できる．2) では分母 x^2-3x+2 を $f(x)$ として公式 I7) を適用できるか考えてみる．

[解答] 1) $t = 3x-2$ とおくと，$\dfrac{dt}{dx} = 3$ より $\dfrac{dx}{dt} = \dfrac{1}{3}$．したがって，

$$与式 = \int t^{-4} \dfrac{dx}{dt} dt = \int t^{-4} \cdot \dfrac{1}{3} dt = \dfrac{1}{3} \int t^{-4} dt = \dfrac{1}{3} \cdot \dfrac{1}{-3} t^{-3} + C = -\dfrac{1}{9} t^{-3} + C$$

$$= -\dfrac{1}{9}(3x-2)^{-3} + C$$

2) $f(x) = x^2 - 3x + 2$ とおくと，$f'(x) = 2x - 3$ となるので，

$$与式 = \int \dfrac{f'(x)}{f(x)} dx = \log|f(x)| + C = \log|x^2 - 3x + 2| + C$$

問 13.3 次の不定積分を求めなさい．

1) $\displaystyle\int (2x+5)^5 dx$ 　　　2) $\displaystyle\int e^{-3x+4} dx$

上の例題，問から容易に推測できるように，公式 I6) の特殊例として，次の公式を考えることができる．

$$\text{I6')} \quad \int (ax+b)^p dx = \frac{1}{a(p+1)}(ax+b)^{p+1} + C \quad (\text{ただし，} p \neq -1)$$

D）部分積分

微分における積の公式 $\dfrac{d}{dx}\{f(x)g(x)\} = \left\{\dfrac{d}{dx}f(x)\right\}g(x) + f(x)\left\{\dfrac{d}{dx}g(x)\right\}$ を

$$\left\{\frac{d}{dx}f(x)\right\}g(x) = \frac{d}{dx}\{f(x)g(x)\} - f(x)\left\{\frac{d}{dx}g(x)\right\}$$

と変形し，両辺を積分することにより，次の公式が得られる．

$$\text{I8)} \quad \int f'(x)g(x)dx = f(x)g(x) - \int f(x)g'(x)dx$$

これを**部分積分**という．関数が複雑で，そのままでは公式 I1)〜I7) が使えないときに利用できる．ただし，$f'(x)$ や $g(x)$ として何を選ぶべきかについては十分検討する必要がある．一般に，$f'(x)$ としては積分しやすいものを，$g(x)$ としては微分すると簡単になるものを選ぶようにする．

例題 13.4

次の不定積分を求めなさい．

1) $\displaystyle\int xe^x dx$ 　　　　　2) $\displaystyle\int \log x\, dx$

［解説］ 1) では $f'(x) = e^x$, $g(x) = x$ とすると公式 I8) が適用できる．2) では積の形式になっていないように見えるが，$\log x = 1 \cdot \log x$ と考えると，$f'(x) = 1$, $g(x) = \log x$ とすることができる．

［解答］ 1) 与式 $= \displaystyle\int (e^x)' x\, dx = (e^x)x - \int e^x (x)'\, dx = xe^x - \int e^x dx = xe^x - e^x + C$

2) 与式 $= \displaystyle\int (x)' \log x\, dx = x\log x - \int x(\log x)'\, dx = x\log x - \int dx = x\log x - x + C$

問 13.4 次の不定積分を求めなさい．

1) $\displaystyle\int (4x-2)e^x dx$ 　　　　　2) $\displaystyle\int x\log x\, dx$

13.2 定積分

A）定積分の定義

関数 $f(x)$ の不定積分の1つを $F(x)$ とする．$x=a$ から $x=b$ までの不定積分 $F(x)$ の変化量 $F(b)-F(a)$ を $[F(x)]_a^b$ と表す．

また，関数 $f(x)$ の他の不定積分を $G(x)$ とすると，

$$[F(x)]_a^b = [G(x)]_a^b$$

となる．実際，$F(x)$ も $G(x)$ も $f(x)$ の不定積分なので，$G(x) = F(x) + C$（C は積分定数）であり，

$$[G(x)]_a^b = G(b) - G(a) = \{F(b) + C\} - \{F(a) + C\} = F(b) - F(a) = [F(x)]_a^b$$

となる．そこで，この値を

$$\int_a^b f(x)dx$$

と表し，関数 $f(x)$ の a から b までの**定積分**と呼ぶ．

具体的に関数 $f(x)$ の a から b までの定積分を求めるには，その不定積分の一つを $F(x)$ としたとき，$F(b) - F(a)$ を計算すればよい．すなわち，

$$\int_a^b f(x)dx = F(b) - F(a)$$

である．

例題 13.5

次の定積分を求めなさい．

1) $\displaystyle\int_{-1}^2 x^2 dx$ 2) $\displaystyle\int_0^1 e^x dx$

[解説] 不定積分の一つ $F(x)$ を考え，$F(b) - F(a)$ を計算する．

[解答] 1) 与式 $= \left[\dfrac{1}{3}x^3\right]_{-1}^2 = \dfrac{1}{3}\{2^3 - (-1)^3\} = \dfrac{8-(-1)}{3} = 3$

2) 与式 $= [e^x]_0^1 = e^1 - e^0 = e - 1$

問 13.5 次の定積分を求めなさい．

1) $\displaystyle\int_1^2 x^3 dx$ 2) $\displaystyle\int_0^2 e^{2x} dx$

B）定積分の公式

定積分に関しては，次のような公式が知られている．これらはすべて，定義から簡単に証明することができる．

D1) $\displaystyle\int_a^b f(x)dx = \int_a^b f(y)dy = \int_a^b f(t)dt = \cdots$

D2) $\displaystyle\int_a^b kf(x)dx = k\int_a^b f(x)dx$ （k は定数）

D3) $\displaystyle\int_a^b \{f(x) \pm g(x)\}dx = \int_a^b f(x)dx \pm \int_a^b g(x)dx$ （複合同順）

D4) $\displaystyle\int_a^a f(x)dx = 0$

D5) $\displaystyle\int_a^b f(x)dx = -\int_b^a f(x)dx$

D6) $\displaystyle\int_a^b f(x)dx = \int_a^c f(x)dx + \int_c^b f(x)dx$

なお，n を自然数とするとき，次の事柄も成立する．

D7) n が偶数のとき $\displaystyle\int_{-a}^a x^n dx = 2\int_0^a x^n dx$

n が奇数のとき $\displaystyle\int_{-a}^a x^n dx = 0$

── 例題 13.6 ──

公式 D7) を証明しなさい．

[解説] n が偶数の場合と奇数の場合とに分けて個別に計算すればよい．

[解答] ⅰ) n が偶数の場合

$n+1$ は奇数なので，$(-a)^{n+1} = -a^{n+1}$

$$\int_{-a}^a x^n dx = \left[\frac{1}{n+1}x^{n+1}\right]_{-a}^a = \frac{1}{n+1}\{a^{n+1} - (-a)^{n+1}\} = \frac{2a^{n+1}}{n+1}$$

$$2\int_0^a x^n dx = 2\left[\frac{1}{n+1}x^{n+1}\right]_0^a = \frac{2}{n+1}\{a^{n+1} - 0\} = \frac{2a^{n+1}}{n+1}$$

したがって，$\displaystyle\int_{-a}^a x^n dx = 2\int_0^a x^n dx$

ⅱ) n が奇数の場合

$n+1$ は偶数なので，$(-a)^{n+1} = a^{n+1}$

したがって，$\displaystyle\int_{-a}^a x^n dx = \left[\frac{1}{n+1}x^{n+1}\right]_{-a}^a = \frac{1}{n+1}\{a^{n+1} - a^{n+1}\} = 0$

問 13.6 公式 D6) を証明しなさい．

例題 13.7

次の定積分を求めなさい．

1) $\displaystyle\int_0^1 (2x^2-2x+1)dx$ 　　　　2) $\displaystyle\int_1^2 (e^x+e^{-x})dx$

[解説] 加減算は公式 D3)により分解することができる．係数は公式 D2)により積分の外に出すことができる．

[解答] 1) 与式 $=2\displaystyle\int_0^1 x^2 dx - 2\int_0^1 x dx + \int_0^1 dx = 2\left[\dfrac{1}{3}x^3\right]_0^1 - \left[x^2\right]_0^1 + \left[x\right]_0^1 = \dfrac{2}{3}-1+1=\dfrac{2}{3}$

2) 与式 $=\displaystyle\int_1^2 e^x dx + \int_1^2 e^{-x}dx = \left[e^x\right]_1^2 + \left[-e^{-x}\right]_1^2$
$= (e^2-e^1)+(-e^{-2}+e^{-1})=e^2-e+e^{-1}-e^{-2}$

なお，定積分の計算は次のようにまとめて記述してもよい．

1) 与式 $=\left[\dfrac{2}{3}x^3-x^2+x\right]_0^1 = \left(\dfrac{2}{3}-1+1\right)-(0-0+0)=\dfrac{2}{3}$

2) 与式 $=\left[e^x-e^{-x}\right]_1^2 = (e^2-e^{-2})-(e-e^{-1})=e^2-e+e^{-1}-e^{-2}$

問 13.7 次の定積分を求めなさい．

1) $\displaystyle\int_1^3 (2x+3)dx$ 　　　　2) $\displaystyle\int_0^2 (e^{2x}-e^x)dx$

C) 置換積分

不定積分の置換積分を用いると，次の公式が得られる．

$$\text{D8)}\quad \int_a^b f(x)dx = \int_\alpha^\beta f(g(t))g'(t)dt$$

ただし，$x=g(t)$ であり，$a=g(\alpha)$, $b=g(\beta)$ とする．

関数が複雑な場合，変数を置き換えると，公式 D8)が使える形になることがある．公式 D8)を用いる場合は，**積分区間が変更される**ので注意が必要である．積分区間の対応は次の例題に示すような表を書いてみるとわかりやすい．

例題 13.8

次の定積分を求めなさい．

1) $\displaystyle\int_3^4 \dfrac{x}{(x-2)^2}dx$ 　　　　2) $\displaystyle\int_0^1 e^{2x+1}dx$

[解説] 1)では $t=x-2$, 2)では $t=2x+1$ とおくと公式 D8)が利用できる形式になる．

[解答] 1) $t=x-2$ とおくと，$dt=dx$
また，積分区間の対応は右の表のようになる．
したがって，

x	$3 \to 4$
t	$1 \to 2$

$$\text{与式} = \int_1^2 \frac{t+2}{t^2}dt = \int_1^2 \left(\frac{1}{t} + \frac{2}{t^2}\right)dt = \left[\log t - 2t^{-1}\right]_1^2$$
$$= (\log 2 - 1) - (\log 1 - 2) = \log 2 + 1$$

2) $t=2x+1$ とおくと，$dt=2dx$
また，積分区間の対応は右のようになる．
したがって，

x	$0 \to 1$
t	$1 \to 3$

$$\text{与式} = \int_1^3 \frac{1}{2}e^t dt = \left[\frac{1}{2}e^t\right]_1^3 = \frac{e^3 - e}{2}$$

問 13.8 次の定積分を求めなさい．

1) $\displaystyle\int_0^1 \frac{x}{(x+2)^3}dx$ 2) $\displaystyle\int_0^{\log 2} e^{-x+1}dx$

D) 部分積分

不定積分の部分積分を用いると，次の公式が得られる．

> D9) $\displaystyle\int_a^b f'(x)g(x)dx = [f(x)g(x)]_a^b - \int_a^b f(x)g'(x)dx$

もちろん，不定積分の場合と同様，$f'(x)$ や $g(x)$ としてどのような関数をとるかが重要である．

例題 13.9

次の定積分を求めなさい．

1) $\displaystyle\int_0^1 xe^x dx$ 2) $\displaystyle\int_1^e \log x dx$

[解説] 1) では $f'(x)=e^x$，$g(x)=x$ と考える．2) では $f'(x)=1$，$g(x)=\log x$ とする．

[解答] 1) $\text{与式} = [xe^x]_0^1 - \int_0^1 e^x dx = e - [e^x]_0^1 = e - (e-1) = 1$

2) $\text{与式} = [x\log x]_1^e - \int_1^e dx = e - [x]_1^e = e - (e-1) = 1$

問 13.9 次の定積分を求めなさい．

1) $\displaystyle\int_0^1 x^2 e^x dx$ 2) $\displaystyle\int_1^e x\log x dx$

13.3 定積分と面積

A）曲線と x 軸との間の面積

区間 $a \leqq x \leqq b$ において，$f(x) \geqq 0$ とする．

そのとき，この区間における曲線 $y = f(x)$ と x 軸との間の面積 S は，定積分を用いて

$$S = \int_a^b f(x)dx$$

と表すことができる．

【注】 これはもちろん証明しなければならない事柄であるが，その証明は本書の範囲を越えているので省略する．

$f(x) < 0$ のとき，$\int_a^b f(x)dx$ の値は負数となるので，曲線 $y = f(x)$ と x 軸との間の面積 S は，

$$S = -\int_a^b f(x)dx = \int_a^b \{-f(x)\}dx = \int_a^b |f(x)|dx$$

である．

また，区間 $a \leqq x \leqq c$ で $f(x) < 0$，区間 $c \leqq x \leqq b$ で $f(x) \geqq 0$ の場合，$a \leqq x \leqq b$ における曲線 $y = f(x)$ と x 軸との間の面積は，

$$\begin{aligned}S &= -\int_a^c f(x)dx + \int_c^b f(x)dx \\ &= \int_a^c |f(x)|dx + \int_c^b |f(x)|dx \\ &= \int_a^b |f(x)|dx\end{aligned}$$

である．

したがって，一般に，$a \leqq x \leqq b$ における曲線 $y = f(x)$ と x 軸との間の面積は，

$$S = \int_a^b |f(x)|dx$$

で求めることができる．

例題 13.10

曲線 $f(x) = x^2 - 1$ と x 軸，y 軸，$x = 2$ で囲まれた部分の面積を求めなさい．

[解説] $\int_0^2 |f(x)|dx$ を計算すればよいが，その際，絶対値をはずす必要がある．区間 $0 \leqq x \leqq 1$ では $f(x) < 0$，区間 $1 \leqq x \leqq 2$ では $f(x) \geqq 0$ である．

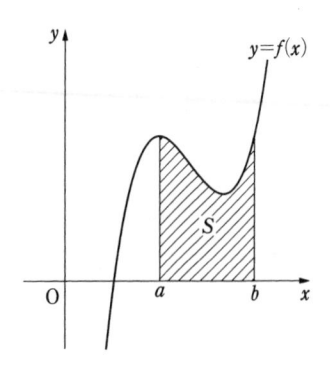

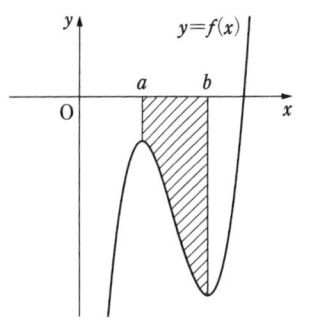

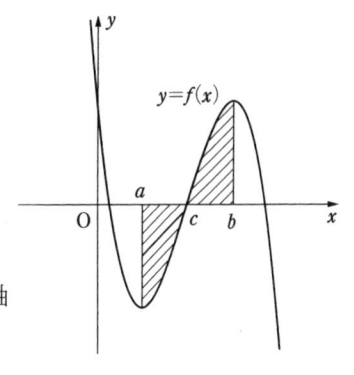

[解答] 面積 $= \int_0^2 |x^2-1|dx$

$= \int_0^1 (-x^2+1)dx + \int_1^2 (x^2-1)dx$

$= \left[-\dfrac{1}{3}x^3+x\right]_0^1 + \left[\dfrac{1}{3}x^3-x\right]_1^2$

$= \left(-\dfrac{1}{3}+1\right)-(0-0)+\left(\dfrac{8}{3}-2\right)-\left(\dfrac{1}{3}-1\right)$

$= 2$

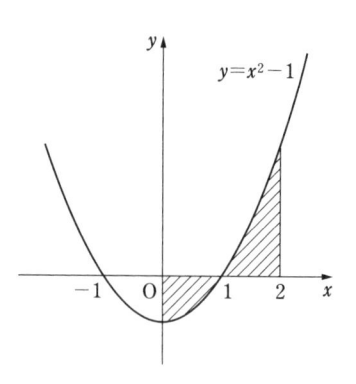

問 13.10 曲線 $f(x)=x^2-2x$ と x 軸,および,2 直線 $x=1$,$x=3$ で囲まれた部分の面積を求めなさい.

B) 2 曲線間の面積

2 曲線を $y=f(x)$, $y=g(x)$ とする.この 2 曲線と 2 直線 $x=a$, $x=b(a<b)$ で囲まれた面積 S は

$$S = \int_a^b |f(x)-g(x)|dx$$

である.

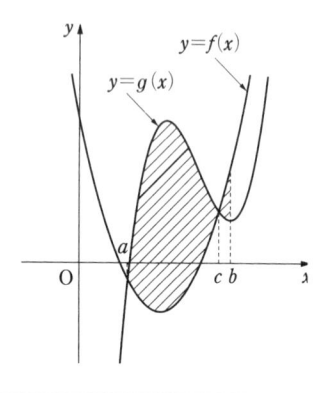

例題 13.11

放物線 $y=x^2$ と直線 $y=x+2$ とで囲まれた部分の面積を求めなさい.

[解説] 放物線 $y=x^2$ と直線 $y=x+2$ との交点の x 座標は,$x^2=x+2$ を解いて,$x=-1,2$ となる.また,区間 $-1 \leqq x \leqq 2$ においては $x+2 \geqq x^2$ である(右図参照).

したがって,求める面積は,

$$\int_{-1}^2 \{(x+2)-x^2\}dx$$

である.

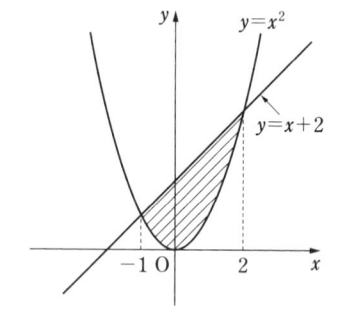

[解答] 面積 $= \int_{-1}^2 \{(x+2)-x^2\}dx = \int_{-1}^2 (-x^2+x+2)dx$

$= \left[-\dfrac{1}{3}x^3+\dfrac{1}{2}x^2+2x\right]_{-1}^2$

$= \left(-\dfrac{8}{3}+2+4\right)-\left(\dfrac{1}{3}+\dfrac{1}{2}-2\right)$

$= \dfrac{9}{2}$

問 13.11 2つの放物線 $f(x) = -x^2 + 2x + 3$ と $g(x) = x^2 - 1$ とで囲まれた部分の面積を求めなさい．

13.4 微積分の基本定理

A）定積分で表された関数

定積分の区間を $\int_a^x f(t)dt$ のように変数で表すと，それは一つの関数となる．したがって，それを微分することができる．微分すると，もとの関数 $f(x)$ に戻る．すなわち，

$$\frac{d}{dx}\int_a^x f(t)dt = f(x)$$

となる．これは，微分と積分が逆の演算であることを示しており，**微積分の基本定理**と呼ばれている．

その理由を次に示す．

今，関数 $f(x)$ の不定積分の1つを $F(x)$ とすると，$F'(x) = f(x)$ であり，また $\int_a^x f(t)dt = F(x) - F(a)$ である．したがって，

$$\frac{d}{dx}\int_a^x f(t)dt = \frac{d}{dx}\{F(x) - F(a)\} = \frac{d}{dx}F(x) - \frac{d}{dx}F(a) = f(x) - 0 = f(x)$$

となる．

さらに，定積分の上端と下端が $\int_{g(x)}^{h(x)} f(t)dt$ のように，x の関数で表されているとき，それを x で微分すると，

$$\frac{d}{dx}\int_{g(x)}^{h(x)} f(t)dt = f(h(x))h'(x) - f(g(x))g'(x)$$

となる．実際，

$\frac{d}{dx}\int_{g(x)}^{h(x)} f(t)dt = \frac{d}{dx}[F(x)]_{g(x)}^{h(x)} = \frac{d}{dx}\{F(h(x)) - F(g(x))\} = f(h(x))h'(x) - f(g(x))g'(x)$ である．

A1) $\quad \dfrac{d}{dx}\int_a^x f(t)dt = f(x)$

A2) $\quad \dfrac{d}{dx}\int_{g(x)}^{h(x)} f(t)dt = f(h(x))h'(x) - f(g(x))g'(x)$

例題 13.12

次の関数を x で微分しなさい．

1) $\displaystyle\int_0^x \frac{1}{t^2+1}dt$ 　　　　2) $\displaystyle\int_0^{x^2} \frac{1}{t^2+1}dt$

［解説］ 1)は公式A1)を，2)は公式A2)を適用する．

［解答］ 1) $\dfrac{d}{dx}\displaystyle\int_0^x \dfrac{1}{t^2+1}dt = \dfrac{1}{x^2+1}$

2) $F(t) = \displaystyle\int \dfrac{1}{t^2+1}dt$ とすると，$\displaystyle\int_0^{x^2} \dfrac{1}{t^2+1}dt = F(x^2) - F(0)$

したがって，

$$\dfrac{d}{dx}\int_0^{x^2} \dfrac{1}{t^2+1}dt = F'(x^2)\cdot(x^2)' = \dfrac{1}{(x^2)^2+1}\cdot(2x) = \dfrac{2x}{x^4+1}$$

問 13.12 次の関数を x で微分しなさい．

1) $\displaystyle\int_0^x \sqrt{2t+1}\,dt$ 　　　　2) $\displaystyle\int_{-x}^x \sqrt{t^2+1}\,dt$

第 13 章のまとめ

1) 微分すると $f(x)$ となる関数を $f(x)$ の ［　a)　］ といい，$\displaystyle\int f(x)dx$ と表す．

2) $\displaystyle\int f(x)dx$ において，$x = g(t)$ とおくことができるとき，変数を x から t に変えて $\displaystyle\int f(x)dx = \int f(g(t))\cdot \dfrac{dx}{dt}dt$ とすることができる．これが ［　b)　］ である．

3) $\displaystyle\int f'(x)g(x)dx = f(x)g(x) - \int f(x)g'(x)dx$ は ［　c)　］ の公式である．

4) 値 $\displaystyle\int_a^b f(x)dx$ を関数 $f(x)$ の a から b までの ［　d)　］ という．

第 13 章の復習問題

［1］ 次の不定積分を求めなさい．

1) $\displaystyle\int \left(x^2 + x + 1 + \dfrac{1}{\sqrt{x}}\right)dx$ 　　　2) $\displaystyle\int \left(e^x + \dfrac{1}{x}\right)dx$

3) $\displaystyle\int (2x+3)^5\,dx$ 　　　4) $\displaystyle\int (3x+2)e^{2x}\,dx$

［2］ 次の定積分を求めなさい．

1) $\displaystyle\int_0^2 (x^3 + x^2)\,dx$ 　　　2) $\displaystyle\int_0^1 e^{3x}\,dx$

3) $\displaystyle\int_0^2 xe^{-x}\,dx$

［3］ 曲線 $f(x) = -x^2 + 2x$ と x 軸とで囲まれた部分の面積を求めなさい．

第 13 章の発展問題

【1】 曲線 $y=f(x)$ 上の点 $(x, f(x))$ における接線の傾きが $2x+4$ で,$y=f(x)$ の極小値が 2 となる関数 $y=f(x)$ を求めなさい.

【2】 定積分 $\displaystyle\int_0^3 |x^2-4x+3|dx$ の値を求めなさい.

【3】 2つの放物線 $y=x^2-2x-5$ と $y=-x^2+2x+1$ とで囲まれた部分の面積を求めなさい.

【4】 関数 $f(x)$ が
$$\int_1^x f(t)dt = x^2-4x+a$$
を満たすとき,次の問に答えなさい.
1) $f(x)$ を求めなさい.
2) a を求めなさい.

補講　データの整理と分析

実務の中では，しばしば，大量のデータを処理しなければならない。このようなデータ処理においても数学は欠かせない。ここでは，統計処理に関する基本を解説する。

補.1　統計とグラフ

A）グラフの種類

数字の羅列であるデータも，グラフ化するとわかりやすくなることがある．グラフとしては，棒グラフ，折れ線グラフ，円グラフ，帯グラフなどがよく用いられている．これらは，今日では，パソコンのソフトを用いて簡単に作成することができる．

1）棒グラフ

棒グラフとは，各項目の値を棒の長さで表したグラフである．各項目の値を比較するときに用いられる．

2）折れ線グラフ

折れ線グラフとは，各項目の値を表す点を直線で結んだグラフである．棒グラフと同様，各項目の値を比較するときに用いられる．特に，時間的な推移を示すのに有用である．

3）円グラフ

円グラフは，データの総量に対する各項目の割合を示すために用いられる．円をいくつかの扇形に区切り，360°に対する中心角の大きさの割合で，総量に対する各項目の割合を示す．

4）帯グラフ

帯グラフも，データの総量に対する各項目の割合を示すために用いられる．帯グラフでは，帯の長さによって，総量に対する各項目の割合を示す．

表1にA社における商品Bの年度別売上高を示す．これを棒グラフにしたものが図1，折れ線グラフにしたものが図2である．

表1　商品Bの年度別売上高

年度	1998	1999	2000	2001	2002	2003
売上高	1.8	2.7	1.6	1.5	2.1	2.3

（単位：億円）

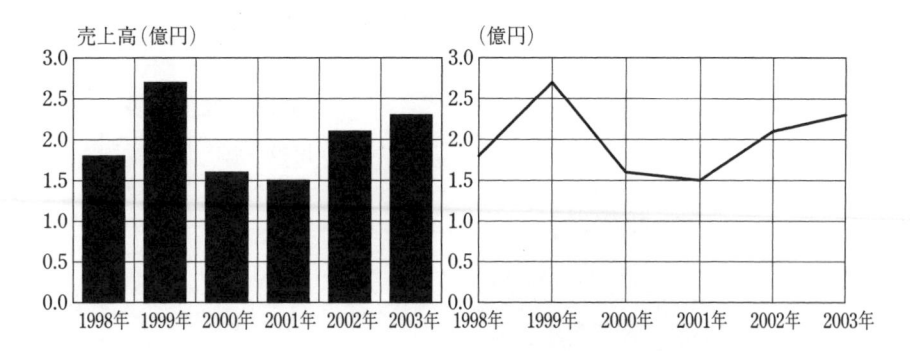

図1　棒グラフ　　　　　　　図2　折れ線グラフ

また，表2にC大学経済学部における学生の出身地一覧を示す．これを円グラフにしたものが図3，帯グラフにしたものが図4である．

表2　学生の出身地一覧表

出身地	東京	千葉	神奈川	埼玉	その他	計
人数	125	106	72	98	157	558
％	22	19	13	18	28	100

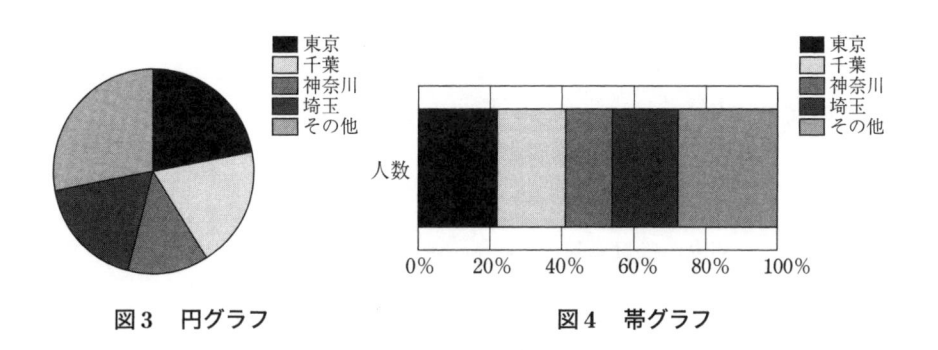

図3　円グラフ　　　　　　　図4　帯グラフ

補.2　度数分布表とヒストグラム

A) 度数分布表

表3は，太郎のクラスにおける英語のテスト結果をまとめたものである．表3では，20点毎に区切っている．このような表を**度数分布表**という．

度数分布表を作成・利用する際は，以下のような用語を用いる．

1) **階級**　　…　データを整理するための区間
2) **階級の幅**　…　区間の幅（表3では20点）
3) **階級値**　…　階級の中央値（例えば，階級21〜40の階級値は30）
4) **度数**　　…　各階級内のデータ数

また，データの特性を数量化したものを**変量**という．表3では点数が変量である．このように，とびとびの値しかとらない変量は**離散変量**という．ほかに，身長や体重などのように，あ

る範囲内の任意の値をとる変量もある．こちらは**連続変量**という．

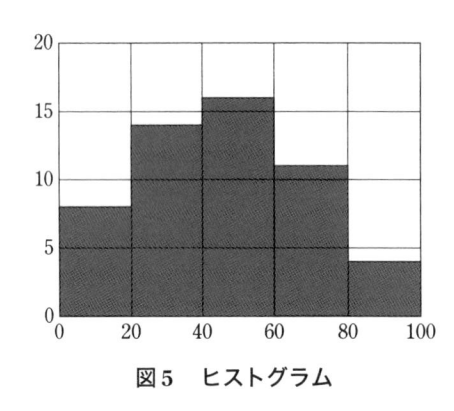

表3 度数分布表

階級（点）以上〜以下	度数（人）
0〜 20	8
21〜 40	14
41〜 60	16
61〜 80	11
81〜100	4
合計	53

図5 ヒストグラム

B）ヒストグラム

図5は，表3のデータをもとにして作成したグラフである．このグラフを**ヒストグラム**という．ヒストグラムでは，

　　階級の幅を底辺
　　度数を高さ

とする長方形を描く．

C）相対度数

各階級の度数を，データの総量で割った値を，その階級の**相対度数**という．

$$\text{ある段階の相対度数} = \frac{\text{その階級の度数}}{\text{データ全体の個数}}$$

度数分布表の各階級に相対度数を追加して得られる表を**相対度数分布表**という．もちろん，相対度数の総和は1である．

表4に，相対度数分布表の例を掲げる．これは，表3の度数分布表に相対度数を追加したものである．

例えば，階級41〜60の相対度数は，データの総量が53，階級の度数が16なので，

$$\frac{16}{53} = 0.301\ldots \fallingdotseq 0.30$$

である．

表4 相対度数分布表

階級（点）以上〜以下	度数（人）	相対度数
0〜 20	8	0.15
21〜 40	14	0.26
41〜 60	16	0.30
61〜 80	11	0.21
81〜100	4	0.08
合計	53	1

問1 太郎の大学のサッカー部員38人に対し100メートル走を実施したところ，右の結果が得られた．相対度数分布表を作成しなさい．

階級（秒）以上〜未満	度数（人）	相対度数
10.0〜10.5	1	
10.5〜11.0	8	
11.0〜11.5	11	
11.5〜12.0	16	
12.0〜12.5	2	
合計	38	1

補.3 代表値

A）平均値

変量 X が n 個の値 $x_1, x_2, \cdots, x_n$ をとるとき，その総和を総数 n で割った値を変量 X の**平均値**といい，$\bar{x}$ と表す．

すなわち，
$$\bar{x} = \frac{x_1 + x_2 + \cdots + x_n}{n} = \frac{1}{n} \sum_{k=1}^{n} x_k$$

である．

一方，表5のように変量が度数分布表で与えられている場合，各階級に属する変量の値がすべて階級値をとるものとみなして，次のように平均値を計算する．

$$\bar{x} = \frac{1}{N}(x_1 f_1 + x_2 f_2 + \cdots + x_n f_n) = \frac{1}{N} \sum_{k=1}^{n} x_k f_k$$

ただし，$N = f_1 + f_2 + \cdots + f_n$ である．

表5

階級値	度数
x_1	f_1
x_2	f_2
x_3	f_3
…	…
x_n	f_n
合計	N

例題 1

右の表は，野球部員に対しておこなった身長の測定結果である．

身長の平均値 $\bar{x}$ を求めなさい．

階級 (cm) 以上〜未満	度数（人）
165〜170	1
170〜175	5
175〜180	9
180〜185	11
185〜190	1
合計	27

[解説] まず，各階級に対する階級値を求める必要がある．階級値はその階級の中央値なので，例えば，階級 165〜170 の階級値は 167.5，階級 170〜175 の階級値は 172.5 である．

[解答] $\bar{x} = \dfrac{1}{27}(167.5 \times 1 + 172.5 \times 5 + 177.5 \times 9 + 182.5 \times 11 + 187.5 \times 1)$

$= \dfrac{4822.5}{27}$

$= 178.6 \text{(cm)}$

問2 問1で提示した度数分布表を用いて，サッカー部員の100メートル走の平均値を求めなさい．

B) メジアンとモード

データの代表値としては，平均値が最もよく用いられるが，そのほかに，メジアンやモードもある．

1) **メジアン** … **中央値**ともいう．変量を大きさの順に並べたときの中央の値である．変量の個数が偶数の場合には，中央に並ぶ2つの値の平均値をとる．

    また，データが度数分布表で与えられている場合，変量の中央の値が属する階級の階級値をメジアンとする．ただし，変量の個数が偶数で，中央に並ぶ2つの値が異なる階級に属するときは，それぞれの階級の階級値の平均値をとる．

2) **モード** … 度数が最も大きい階級の階級値のことをいう．**最頻値**ともいう．

例題 2

例題1で示した度数分布表をもとに，身長のメジアンとモードを求めなさい．

[解説] 27人のちょうど真ん中は上から14番目であるが，それは階級175～180に含まれる．また，度数が最も多い階級は180～185である．

[解答] メジアン：177.5(cm)，モード：182.5(cm)

問3 問1で提示した度数分布表を用いて，サッカー部員の100メートル走のメジアンとモードを求めなさい．

補.4　データの散らばり

A) 分散と標準偏差

データ全体について検討する場合，データの散らばり具合も考慮に入れなければならないことがある．

表6

回数	1	2	3	4	5	平均点
太郎	75	30	70	50	25	50
花子	55	45	55	45	50	50

例えば，太郎と花子が受けた数学の試験結果を表6に示す．共に平均点は50点であるが，グラフにしてみると，その散らばり具合に違いがあることがわかる．図6に2人のデータの折れ線グラフを示す．太郎のデータは散らばりが大きく，花子のデータは散らばりが少ないことが

わかる.

このような散らばり具合も次のように数値化することができる.

変量 X が n 個の値 $x_1, x_2, \cdots, x_n$ をとるとき,その平均値を $\overline{x}$ とする.このとき,各データの値 x_k と平均値 $\overline{x}$ との差の平方

$$(x_1-\overline{x})^2,\ (x_2-\overline{x})^2,\ \cdots,\ (x_n-\overline{x})^2$$

の平均値を変量 X の**分散**といい,s^2 で表す.また,分散の正の平方根を**標準偏差**といい,s で表す.

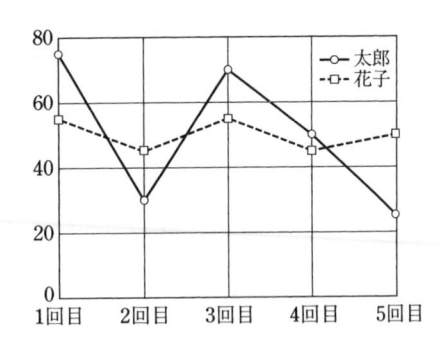

図6　数学の成績

データの散らばり具合は,分散や標準偏差で表すことができる.

> 分散　　$s^2 = \dfrac{1}{n}\{(x_1-\overline{x})^2+(x_2-\overline{x})^2+\cdots+(x_n-\overline{x})^2\} = \dfrac{1}{n}\sum_{k=1}^{n}(x_k-\overline{x})^2$
>
> 標準偏差　$s = \sqrt{\dfrac{1}{n}\sum_{k=1}^{n}(x_k-\overline{x})^2}$

―例題 3 ―――――
表 6 に示した太郎の成績の分散と標準偏差を求めなさい.

[解説]　平均値は $\overline{x} = 50$ である.

[解答]　分散 $= s^2 = \dfrac{1}{5}\{(75-50)^2+(30-50)^2+(70-50)^2+(50-50)^2+(25-50)^2\}$

$= \dfrac{2050}{5} = 410$

標準偏差 $= s = \sqrt{410} = 20.248\cdots \fallingdotseq 20.25$

問 4　表 6 に示した花子の成績の分散と標準偏差を求めなさい.

変量 X の分散 s^2 を求める式は,次のように変形することができる.なお,変形の途中で,平均値の式 $\overline{x} = \dfrac{1}{n}\sum_{k=1}^{n}x_k$ を利用する.

$$\begin{aligned}
s^2 &= \dfrac{1}{n}\sum_{k=1}^{n}(x_k-\overline{x})^2 \\
&= \dfrac{1}{n}\sum_{k=1}^{n}(x_k^2 - 2x_k\overline{x} + \overline{x}^2) \\
&= \dfrac{1}{n}\sum_{k=1}^{n}x_k^2 - 2\overline{x}\cdot\dfrac{1}{n}\sum_{k=1}^{n}x_k + \dfrac{1}{n}\overline{x}^2\cdot n \\
&= \dfrac{1}{n}\sum_{k=1}^{n}x_k^2 - 2\overline{x}^2 + \overline{x}^2 \\
&= \dfrac{1}{n}\sum_{k=1}^{n}x_k^2 - \overline{x}^2
\end{aligned}$$

すなわち,
$$x \text{ の分散} = (x^2 \text{の平均}) - (x \text{ の平均})^2$$
となる.

また, データが表7のように度数分布表で与えられている場合, 分散 s^2 は次のように計算する.
$$s^2 = \frac{1}{N}\sum_{k=1}^{n}(x_k - \overline{x})^2 f_k = \frac{1}{N}\sum_{k=1}^{n} x_k^2 f_k - \overline{x}^2$$
ただし, $N = f_1 + f_2 + \cdots + f_n$ である.

表7

階級値	度数
x_1	f_1
x_2	f_2
x_3	f_3
…	…
x_n	f_n
合計	N

補.5 相関関係

A) 相関図

身長データと体重データには, それなりの関係があると考えることができる. このように, 2つの変量の間にある一定の関係が予想できる場合がある.

具体的な例を挙げよう. 表8に太郎のクラスでおこなった英語と国語の成績を示す. このデータを図示したものが図7である. 図7では, 横軸Xとして英語を, 縦軸Yとして国語をとっている.

このような図を**相関図**または**散布図**という.

図7では, 5個の点全体が右上がりの直線に沿って分布している. このことから, 太郎のクラスに関しては, 英語の成績と国語の成績には関連があると考えられる.

表8

学生	1	2	3	4	5
英語	75	45	80	50	95
国語	55	60	60	40	70

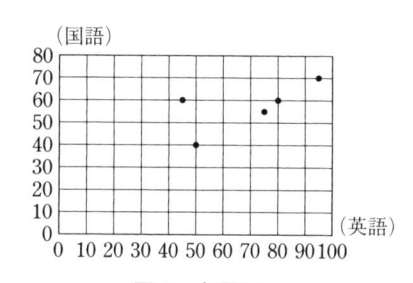

図7 相関図

一般に, 相関図において, Xの値が増加するときに, Yの値も増加する傾向がある場合, その2つの変量は「**正の相関関係がある**」という. これとは逆に, Xの値が増加するときに, Yの値が減少する傾向にある場合, その2つの変量は「**負の相関関係がある**」という. どちらでもない場合は, 「**相関関係はない**」という. 図7の相関図の場合, 英語の成績と国語の成績には正の相関関係があるということになる.

B) 相関係数

相関関係も数値化することができる. それが相関係数である.

今, 2つの変量XとYについて,

変量Xの n 個の値 $x_1, x_2, \cdots, x_n$ の平均値を $\overline{x}$, 標準偏差を s_x

変量Yの n 個の値 $y_1, y_2, \cdots, y_n$ の平均値を $\overline{y}$, 標準偏差を s_y

とする. また,

$$s_{xy} = \frac{1}{n}\{(x_1-\overline{x})(y_1-\overline{y})+(x_2-\overline{x})(y_2-\overline{y})+\cdots+(x_n-\overline{x})(y_n-\overline{y})\}$$
$$= \frac{1}{n}\sum_{k=1}^{n}(x_k-\overline{x})(y_k-\overline{y})$$

とする．この s_{xy} を，変量 X，Y の**共分散**という．

共分散 s_{xy} を標準偏差の積 $s_x s_y$ で割った値 $\dfrac{s_{xy}}{s_x s_y}$ を，X と Y の**相関係数**という．

> 相関係数を r とすると，$r = \dfrac{s_{xy}}{s_x s_y}$

一般に，相関係数 r のとりうる値の範囲は $-1 \leqq r \leqq 1$ であり，相関図との関連は次のようになる．

a) r の値が 1 に近いとき

「**正の相関関係が強い**」という．このとき相関図では，傾きが正である直線の近くに多くの点が集まる．

b) r の値が -1 に近いとき

「**負の相関関係が強い**」という．このとき相関図では，傾きが負である直線の近くに多くの点が集まる．

c) r の値が 0 に近いとき

「**相関関係が弱い**」という．

── 例題 4 ──────────────────────────
表 8 に示した英語の成績と国語の成績の相関係数を求めなさい．

[解説] まず，平均点を求めよう．英語の平均点は $\overline{x} = \dfrac{75+45+80+50+95}{5} = 69$，国語の平均点は $\overline{y} = \dfrac{55+60+60+40+70}{5} = 57$ である．

相関係数を求めるには次のような表を作成すると計算しやすい．

学生	x_k	y_k	$x_k-\overline{x}$	$y_k-\overline{y}$	$(x_k-\overline{x})^2$	$(y_k-\overline{y})^2$	$(x_k-\overline{x})(y_k-\overline{y})$
1	75	55	6	-2	36	4	-12
2	45	60	-24	3	576	9	-72
3	80	60	11	3	121	9	33
4	50	40	-19	-17	361	289	323
5	95	70	26	13	676	169	338
合計	345	285	0	0	1770	480	610

[解答] 上の表より，英語の標準偏差は $s_x = \sqrt{\dfrac{1770}{5}} \fallingdotseq 18.8$ であり，国語の標準偏差は

$s_y = \sqrt{\dfrac{480}{5}} \fallingdotseq 9.80$ である．また，両者の共分散は $s_{xy} = \dfrac{610}{5} = 122$.

したがって，相関係数は $r = \dfrac{s_{xy}}{s_x s_y} = \dfrac{122}{18.8 \times 9.80} = 0.66$ である．

問 5 右の表は花子のクラスで行ったテスト結果である．英語の成績と数学の成績の相関係数を求めなさい．

学生	1	2	3	4	5
英語	35	70	80	45	65
国語	85	40	25	50	55

補講のまとめ

1) [a)] とは，各項目の値を表す点を直線で結んだグラフである．
2) 度数分布表における [b)] とは，その階級の中央値である．
3) データの特性を数量化したものを [c)] という．
4) 各階級の度数を，データの総量で割った値を，その階級の [d)] という．
5) [e)] は中央値ともいう．変量を大きさの順に並べたときの中央の値である．
6) 分散の正の平方根を [f)] という．
7) 相関関係を数量化したものが [g)] である．これが [h)] に近いとき，正の相関関係が強いという．

<<<　問の解答　>>>

第1章

問 **1.1**　3700 円　($=4000-300$)

問 **1.2**　1)　$5\div 8=0.625$　　2)　$3\div 11=0.272727\cdots=0.\dot{2}\dot{7}$
　　　　3)　$2\div 7=0.285714\cdots=0.\dot{2}8571\dot{4}$　　4)　$12\div 37=0.324324\cdots=0.\dot{3}2\dot{4}$

問 **1.3**　1)　$\dfrac{499}{1000}$　　2)　$\dfrac{13}{100-1}=\dfrac{13}{99}$　　3)　$\dfrac{143}{1000-1}=\dfrac{143}{999}$

問 **1.4**　1)　1, 13　　2)　1, 2, 3, 5, 6, 10, 15, 30
　　　　3)　1, 2, 4, 5, 10, 20, 25, 50, 100

問 **1.5**　1)　$15=3\times 5$　　2)　$48=2^4\times 3$　　3)　$120=2^3\times 3\times 5$
　　　　4)　$1000=2^3\times 5^3$

問 **1.6**　1)　24　($=2^3\times 3$)　　2)　30　($=2\times 3\times 5$)

問 **1.7**　1)　240　($=2^4\times 3\times 5$)　　2)　180　($=2^2\times 3^2\times 5$)

問 **1.8**　1)　$\dfrac{49}{5}=\dfrac{9\times 5+4}{5}=9\dfrac{4}{5}$　　2)　$6\dfrac{4}{7}=\dfrac{6\times 7+4}{7}=\dfrac{46}{7}$

問 **1.9**　1)　$\dfrac{3}{24}=\dfrac{3\times 1}{3\times 8}=\dfrac{1}{8}$　　2)　$\dfrac{30}{75}=\dfrac{15\times 2}{15\times 5}=\dfrac{2}{5}$　　3)　$\dfrac{48}{120}=\dfrac{24\times 2}{24\times 5}=\dfrac{2}{5}$
　　　　4)　$\dfrac{420}{630}=\dfrac{210\times 2}{210\times 3}=\dfrac{2}{3}$

問 **1.10**　1)　$\dfrac{1}{2}+\dfrac{1}{4}=\dfrac{2}{4}+\dfrac{1}{4}=\dfrac{2+1}{4}=\dfrac{3}{4}$　　2)　$\dfrac{3}{4}-\dfrac{5}{6}=\dfrac{9}{12}-\dfrac{10}{12}=\dfrac{9-10}{12}=-\dfrac{1}{12}$
　　　　3)　$\dfrac{5}{12}+\dfrac{7}{18}=\dfrac{15}{36}+\dfrac{14}{36}=\dfrac{15+14}{36}=\dfrac{29}{36}$　　4)　$\dfrac{7}{5}-\dfrac{5}{12}=\dfrac{84}{60}-\dfrac{25}{60}=\dfrac{84-25}{60}=\dfrac{59}{60}$

問 **1.11**　1)　$\dfrac{1}{6}\times\dfrac{9}{2}=\dfrac{1}{2}\times\dfrac{3}{2}=\dfrac{1\times 3}{2\times 2}=\dfrac{3}{4}$　　2)　$\dfrac{7}{54}\times\dfrac{27}{28}=\dfrac{1}{2}\times\dfrac{1}{4}=\dfrac{1\times 1}{2\times 4}=\dfrac{1}{8}$

問 **1.12**　1)　$\dfrac{4}{3}\div\dfrac{1}{4}=\dfrac{4}{3}\times 4=\dfrac{16}{3}$　　2)　$\dfrac{5}{12}\div\dfrac{7}{18}=\dfrac{5}{12}\times\dfrac{18}{7}=\dfrac{5\times 3}{2\times 7}=\dfrac{15}{14}$

問 **1.13**　1)　与式 $=(72-22)\times 23=50\times 23=1150$
　　　　2)　与式 $=(40+23)\div 3=63\div 3=21$

問 **1.14**　1)　2.015　　2)　99.682

問 **1.15**　1)　0.01　　2)　244.9048

問 **1.16**　1)　0.008　　2)　0.8173…

問 **1.17**　1)　与式 $=\dfrac{1}{3}-\dfrac{5}{6}=\dfrac{2-5}{6}=-\dfrac{3}{6}=-\dfrac{1}{2}$
　　　　2)　与式 $=\dfrac{7}{5}-\dfrac{3}{4}\times\dfrac{12}{100}=\dfrac{7}{5}-\dfrac{3\times 3}{100}=\dfrac{140-9}{100}=\dfrac{131}{100}$

問 **1.18**　$2500\times 0.9\times 1.05=2362.5$ より，2362 円

問 **1.19**　購入金額 $=5000\times 5=25000$ 円，売上金額 $=25000\times 1.12\times 0.9=25200$ 円より
　　　　利益 $=$ 売上金額 $-$ 購入金額 $=25200-25000=200$ 円

問 **1.20**　1)　$\dfrac{600\mathrm{m}}{60\text{ 秒}}=10\mathrm{m}/$秒　　2)　$\dfrac{90\mathrm{km}}{1\text{ 時間}}=\dfrac{90\times 1000\mathrm{m}}{3600\text{ 秒}}=25\mathrm{m}/$秒

第2章

問 **2.1**　1)　$100\times t-30$　(cm)　　2)　$10\times a+b$

問 2.2 1) $-xy^3$ 2) $\dfrac{2a}{bc}$ 3) $\dfrac{a}{\left(\dfrac{2b}{c}\right)} = \dfrac{ac}{2b}$ 4) $\dfrac{2a}{\left(\dfrac{b}{c}\right)} = \dfrac{2ac}{b}$

問 2.3 1) $2(x-y)-3a$ 2) $\dfrac{ac}{b} - \dfrac{2}{d}$ 3) $x-y+5z$ 4) $x-5(y+z)$

問 2.4 1) 与式 $= 2 \div x = 2 \div \dfrac{2}{3} = 2 \times \dfrac{3}{2} = 3$ 2) 与式 $= 8 \times 5 - 2 \times 2^2 = 40 - 8 = 32$

3) 与式 $= 4 \div x - 3 \times y = 4 \div \dfrac{2}{5} - 3 \times \dfrac{1}{4} = 4 \times \dfrac{5}{2} - \dfrac{3}{4} = 10 - \dfrac{3}{4} = \dfrac{37}{4}$

4) 与式 $= \left(\dfrac{3}{2}\right)^2 - 3\left(\dfrac{3}{2}\right) = \dfrac{9}{4} - \dfrac{9}{2} = -\dfrac{9}{4}$

問 2.5 1) 1 2) 2 3) 5 4) 0

問 2.6 1) a の係数…8   定数項…0
2) t の係数…4   定数項…-5
3) x の係数…3 y の係数…-2 定数項…4

問 2.7 1) 与式 $= x + x = 2x$ 2) 与式 $= a - 3b + (2+4) = a - 3b + 6$

3) 与式 $= (8a-3a) + (2-2) = 5a$

4) 与式 $= (x-2x) + (-2y+3y) + (1+4) = -x + y + 5$

問 2.8 1) $24a+6$ 2) $-\dfrac{2}{3}x + \dfrac{1}{3}$ 3) $2x-1$ 4) $4t+3$

問 2.9 1) 与式 $= 16a + 4 - 3a - 4 = 13a$ 2) 与式 $= -8b + 4 + 2b - 2 = -6b + 2$

3) 与式 $= 4x - 4 + 2x + 4 = 6x$

問 2.10 1) 与式 $= \dfrac{4(2x+1) - 3(3x-2)}{12} = \dfrac{-x+10}{12} = -\dfrac{x}{12} + \dfrac{5}{6}$

2) 与式 $= 3(a+2b+1) + 2(2a-3) = 3a + 6b + 3 + 4a - 6 = 7a + 6b - 3$

3) 与式 $= 5\left\{\dfrac{2(a+2) - 3(b-3)}{6}\right\} + \dfrac{a+b}{6} = \dfrac{10a - 15b + 65}{6} + \dfrac{a+b}{6} = \dfrac{11a - 14b + 65}{6}$

問 2.11 1) $27(=3^3)$ 2) $81(=3^4)$

問 2.12 1) 与式 $= \dfrac{3}{5}x^{3+4+2} = \dfrac{3}{5}x^9$ 2) 与式 $= (4a^4b^6)(4ab^2) = 16a^5b^8$

問 2.13 1) $9(=3^2)$ 2) $\dfrac{1}{27}\left(=\dfrac{1}{3^3}\right)$

問 2.14 1) $-4xy$ 2) $\dfrac{\dfrac{3}{4}a^2b \times \dfrac{6}{5}b}{-\dfrac{2}{5}a} = -\dfrac{9}{4}ab^2$

問 2.15 $-ab - \dfrac{5}{8}c$

問 2.16 1) $y^2 + (x+1)y + (x^2+x)$ より,次数は 2,定数項は x^2+x
2) $-2y^2 + (-2x+1)y + (3x^2+4x-1)$ より,次数は 2,定数項は $3x^2+4x-1$

問 2.17 1) 与式 $= 2t + 6t^2 - 2 + 4 - t + t^2 = 7t^2 + t + 2$

2) 与式 $= 2a^2 - 10ab + 8b^2 - ab - 3a^2 - 5b^2 = -a^2 - 11ab + 3b^2$

問 2.18 1) $2a^2b^2c - 3ab^3c + ab^2c^2$ 2) $a^4 - a^3 - 4a^2 - 11a - 3$

問 2.19 左辺 $= a(a-b) + b(a-b) = a^2 - ab + ab - b^2 = a^2 - b^2 =$ 右辺

問 2.20 1) $x^2 - 8xy + 16y^2$ 2) $4a^2 - 9b^2$ 3) $6x^2 + 11x - 10$

問 2.21 1) $205^2 = (200+5)^2 = 40000 + 2000 + 25 = 42025$

2) $203 \times 197 = (200+3)(200-3) = 40000 - 9 = 39991$

問 2.22 1) $a^2 + b^2 = (a+b)^2 - 2ab = 5^2 - 2 \times 2 = 25 - 4 = 21$

2) $(a-b)^2 = (a^2+b^2) - 2ab = 21 - 2 \times 2 = 21 - 4 = 17$

第 3 章

問 3.1 1) $(a-5)x$ 　　2) $4(x-1)y$ 　　3) $5x^4y^4(2x-3y)$

4) $3a^5b^3(a^2b - 4b^2 + 2a)$

問 3.2 1) $(x+1)^2$ 　　2) $(2a-1)^2$ 　　3) $(y-9)^2$ 　　4) $(2p+3q)^2$

問 3.3 1) $(x+1)(x-1)$ 　　2) $(3a+2)(3a-2)$ 　　3) $(y+9)(y-9)$

4) $(2p+3q)(2p-3q)$

問 3.4 1) $(a+3)(a+4)$ 　　2) $(b-3)(b-4)$ 　　3) $(x-1)(x-12)$

4) $(y-1)(y+12)$

問 3.5 1) 与式 $= x(x^2-1) = x(x+1)(x-1)$

2) 与式 $= a(a^2-3a+2) = a(a-1)(a-2)$

3) 与式 $= (a^2-a-2)x = (a-2)(a+1)x$

4) 与式 $= (a-b)x^2 - (a-b)y^2 = (a-b)(x^2-y^2) = (a-b)(x+y)(x-y)$

問 3.6 1) 与式 $= \{(x-1)-2\}^2 = (x-3)^2$

2) 与式 $= \{(a-2)+3\}\{(a-2)-3\} = (a+1)(a-5)$

3) 与式 $= (x+y)^2 - 2(x+y) - 8 = (x+y+2)(x+y-4)$

4) 与式 $= (a-1)b + (a-1)^2 = (a-1)(a+b-1)$

問 3.7 1) 与式 $= (x^2-1)^2 = (x+1)^2(x-1)^2$

2) 与式 $= (t^2-4)(t^2-9) = (t+2)(t-2)(t+3)(t-3)$

3) 与式 $= (x^4+2x^2+1) - x^2 = (x^2+1)^2 - x^2 = (x^2+x+1)(x^2-x+1)$

問 3.8 1) $(2x-3)^2$ 　　2) $(3y-4)(2y-1)$ 　　3) $(5a-4b)(2a+7b)$

4) 与式 $= \{2(x+y)-3\}\{2(x+y)-5\} = (2x+2y-3)(2x+2y-5)$

問 3.9 1) 与式 $= 2a^2 + (-3b+7)a - (2b^2-b-3) = 2a^2 + (-3b+7)a - (2b-3)(b+1)$
$= \{2a+(b+1)\}\{a-(2b-3)\} = (2a+b+1)(a-2b+3)$

2) 与式 $= 3x^2 + (-2y+8)x - (y^2-4y+3) = 3x^2 + (-2y+8)x - (y-1)(y-3)$
$= \{3x+(y-1)\}\{x-(y-3)\} = (3x+y-1)(x-y+3)$

問 3.10 1) 商$\cdots x^2+x-1$ 　　余り$\cdots 0$

2) 商$\cdots x^2-1$ 　　余り$\cdots 1$

問 3.11 1) $P(3) = 27 - 4\cdot 9 + 3 = 27 - 36 + 3 = -6$

2) $P(t-1) = (t-1)^3 - 4(t-1)^2 + 3 = t^3 - 7t^2 + 11t - 2$

問 3.12 1) $P(1) = 1 - 7 + 6 = 0$ より，$P(x)$ は $x-1$ で割り切れる．したがって，
$P(x) = (x-1)(x^2+x-6) = (x-1)(x-2)(x+3)$

2) $P(1) = 1 - 3 + 2 = 0$ より，$P(x)$ は $x-1$ で割り切れる．したがって，
$P(x) = (x-1)(x^2-2x-2)$

問 3.13 1) $P(x) = (x+1)(x-1)$，$Q(x) = x(x-1)$ なので，
最大公約数$\cdots x-1$，最小公倍数$\cdots x(x+1)(x-1)$

2) $P(x) = (3x-2)(x-2)$，$Q(x) = (x-2)(x+1)$ なので，

最大公約数…$x-2$, 最小公倍数…$(x-2)(x+1)(3x-2)$

問 3.14 1) 与式 $= \dfrac{h}{h(h-1)} = \dfrac{1}{h-1}$ 2) 与式 $= \dfrac{a(a+2)}{(a+2)^2} = \dfrac{a}{a+2}$

3) 与式 $= \dfrac{x-y}{(x-2y)(x-y)} = \dfrac{1}{x-2y}$ 2) 与式 $= \dfrac{(x-2)(x+2)}{(x-1)(x-2)} = \dfrac{x+2}{x-1}$

問 3.15 1) 与式 $= \dfrac{x+2}{x(x+1)} \times \dfrac{x(x-1)}{x+2} = \dfrac{x-1}{x+1}$

2) 与式 $= \dfrac{a(a-5)}{(a-3)(a-5)} \times \dfrac{(3a-2)(a-3)}{a(2a+1)} = \dfrac{3a-2}{2a+1}$

問 3.16 1) 与式 $= \dfrac{x+2}{x(x-1)} - \dfrac{x+3}{x(x+1)} = \dfrac{(x+2)(x+1)-(x+3)(x-1)}{x(x-1)(x+1)}$

$= \dfrac{(x^2+3x+2)-(x^2+2x-3)}{x(x-1)(x+1)} = \dfrac{x+5}{x(x-1)(x+1)}$

2) 与式 $= \dfrac{2x-3}{(x-1)(x-2)} - \dfrac{4}{(x+2)(x-2)} = \dfrac{(2x-3)(x+2)-4(x-1)}{(x-1)(x+2)(x-2)}$

$= \dfrac{2x^2-3x-2}{(x-1)(x+2)(x-2)} = \dfrac{(2x+1)(x-2)}{(x-1)(x+2)(x-2)} = \dfrac{2x+1}{(x-1)(x+2)}$

第 4 章

問 4.1 1) 左辺 $= 3-8 = -5$ 右辺 $= -5$ よって解である.
2) 左辺 $= 2 \times 8 - 5 = 11$ 右辺 $= 10$ よって解ではない.
3) 左辺 $= 2 \times 8 + 10 = 26$ 右辺 $= 14 - 8 = 6$ よって解ではない.
4) 左辺 $= 3 \times 8 - 20 = 4$ 右辺 $= 12 - 8 = 4$ よって解である.

問 4.2 1) $-x = 2-4$ 2) $x+x = 3+7$
$-x = -2$ $2x = 10$
$x = 2$ $x = 5$

3) $2x+2x = 18-10$ 4) $6a+3a = 36+18$
$4x = 8$ $9a = 54$
$x = 2$ $a = 6$

問 4.3 1) $2x-50 = 13-x$ 2) $6a-20 = 20-2a$
$3x = 63$ $8a = 40$
$x = 21$ $a = 5$

問 4.4 1) $4(2y+1) = 3(3y-5)$ 2) $4(4y-2) = 3(2y+5)+12$
$8y-9y = -15-4$ $16y-6y = 15+12+8$
$y = 19$ $10y = 35$
  $y = \dfrac{7}{2}$

問 4.5 次郎の借金を x 円とする.

方程式 $35000+x = 2(28000-x)$

これを解いて, $x = 7000$

したがって, 次郎の借金は 7000 円.

問 4.6 次郎が x 分後 (すなわち $\dfrac{x}{60}$ 時間後) に追いつくとする.

方程式 $4\left(\dfrac{30}{60} + \dfrac{x}{60}\right) = 12 \times \dfrac{x}{60}$

これを解いて, $x = 15$

したがって，次郎は 15 分後に太郎に追いつく．

問 4.7 原価を x 円とする．
方程式 $1.2x \times 0.9 - x = 1000$
これを解いて，$x = 12500$
したがって，原価は 12500 円．

問 4.8 1) 第 1 式 左辺 $= 3 \times 4 + 4 \times 3 = 24$ 右辺 $= 24$
第 2 式 左辺 $= 2 \times 4 + 3 = 11$ 右辺 $= 11$
したがって，解である．

2) 第 1 式 左辺 $= 4 + 3 = 7$ 右辺 $= 7$
第 2 式 左辺 $= 2 \times 4 - 3 = 5$ 右辺 $= 6$
したがって，解ではない．

問 4.9 1) $\quad 2x + 8y = 28$
$\quad\quad -)\underline{2x + \ y = \ 7}$
$\quad\quad\quad\quad 7y = 21$
$\quad\quad\quad\quad\ y = 3$
これを第 2 式に代入して $x = 2$
したがって，$x = 2, y = 3$

2) $\quad x + y = \ 8$
$\quad +)\underline{3x - y = 12}$
$\quad\quad 4x = 20$
$\quad\quad\ x = \ 5$
これを第 1 式に代入して $y = 3$
したがって，$x = 5, y = 3$

問 4.10 1) 第 2 式より $y = 7 - 2x \ \cdots$ ①
これを第 2 式に代入して，
$x + 4(7 - 2x) = 14$
これを解いて，$x = 2$
これを①に代入して，$y = 3$
したがって，$x = 2, y = 3$

2) 第 1 式より $y = 8 - x \ \cdots$ ①
これを第 2 式に代入して，
$3x - (8 - x) = 12$
これを解いて，$x = 5$
これを①に代入して，$y = 3$
したがって，$x = 5, y = 3$

問 4.11 4 単位の科目が x 個，2 単位の科目が y 個とする．
方程式 $\begin{cases} 4x + 2y = 50 \\ x = 2y \end{cases}$
これを解いて，$\begin{cases} x = 10 \\ y = 5 \end{cases}$
したがって，4 単位の科目が 10 個，2 単位の科目が 5 個

問 4.12 1) 与式 $= 2\left(\sqrt{2}\right)^2 = 2 \times 2 = 4$
2) 与式 $= 2 \div 2\sqrt{2} = \dfrac{1}{\sqrt{2}} = \dfrac{\sqrt{2}}{2}$
3) 与式 $= 2\sqrt{3} \times \sqrt{3 \times 5} = 6\sqrt{5}$
4) 与式 $= \sqrt{\dfrac{20}{25}} = \sqrt{\dfrac{4}{5}} = \dfrac{2}{\sqrt{5}} = \dfrac{2\sqrt{5}}{5}$

問 4.13 1) 与式 $= 2\sqrt{5^2 \times 2} - 4\sqrt{2 \times 2^2} = 10\sqrt{2} - 8\sqrt{2} = 2\sqrt{2}$
2) 与式 $= -6 + \sqrt{11} + \left(\sqrt{11}\right)^2 = -6 + \sqrt{11} + 11 = 5 + \sqrt{11}$

問 4.14 1) $x(x - 1) = 0$
$x = 0, 1$

2) $(2x + 1)^2 = 0$
$x = -\dfrac{1}{2}$ (重解)

3) $(x - 1)(x - 2) = 0$
$x = 1, 2$

4) $(3x + 5)(x - 1) = 0$
$x = -\dfrac{5}{3}, 1$

問 4.15 1) $D = 4^2 - 4 \times 1 \times 2 = 16 - 8 = 8 > 0$ より，2 個
2) $D = (-4)^2 - 4 \times 3 \times 2 = 16 - 24 = -8 < 0$ より，0 個

3) $D = 6^2 - 4 \times 1 \times 9 = 36 - 36 = 0$ より，1個

問 4.16 1) $x = \dfrac{0 \pm \sqrt{0 - 4 \times 1 \times (-3)}}{2 \times 1} = \dfrac{\pm \sqrt{12}}{2} = \pm \sqrt{3}$

2) $x = \dfrac{-4 \pm \sqrt{4^2 - 4 \times 1 \times 2}}{2 \times 1} = \dfrac{-4 \pm \sqrt{8}}{2} = -2 \pm \sqrt{2}$

3) $x = \dfrac{4 \pm \sqrt{(-4)^2 - 4 \times 3 \times 1}}{2 \times 3} = \dfrac{4 \pm \sqrt{4}}{6} = 1, \dfrac{1}{3}$

問 4.17 方程式 $1000 \times \left(1 + \dfrac{x}{100}\right)\left(1 - \dfrac{x}{100}\right) = 1000 \times 0.99$

これを解いて，$x = 10$

第 5 章

問 5.1 1) $f(0) = 0 - 0 + 2 = 2$ 2) $f(-4) = (-4)^2 - 3(-4) + 2 = 16 + 12 + 2 = 30$

3) $f(t) = t^2 - 3t + 2$ 4) $f(x+1) = (x+1)^2 - 3(x+1) + 2 = x^2 - x$

問 5.2 $f(x) = 2x^2 + 2x - 1$ とおく．

1) $f(0) = 0 + 0 - 1 = -1$．$y = 1$

$y \neq f(0)$ なので，点 $(0, 1)$ はグラフ上の点ではない．

2) $f(1) = 2 + 2 - 1 = 3$．$y = 3$

$y = f(1)$ なので，点 $(1, 3)$ はグラフ上の点である．

問 5.3 比例定数 $= \dfrac{6}{3} = 2$．したがって，$y = 2 \times 8 = 16$

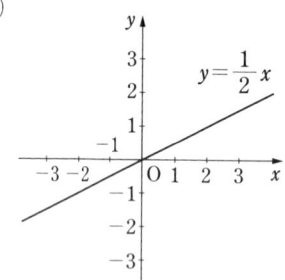

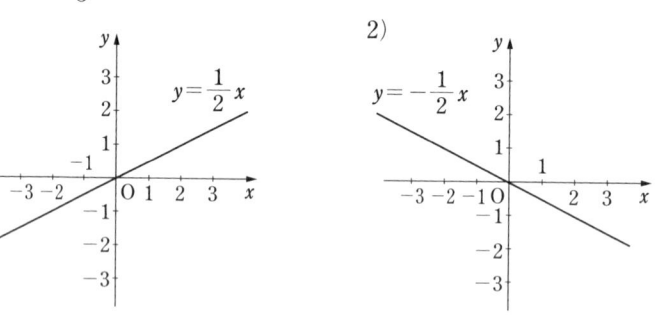

問 5.4 1)   2)

問 5.5 比例定数 $= 4 \times 6 = 24$．したがって，$y = \dfrac{24}{8} = 3$

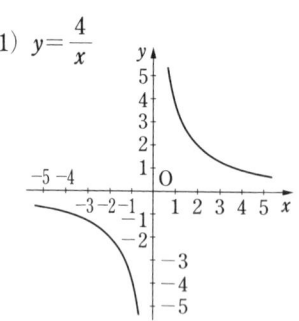

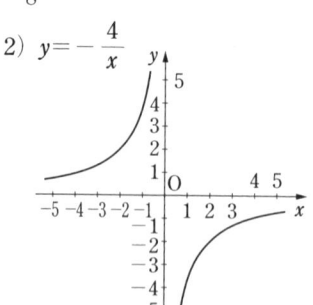

問 5.6 1) $y = \dfrac{4}{x}$ 2) $y = -\dfrac{4}{x}$

問 5.7 1) y の変化量 $= 3 \times (6 - 4) = 6$ 2) y の変化量 $= -2 \times (6 - 4) = -4$

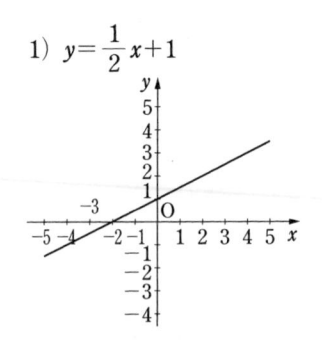

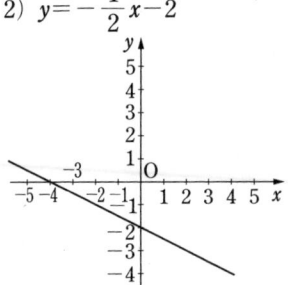

問 5.8 1) $y = \dfrac{1}{2}x + 1$ 2) $y = -\dfrac{1}{2}x - 2$

問 5.9 1) $\dfrac{1}{2}x + 1 = 0$ を解いて，$x = -2$．よって，交点の座標は $(-2, 0)$

2) $-\dfrac{1}{2}x + 2 = 0$ を解いて，$x = 4$．よって，交点の座標は $(4, 0)$

問 5.10 1) $\dfrac{1}{2}x + 1 = x + 3$ を解いて，$x = -4$．そのとき，$y = -1$．

よって，交点の座標は $(-4, -1)$

2) 加減法により連立方程式を解くと，$x = 3$, $y = 0$．

よって，交点の座標は $(3, 0)$

問 5.11 直線の方程式を $y = ax + b$ とすると，

点 $(-1, 3)$ を通ることから，$3 = -a + b$．

点 $(1, 1)$ を通ることから，$1 = a + b$．

この連立方程式を解くと，$a = -1$, $b = 2$．

よって，直線の方程式は $y = -x + 2$

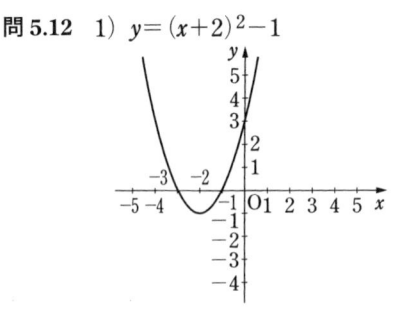

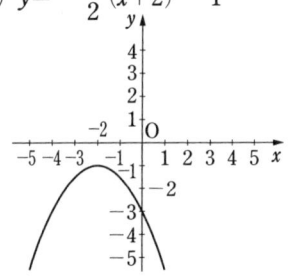

問 5.12 1) $y = (x+2)^2 - 1$ 2) $y = -\dfrac{1}{2}(x+2)^2 - 1$

問 5.13 1) $y = x^2 + 3x - 4 = \left(x + \dfrac{3}{2}\right)^2 - \dfrac{25}{4}$ より，

軸の方程式 $x = -\dfrac{3}{2}$，頂点の座標 $\left(-\dfrac{3}{2}, -\dfrac{25}{4}\right)$

2) $y = -\dfrac{1}{2}x^2 + 2x = -\dfrac{1}{2}(x-2)^2 + 2$ より，

軸の方程式 $x = 2$，頂点の座標 $(2, 2)$

問 5.14 1) $x^2 + 3x - 4 = 0$ を解いて，$x = -4, 1$．

したがって，共有点の座標は，$(-4, 0)$ と $(1, 0)$

2) $-\dfrac{1}{2}x^2 + 2x = 0$ を解いて，$x = 0, 4$．

したがって，共有点の座標は，$(0, 0)$ と $(4, 0)$

問 5.15 1) $y = x^2 - 4x - 1 = (x-2)^2 - 5$　　　2) $y = -x^2 - 6x = -(x+3)^2 + 9$

1) $y = x^2 - 4x - 1$

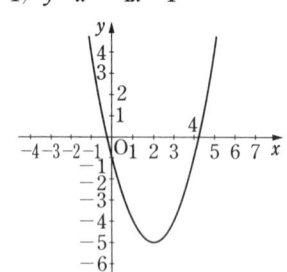

2) $y = -x^2 - 6x$

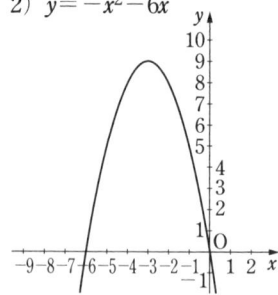

問 5.16 1)　$x^2 + 4x - 3 = 2x$ を解いて，$x = -3, 1$.

　　　　　$x = -3$ のとき，$y = -6$．$x = 1$ のとき，$y = 2$．

　　　　　したがって，共有点の座標は，$(-3, -6)$ と $(1, 2)$

　　2)　$x^2 + 2x = -x^2 + 4x - 4$ より，$x^2 - x + 2 = 0$．

　　　　　この方程式の判別式を求めると，$D = 1 - 4 \times 1 \times 2 = -7 < 0$．

　　　　　すなわち，この方程式は実数解を持たない．

　　　　　したがって，共有点なし．

1)

2)

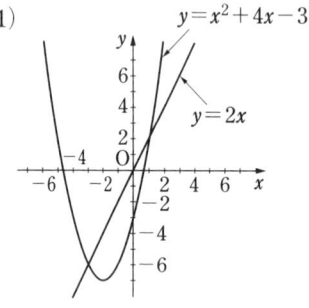

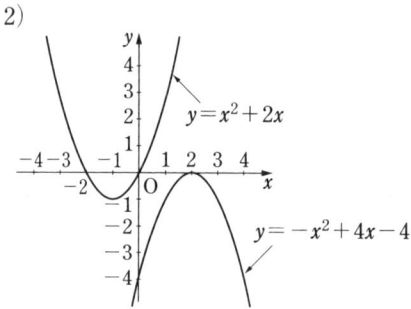

第 6 章

問 6.1 1)　$a \geqq 5$　　　2)　$-1 \leqq y < 2$

問 6.2 1)　$-2, -1, 0, 1, 2$　　2)　4

問 6.3 1)　$f(0) = 0 + 2 = 2$, $f(3) = 3 + 2 = 5$ より，$2 \leqq f(x) < 5$

　　2)　$f(0) = 0 + 1 = 1$, $f(3) = -2 \times 3 + 1 = -5$ より，$-5 < f(x) \leqq 1$

問 6.4 1)　$f(x) = (x+1)^2 - 4$ であり，$f(0) = -3$, $f(3) = 12$ なので，

　　　　　$-3 \leqq f(x) < 12$

　　2)　$f(x) = (x-2)^2 - 3$ であり，$f(0) = 1$, $f(2) = -3$, $f(3) = -2$ なので，

　　　　　$-3 \leqq f(x) \leqq 1$

問 6.5 1)　$2x + 8 < 5x - 1$　　　　2)　$x + 3(x-3) \geqq 2x + 7$

　　　　　$2x - 5x < -1 - 8$　　　　　　$x + 3x - 2x \geqq 7 + 9$

　　　　　$-3x < -9$　　　　　　　　　　$2x \geqq 16$

　　　　　$x > 3$　　　　　　　　　　　　$x \geqq 8$

問 6.6　$2x + 8 < 5x - 1$ を解いて，$x > 3$　…　①

　　　　　$5x - 1 < 3x + 7$ を解いて，$x < 4$　…　②

問 6.7　1)　$(x-1)(x-3)>0$ より,　$x<1,\ 3<x$
　　　　2)　$(x+3)(x-1)\leqq 0$ より,　$-3\leqq x\leqq 1$

問 6.8　1)　$(x+2)^2>0$ より,　$x\neq -2$
　　　　2)　$(x+1)^2\leqq 0$ より,　$x=-1$ のみ

問 6.9　$x^2-4x+3>0$ より $(x-1)(x-3)>0$. これを解いて, $x<1,\ 3<x$ … ①
　　　　$x^2-9x+14\leqq 0$ より $(x-2)(x-7)\leqq 0$. これを解いて, $2\leqq x\leqq 7$ … ②
　　　　①, ②より,　$3<x\leqq 7$

問 6.10　1)　$2\sqrt{2}<3$ より与式 $=3-2\sqrt{2}$
　　　　 2)　与式 $=2-4\sqrt{2}+4=6-4\sqrt{2}$

問 6.11　1)　与式 $=\begin{cases}x-2\ (x\geqq 2)\\ -x+2\ (x<2)\end{cases}$　　2)　与式 $=\begin{cases}x+3\ (x\geqq -3)\\ -x-3\ (x<-3)\end{cases}$

問 6.12　1)　与式 $=\begin{cases}x-2\ (x\geqq 2)\\ -x+2\ (x<2)\end{cases}$　　2)　与式 $=\begin{cases}x+(x+3)=2x+3\ (x\geqq -3)\\ x-(x+3)=-3\ (x<-3)\end{cases}$

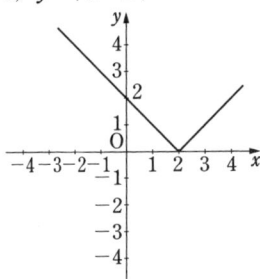

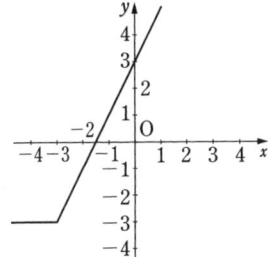

1)　$y=|x-2|$　　　　2)　$y=x+|x+3|$

第 7 章

問 7.1　1)　成り立たない　　2)　成り立つ
問 7.2　1)　成り立つ　　　　2)　成り立たない
問 7.3　1)　{経済学部}　　　 2)　{1,3,5}
問 7.4　1)　$\{x|2<x<3\}$
　　　　2)　$x^2-7x+6<0$ より $(x-1)(x-6)<0$. これを解いて $1<x<6$.
　　　　　　$x^2-6x+8\leqq 0$ より $(x-2)(x-4)\leqq 0$. これを解いて $2\leqq x\leqq 4$.
　　　　　　したがって, $\{x|2\leqq x\leqq 4\}$
問 7.5　1)　{経済学部, 経営学部, 社会学部, 文学部}
　　　　2)　{1,2,3,4,5,7,9}
問 7.6　1)　$\{x|1\leqq x\leqq 4\}$　　2)　$\{x|1<x<6\}$
問 7.7　1)　{1,3,5}　　　　　2)　{4,5}
問 7.8　1)　$\{x|x<1\text{ または }3\leqq x\}$　　2)　$\{x|x\leqq 0\}$
問 7.9　1)　$\overline{A}=\{5,6,7,8,9,10\}$ より, $n(A)=6$
　　　　2)　$\overline{A\cup B}=\{5,7,8,10\}$ より, $n(\overline{A\cup B})=4$
問 7.10　クラス全体を U, ピアノ経験者の集合を A, フルート経験者の集合を B とする. 条件より,
　　　　$n(U)=45,\ n(A)=15,\ n(B)=8,\ n(\overline{A}\cap\overline{B})=25$.
　　　　$n(\overline{A\cup B})=n(\overline{A}\cap\overline{B})=25$ なので, $n(A\cup B)=n(U)-n(\overline{A\cup B})=45-25=20$.

$n(A \cap B) = n(A) + n(B) - n(A \cup B) = 15 + 8 - 20 = 3$

したがって，両方の経験者は 3 人

第 8 章

問 8.1 1) $9 + 4 = 13$ 2) $16 \times 2 = 32$

問 8.2 1) $a_4 = 4^2 + 2 \times 4 = 16 + 8 = 24$

2) $a_{k-1} = (k-1)^2 + 2(k-1) = (k-1)(k-1+2) = k^2 - 1$

問 8.3 $a_n = 4n + 3$ より，$a_{n+1} = 4(n+1) + 3 = 4n + 7$．

$a_{n+1} - a_n = (4n+7) - (4n+3) = 4$．

したがって，等差数列である．

問 8.4 $a = 4$, $d = 3$ なので，$a_n = 4 + 3(n-1) = 3n + 1$

問 8.5 条件より，$a_3 = a + 2d = 10$，$a_7 = a + 6d = -10$．

これを解いて，$a = 20$，$d = -5$．

したがって，$a_n = 20 + (-5)(n-1) = -5n + 25$

問 8.6 条件より，$a_2 = ar = 6$，$a_4 = ar^3 = 54$．

これを解いて，$a = 2$，$r = 3$（$r > 0$ より）．

したがって，$a_n = 2 \cdot 3^{n-1}$

問 8.7 $a_1 = 1 - 2 = -1$, $a_2 = 4 - 4 = 0$, $a_3 = 9 - 6 = 3$, $a_4 = 16 - 8 = 8$ より

1) $\sum_{k=1}^{3} a_k = a_1 + a_2 + a_3 = (-1) + 0 + 3 = 2$

2) $\sum_{2}^{4} a_k = a_2 + a_3 + a_4 = 0 + 3 + 8 = 11$

問 8.8 $S = \sum_{k=1}^{n}(3k-5) = 3\sum_{k=1}^{n}k - \sum_{k=1}^{n}5 = \frac{3}{2}n(n+1) - 5n = \frac{1}{2}n\{3(n+1) - 10\} = \frac{1}{2}n(3n-7)$

問 8.9 1) $a = 2$, $r = -2$ より，$S = \dfrac{2\{1 - (-2)^n\}}{1 - (-2)} = \dfrac{2}{3}\{1 - (-2)^n\}$

2) $a = 3x$, $r = 3x$ より，

ⅰ）$x = \dfrac{1}{3}$ のとき，$S = n$

ⅱ）$x \neq \dfrac{1}{3}$ のとき，$S = \dfrac{3x\{(3x)^n - 1\}}{3x - 1}$

問 8.10 1) $a_k = (k+1)(2k-1) = 2k^2 + k - 1$

2) $a_k = \sum_{i=1}^{k} 2i = 2 \cdot \dfrac{1}{2}k(k+1) = k^2 + k$

問 8.11 1) $\sum_{k=1}^{n}(2k^2 + k - 1) = 2\sum_{k=1}^{n}k^2 + \sum_{k=1}^{n}k - \sum_{k=1}^{n}1$

$= 2 \cdot \dfrac{1}{6}n(n+1)(2n+1) + \dfrac{1}{2}n(n+1) - n$

$= \dfrac{1}{6}n(4n^2 + 9n - 1)$

2) $\sum_{k=1}^{n}(k^2 + k) = \sum_{k=1}^{n}k^2 + \sum_{k=1}^{n}k$

$= \dfrac{1}{6}n(n+1)(2n+1) + \dfrac{1}{2}n(n+1)$

$= \dfrac{1}{3}n(n+1)(n+2)$

問 8.12　階差数列 $\{b_n\}$ は，初項が 3，公差が -2 の等差数列なので
$b_n = 3+(-2)(n-1) = -2n+5$.
よって，$n \geq 2$ のとき $a_n = a_1 + \sum_{k=1}^{n-1} b_k = 3 + \sum_{k=1}^{n-1}(-2k+5) = -n^2+6n-2$
この式は $n=1$ のとき 3 となり，$a_1 = 3$ と一致する．
したがって，$a_n = -n^2+6n-2$

問 8.13　1) $a_1=1$, $a_2=2\times 1+1=3$, $a_3=2\times 3+2=8$, $a_4=2\times 8+3=19$, $a_5=2\times 19+4=42$

2) $a_1=1$, $a_2=2$, $a_3=2+2\times 1=4$, $a_4=4+2\times 2=8$, $a_5=8+2\times 4=16$

問 8.14　1) 初項 1，公差 -5 の等差数列である．
したがって，$a_n = 1+(-5)(n-1) = -5n+6$

2) 初項 2，公比 3 の等比数列である．したがって，$a_n = 2 \cdot 3^{n-1}$

問 8.15　$f(n) = 2n-1$ より，
$a_n = a_1 + \sum_{k=1}^{n-1} f(k) = 1 + \sum_{k=1}^{n-1}(2k-1) = 1 + 2 \cdot \frac{1}{2}(n-1)n - (n-1) = n^2-2n+2$

問 8.16　$\alpha = 2\alpha - 2$ を解くと，$\alpha = 2$.
したがって，$a_n = (a_1-\alpha)2^{n-1}+\alpha = (3-2)2^{n-1}+2 = 2^{n-1}+2$

問 8.17　階差数列 $\{b_n\}$ は公比 2 の等比数列である．
$a_2 = 2a_1 - 2 = 2\times 3 - 2 = 4$ より，$b_1 = a_2 - a_1 = 4-3 = 1$.
よって，$b_n = 1 \cdot 2^{n-1} = 2^{n-1}$.
したがって，$a_n = a_1 + \sum_{k=1}^{n-1} b_k = 3 + \sum_{k=1}^{n-1} 2^{k-1} = 3 + \frac{2^{n-1}-1}{2-1} = 2^{n-1}+2$

第 9 章

問 9.1　1) $\sqrt[4]{3}$ と $-\sqrt[4]{3}$　　2) 存在しない　　3) $\sqrt[3]{17}$　　4) $\sqrt[3]{-27} = -3$

問 9.2　公式 $\dfrac{a^m}{a^n} = a^{m-n}$ において $m=0$ とおくと，$a^0 = 1$ より，$a^{-n} = \dfrac{1}{a^n}$

問 9.3　1) 与式 $= \left(\dfrac{a^6}{a^{\frac{3}{2}}}\right)^{\frac{1}{4}} = a^{(6-\frac{3}{2})\times \frac{1}{4}} = a^{\frac{9}{8}}$　　2) 与式 $= \dfrac{a^{1+\frac{1}{2}}}{a^{\frac{3}{4}}} = a^{\frac{3}{2}-\frac{3}{4}} = a^{\frac{3}{4}}$

問 9.4　1) $9^{-\frac{3}{2}} = (3^2)^{-\frac{3}{2}} = 3^{2\times(-\frac{3}{2})} = 3^{-3} = \dfrac{1}{3^3} = \dfrac{1}{27}$　　2) $144^{-\frac{1}{2}} = (12^2)^{-\frac{1}{2}} = 12^{-1} = \dfrac{1}{12}$

問 9.5　$5^{2x+3} = (5^x)^2 \times 5^3 = 3^2 \times 125 = 1125$, $5^{-x+1} = \dfrac{5}{5^x} = \dfrac{5}{3}$.
したがって，与式 $= 1125 + \dfrac{5}{3} = \dfrac{3380}{3}$

問 9.6　$x+x^{-1} = 3$ の両辺を二乗して，$x^2+2+x^{-2} = 9$. したがって，$x^2+x^{-2} = 7$

問 9.7　$2^{30} = (2^3)^{10} = 8^{10}$, $3^{20} = (3^2)^{10} = 9^{10}$ より $2^{30} < 3^{20}$

問 9.8　1) $p = \log_a M$, $q = \log_a N$ とおくと，$M = a^p$, $N = a^q$
したがって，$\log_a \dfrac{M}{N} = \log_a a^{p-q} = p-q = \log_a M - \log_a N$

2) $t = \log_a M$ とおくと，$M = a^t$ なので，$M^p = (a^t)^p = a^{pt}$.
したがって，$\log_a M^p = pt = p\log_a M$

問 9.9　1) $\log_8 32 = \dfrac{\log_2 32}{\log_2 8} = \dfrac{\log_2 2^5}{\log_2 2^3} = \dfrac{5}{3}$　　2) $\log_{27} 9 = \dfrac{\log_3 9}{\log_3 27} = \dfrac{\log_3 3^2}{\log_3 3^3} = \dfrac{2}{3}$

問 9.10 $\log_{10}\dfrac{\sqrt{15}}{2}=\log_{10}\left(\dfrac{15}{4}\right)^{\frac{1}{2}}=\dfrac{1}{2}\log_{10}\dfrac{30}{8}=\dfrac{1}{2}\left(\log_{10}3+\log_{10}10-3\log_{10}2\right)=\dfrac{1}{2}(-3p+q+1)$

問 9.11 $\log_4 6=\log_4 5\log_5 6=pq$ より,

$\log_{20}30=\dfrac{\log_4 30}{\log_4 20}=\dfrac{\log_4 5+\log_4 6}{\log_4 4+\log_4 5}=\dfrac{p+pq}{p+1}$

問 9.12 1) $\log_{10}x=50\log_{10}3=50\times 0.4771=23.855$. したがって, 24 桁

2) $\log_{10}\dfrac{1}{x}=-50\log_{10}3=-50\times 0.4771=-23.855=-24+0.145$.

小数点以下第 24 位

問 9.13 $y=2x+2$ の x と y を入れ替えて,

$x=2y+2$.

これを y について解くと,

$y=\dfrac{1}{2}x-1$.

したがって, $f^{-1}(x)=\dfrac{1}{2}x-1$

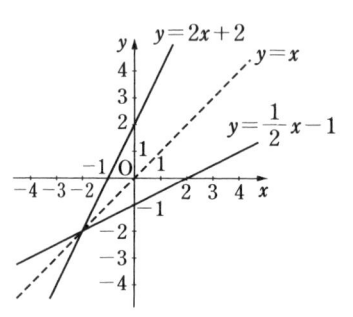

問 9.14 $y=3^{x-2}+1$ の x と y を入れ替えて,

$x=3^{y-2}+1$.

これを y について解くと,

$y=\log_3(x-1)+2$.

したがって,

$f^{-1}(x)=\log_3(x-1)+2$

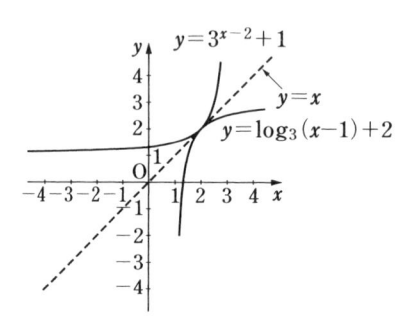

第 10 章

問 10.1 1) $\displaystyle\lim_{n\to\infty}\dfrac{3n^2+5n+2}{4n^2-3n+1}=\lim_{n\to\infty}\dfrac{3+\dfrac{5}{n}+\dfrac{2}{n^2}}{4-\dfrac{3}{n}+\dfrac{1}{n^2}}=\dfrac{3+0+0}{4-0+0}=\dfrac{3}{4}$

2) $\displaystyle\lim_{n\to\infty}\left(\sqrt{4n^2+n-2}-2\sqrt{n^2-n}\right)=\lim_{n\to\infty}\dfrac{(4n^2+n-2)-4(n^2-n)}{\sqrt{4n^2+n-2}+2\sqrt{n^2-n}}$

$=\displaystyle\lim_{n\to\infty}\dfrac{5-\dfrac{2}{n}}{\sqrt{4+\dfrac{1}{n}-\dfrac{2}{n^2}}+2\sqrt{1-\dfrac{1}{n}}}$

$=\dfrac{5-0}{2+2}=\dfrac{5}{4}$

3) $\displaystyle\lim_{n\to\infty}\dfrac{2^n-2\cdot 5^n}{5^n-4}=\lim_{n\to\infty}\dfrac{\left(\dfrac{2}{5}\right)^n-2}{1-\dfrac{4}{5^n}}=\dfrac{0-2}{1-0}=-2$

問 10.2 1) 与式 $=\displaystyle\lim_{n\to\infty}\left(1+\dfrac{3}{n}\right)^{\frac{n}{3}\cdot 3}=\left\{\lim_{m\to\infty}\left(1+\dfrac{1}{m}\right)^m\right\}^3=e^3$ ($m=\dfrac{n}{3}$ とした)

2) 与式 $=\displaystyle\lim_{n\to\infty}\left(1+\dfrac{1}{3n}\right)^{3n\cdot\frac{1}{3}}=\left\{\lim_{m\to\infty}\left(1+\dfrac{1}{m}\right)^m\right\}^{\frac{1}{3}}=e^{\frac{1}{3}}=\sqrt[3]{e}$ ($m=3n$ とした)

問 10.3　第 n 項までの和を S_n とすると，
$$S_n = \left(1-\frac{1}{2}\right)+\left(\frac{1}{2}-\frac{1}{3}\right)+\left(\frac{1}{3}-\frac{1}{4}\right)+\ldots+\left(\frac{1}{n}-\frac{1}{n+1}\right) = 1-\frac{1}{n+1}$$

したがって，$\displaystyle\lim_{n\to\infty} S_n = \lim_{n\to\infty}\left(1-\frac{1}{n+1}\right) = 1$

問 10.4　公比が $\dfrac{2}{5}$ の無限等比級数なので，与式 $=\dfrac{5}{1-\dfrac{2}{5}}=\dfrac{25}{3}$

問 10.5　1)　与式 $=\displaystyle\lim_{x\to 2}\dfrac{(x-2)^2}{(x-1)(x-2)}=\lim_{x\to 2}\dfrac{x-2}{x-1}=\dfrac{2-2}{2-1}=0$

2)　与式 $=\displaystyle\lim_{x\to 1}\dfrac{(x+3)-4}{(x-1)(\sqrt{x+3}+2)}=\lim_{x\to 1}\dfrac{1}{\sqrt{x+3}+2}=\dfrac{1}{\sqrt{4}+2}=\dfrac{1}{4}$

問 10.6　$\displaystyle\lim_{x\to 2}(x^2+ax+b)=0$ より，$4+2a+b=0$．すなわち，$b=-2a-4$

したがって，$\displaystyle\lim_{x\to 2}\dfrac{x^2+ax+b}{x-2}=\lim_{x\to 2}\dfrac{x^2+ax-2a-4}{x-2}$
$\phantom{したがって，\lim_{x\to 2}\dfrac{x^2+ax+b}{x-2}}=\displaystyle\lim_{x\to 2}\dfrac{(x-2)(x+a+2)}{x-2}$
$\phantom{したがって，\lim_{x\to 2}\dfrac{x^2+ax+b}{x-2}}=\displaystyle\lim_{x\to 2}(x+a+2)$
$\phantom{したがって，\lim_{x\to 2}\dfrac{x^2+ax+b}{x-2}}=a+4$

これが 4 となることから $a=0$，したがって，$b=-4$

問 10.7　1)　与式 $=\displaystyle\lim_{x\to\infty}\dfrac{1-\dfrac{4}{x^2}}{1-\dfrac{3}{x}+\dfrac{2}{x^2}}=\dfrac{1-0}{1-0+0}=1$

2)　与式 $=\displaystyle\lim_{x\to\infty}\dfrac{x\{(x^2+4)-x^2\}}{\sqrt{x^2+4}+x}=\lim_{x\to\infty}\dfrac{4x}{\sqrt{x^2+4}+x}=\lim_{x\to\infty}\dfrac{4}{\sqrt{1+\dfrac{4}{x^2}}+1}=\dfrac{4}{1+1}=2$

問 10.8　1)　与式 $=\displaystyle\lim_{x\to\infty}\dfrac{\left(\dfrac{1}{3}\right)}{1-\dfrac{1}{3^x}}=\dfrac{\left(\dfrac{1}{3}\right)}{1-0}=\dfrac{1}{3}$

2)　与式 $=\displaystyle\lim_{x\to\infty}\log_2\dfrac{(x^2+x)-x^2}{\sqrt{x^2+x}+x}=\lim_{x\to\infty}\log_2\dfrac{x}{\sqrt{x^2+x}+x}=\lim_{x\to\infty}\log_2\dfrac{1}{\sqrt{1+\dfrac{1}{x}}+1}$
$=\log_2\dfrac{1}{1+1}=\log_2\dfrac{1}{2}=-1$

第 11 章

問 11.1　1)　$f(1)=1-3+2=0$，$f(3)=9-9+2=2$ より，

平均変化率 $=\dfrac{f(3)-f(1)}{3-1}=\dfrac{2-0}{3-1}=1$

2)　$f(1+h)=(1+h)^2-3(1+h)+2=h^2-h$ より，

$f'(1)=\displaystyle\lim_{h\to 0}\dfrac{f(1+h)-f(1)}{h}=\lim_{h\to 0}\dfrac{h^2-h}{h}=\lim_{h\to 0}(h-1)=-1$

3)　$f(a+h)=(a+h)^2-3(a+h)+2=h^2+(2a-3)h+(a^2-3a+2)$ より，

$f'(a)=\displaystyle\lim_{h\to 0}\dfrac{f(a+h)-f(a)}{h}=\lim_{h\to 0}\dfrac{h^2+(2a-3)h}{h}=\lim_{h\to 0}\{h+(2a-3)\}=2a-3$

問 11.2　1)　$f(x+h)=(x+h)^2-3(x+h)=h^2+(2x-3)h+(x^2-3x)$ より，

$$f'(x) = \lim_{h \to 0} \frac{f(x+h) - f(x)}{h} = \lim_{h \to 0} \frac{h^2 + (2x-3)h}{h} = \lim_{h \to 0} \{h + (2x-3)\} = 2x - 3$$

2) $f'(x) = \lim_{h \to 0} \dfrac{\sqrt{x+h} - \sqrt{x}}{h} = \lim_{h \to 0} \dfrac{(x+h) - x}{h(\sqrt{x+h} + \sqrt{x})} = \lim_{h \to 0} \dfrac{1}{\sqrt{x+h} + \sqrt{x}} = \dfrac{1}{2\sqrt{x}}$

問 11.3
$$\frac{d}{dx}\left\{\frac{f(x)}{g(x)}\right\} = \lim_{h \to 0} \frac{\dfrac{f(x+h)}{g(x+h)} - \dfrac{f(x)}{g(x)}}{h}$$
$$= \lim_{h \to 0} \frac{f(x+h)g(x) - f(x)g(x+h)}{hg(x+h)g(x)}$$
$$= \lim_{h \to 0} \frac{\{f(x+h) - f(x)\}g(x) - f(x)\{g(x+h) - g(x)\}}{hg(x+h)g(x)}$$
$$= \lim_{h \to 0} \frac{1}{g(x+h)g(x)}\left\{\frac{f(x+h) - f(x)}{h} \cdot g(x) - f(x) \cdot \frac{g(x+h) - g(x)}{h}\right\}$$
$$= \frac{1}{\{g(x)\}^2}\{f'(x)g(x) - f(x)g'(x)\}$$

問 11.4 1) $f'(x) = (x^2 - x)' \cdot (2x - 1) + (x^2 - x) \cdot (2x - 1)'$
$= (2x - 1)(2x - 1) + (x^2 - x) \cdot 2$
$= 6x^2 - 6x + 1$

2) $f'(x) = \dfrac{(x+1)' \cdot x^2 - (x+1) \cdot (x^2)'}{(x^2)^2} = \dfrac{x^2 - 2x(x+1)}{x^4} = \dfrac{-x^2 - 2x}{x^4} = -\dfrac{x+2}{x^3}$

問 11.5 1) $f'(x) = 5(x^3 - 3x)^4 \cdot (x^3 - 3x)' = 15(x^3 - 3x)^4(x^2 - 1)$

2) $\dfrac{d}{dx}\left(\dfrac{x}{x^2 - 1}\right) = \dfrac{x' \cdot (x^2 - 1) - x \cdot (x^2 - 1)'}{(x^2 - 1)^2} = \dfrac{-x^2 - 1}{(x^2 - 1)^2}$ より,

$$f'(x) = 4\left(\frac{x}{x^2 - 1}\right)^3 \cdot \left(\frac{x}{x^2 - 1}\right)' = 4\left(\frac{x}{x^2 - 1}\right)^3 \cdot \frac{-x^2 - 1}{(x^2 - 1)^2} = -\frac{4x^3(x^2 + 1)}{(x^2 - 1)^5}$$

問 11.6 $\dfrac{d}{dx}\log_a x = \dfrac{d}{dx}\left(\dfrac{\log x}{\log a}\right) = \dfrac{1}{\log a} \cdot \dfrac{d}{dx}\log x = \dfrac{1}{\log a} \cdot \dfrac{1}{x} = \dfrac{1}{x \log a}$

問 11.7 1) $f'(x) = (x)' \log x + x \cdot (\log x)' = \log x + x \cdot \dfrac{1}{x} = \log x + 1$

2) $f'(x) = \dfrac{(\log x)' \cdot x - \log x \cdot (x)'}{x^2} = \dfrac{1 - \log x}{x^2}$

問 11.8 $y = \sqrt[3]{x+2}$ とおくと, $x = y^3 - 2$ より, $\dfrac{dx}{dy} = 3y^2$

したがって, $\dfrac{dy}{dx} = \dfrac{1}{3y^2} = \dfrac{1}{3\sqrt[3]{(x+2)^2}}$

問 11.9 $a^x = y$ とおくと, $x = \log_a y = \dfrac{\log y}{\log a}$ より, $\dfrac{dx}{dy} = \dfrac{1}{y \log a}$

したがって, $\dfrac{dy}{dx} = y \log a = a^x \log a$

問 11.10 1) $f'(x) = e^{3x} \cdot (3x)' = 3e^{3x}$

2) $f'(x) = (2x + 1)e^x + (x^2 + x + 1)e^x = (x^2 + 3x + 2)e^x$

3) $f'(x) = 2e^{-2x} + (2x) \cdot (-2)e^{-2x} = (2 - 4x)e^{-2x}$

問 11.11 1) $\log f(x) = 2\log(x-1) - 3\log(x+3)$ より,

$$\frac{f'(x)}{f(x)} = \frac{2}{x-1} - \frac{3}{x+3} = \frac{-x+9}{(x-1)(x+3)}$$

したがって，$f'(x) = -\dfrac{x-9}{(x-1)(x+3)}f(x) = -\dfrac{(x-9)(x-1)}{(x+3)^4}$

2) $\log f(x) = x \log x$ より，$\dfrac{f'(x)}{f(x)} = \log x + 1$

したがって，$f'(x) = (\log x + 1)f(x) = (\log x + 1)x^x$

問 11.12 1) $f(x) = \sqrt[4]{x} = x^{\frac{1}{4}}$，$f'(x) = \dfrac{1}{4}x^{-\frac{3}{4}}$ より，$f''(x) = \dfrac{1}{4}\left(-\dfrac{3}{4}\right)x^{-\frac{7}{4}} = -\dfrac{3}{16}x^{-\frac{7}{4}}$

2) $f'(x) = e^x + xe^x = (x+1)e^x$，より $f''(x) = e^x + (x+1)e^x = (x+2)e^x$

問 11.13 問 11.12 の 2) より $f^{(n)}(x) = (x+n)e^x$ … ①

＜証明＞
 i) $n = 1$ のとき
  $f'(x) = (x+1)e^x$ より，①は成立する

 ii) $n = k$ のとき①が成立すると仮定する．
  すなわち，$f^{(k)}(x) = (x+k)e^x$
  と仮定する．
  そのとき，
  $$f^{(k+1)}(x) = \dfrac{d}{dx}f^{(k)}(x) = e^x + (x+k)e^x = \{x + (k+1)\}e^x$$
  よって，$n = k+1$ のときも①は成立する．

 i)，ii) より，①はすべての自然数 n に対して成立する．

第 12 章

問 12.1 1) $f'(x) = 2x - 3$ より，$f'(2) = 4 - 3 = 1$
 したがって，接線の方程式は，$y - 0 = 1 \cdot (x - 2)$
 すなわち，$y = x - 2$

2) $f'(x) = 2x - 3 = 3$ を解いて，$x = 3$．また，$f(3) = 9 - 9 + 2 = 2$
 したがって，求める点は，$(3, 2)$

問 12.2 $f'(x) = -2x - 4$ より，
$x < -2$ のとき，$f'(x) > 0$ なので増加
$x = -2$ のとき，$f'(x) = 0$
$x > -2$ のとき，$f'(x) < 0$ なので減少
また，極大値は，$f(-2) = -4 + 8 + 1 = 5$
したがって，グラフは右のようになる．

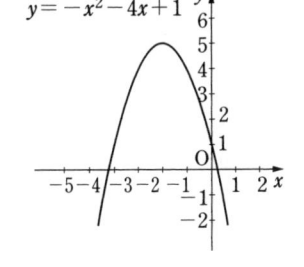

問 12.3 $f'(x) = 3x^2 - 3 = 3(x+1)(x-1)$ より，
$x = \pm 1$ のとき，$f'(x) = 0$
$x < -1, 1 < x$ のとき，$f'(x) > 0$ なので増加
$-1 < x < 1$ のとき，$f'(x) < 0$ なので減少
極大値は，$f(-1) = -1 + 3 + 2 = 4$
極小値は，$f(1) = 1 - 3 + 2 = 0$
したがって，グラフは右のようになる．

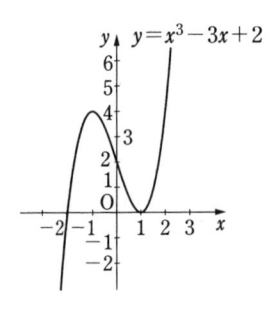

問 12.4 $f'(x) = e^{-x} + x(-e^{-x}) = (1-x)e^{-x}$ より，

$x < 1$ のとき，$f'(x) > 0$ なので増加

$x = 1$ のとき，$f'(x) = 0$

$x > 1$ のとき，$f'(x) < 0$ なので減少

極大値は，$f(1) = e^{-1} = \dfrac{1}{e}$

したがって，グラフは右のようになる．

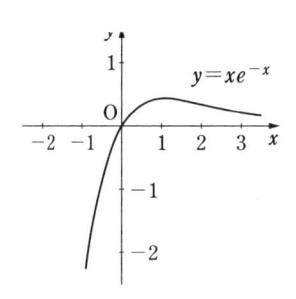

問 12.5 $f'(x) = 4x^3 - 4x = 4x(x+1)(x-1)$

$f'(x) = 0$ を解いて，$x = 0, \pm 1$

$f(-2) = 16 - 8 = 8$

$f(-1) = 1 - 2 = -1$

$f(0) = 0 - 0 = 0$

$f(1) = 1 - 2 = -1$

グラフは右の通り．

最大値 8（$x = -2$ のとき）

最小値 -1（$x = -1$, $x = 1$ のとき）

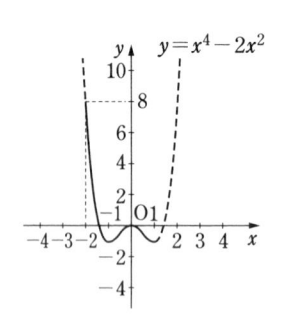

問 12.6 $f'(x) = 2xe^{-x} - (x^2-3)e^{-x} = -(x+1)(x-3)e^{-x}$

$f'(x) = 0$ を解いて，$x = -1, 3$

$f(-1) = -2e$

$f(3) = 6e^{-3}$

グラフは右の通り．

最大値 $6e^{-3}$（$x = 3$ のとき）

最小値 $-2e$（$x = -1$ のとき）

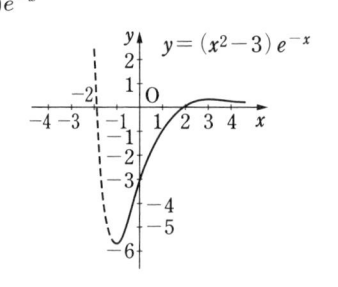

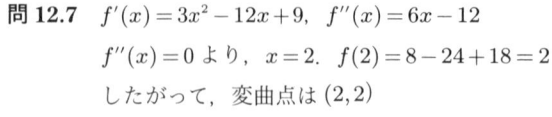

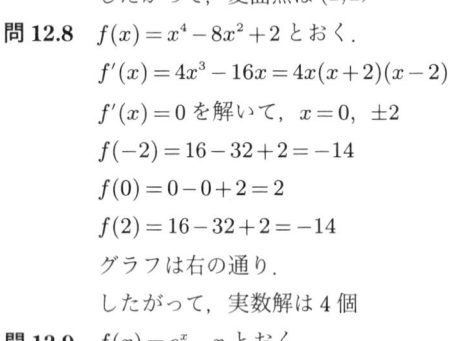

問 12.7 $f'(x) = 3x^2 - 12x + 9$, $f''(x) = 6x - 12$

$f''(x) = 0$ より，$x = 2$．$f(2) = 8 - 24 + 18 = 2$

したがって，変曲点は $(2, 2)$

問 12.8 $f(x) = x^4 - 8x^2 + 2$ とおく．

$f'(x) = 4x^3 - 16x = 4x(x+2)(x-2)$

$f'(x) = 0$ を解いて，$x = 0, \pm 2$

$f(-2) = 16 - 32 + 2 = -14$

$f(0) = 0 - 0 + 2 = 2$

$f(2) = 16 - 32 + 2 = -14$

グラフは右の通り．

したがって，実数解は 4 個

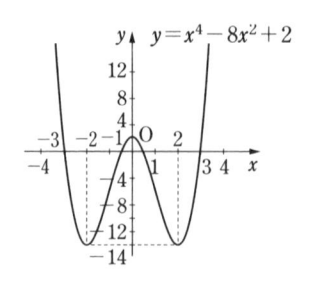

問 12.9 $f(x) = e^x - x$ とおく．

$f'(x) = e^x - 1$ なので，$x > 0$ のとき $f'(x) > 0$ すなわち $f(x)$ は増加

また，$f(0) = 1 > 0$ なので，$x > 0$ のとき $f(x) > 0$ となる．

すなわち，$x > 0$ のとき $e^x > x$

第 13 章

問 13.1 1) 　与式 $= \dfrac{1}{4}x^4 + x - 2\sqrt{x} - \log|x| + C$

2) 　与式 $= \displaystyle\int (2e^x + 3)\,dx = 2e^x + 3x + C$

問 13.2 　$t = ax + b$ とおくと, $\dfrac{dt}{dx} = a$ より, $\dfrac{dx}{dt} = \dfrac{1}{a}$

よって, $\displaystyle\int f(ax+b)dx = \int f(t) \cdot \dfrac{1}{a}dt = \dfrac{1}{a}\int f(t)dt = \dfrac{1}{a}F(t) + C = \dfrac{1}{a}F(ax+b) + C$

問 13.3 1) 　与式 $= \dfrac{1}{2} \cdot \dfrac{1}{6}(2x+5)^{5+1} + C = \dfrac{1}{12}(2x+5)^6 + C$

2) 　与式 $= \dfrac{1}{(-3)}e^{-3x+4} + C = -\dfrac{1}{3}e^{-3x+4} + C$

問 13.4 1) 　与式 $= \displaystyle\int (4x-2)(e^x)'dx$

$= (4x-2)e^x - \displaystyle\int 4e^x dx$

$= (4x-2)e^x - 4e^x + C$

$= (4x-6)e^x + C$

2) 　与式 $= \displaystyle\int \left(\dfrac{1}{2}x^2\right)' \log x\,dx$

$= \dfrac{1}{2}x^2 \log x - \displaystyle\int \left(\dfrac{1}{2}x^2\right) \cdot \dfrac{1}{x}dx$

$= \dfrac{1}{2}x^2 \log x - \dfrac{1}{2}\displaystyle\int x\,dx$

$= \dfrac{1}{2}x^2 \log x - \dfrac{1}{2}\left(\dfrac{1}{2}x^2\right) + C$

$= \dfrac{1}{2}x^2 \log x - \dfrac{1}{4}x^2 + C$

問 13.5 1) 　与式 $= \left[\dfrac{1}{4}x^4\right]_1^2 = \dfrac{1}{4}(2^4 - 1^4) = \dfrac{15}{4}$

2) 　与式 $= \left[\dfrac{1}{2}e^{2x}\right]_0^2 = \dfrac{1}{2}(e^4 - e^0) = \dfrac{1}{2}(e^4 - 1)$

問 13.6 　$f(x)$ の不定積分のひとつを $F(x)$ とすると,

$\displaystyle\int_a^c f(x)dx + \int_c^b f(x)dx = \{F(c) - F(a)\} + \{F(b) - F(c)\} = F(b) - F(a) = \int_a^b f(x)dx$

問 13.7 1) 　与式 $= [x^2 + 3x]_1^3 = (9+9) - (1+3) = 14$

2) 　与式 $= \left[\dfrac{1}{2}e^{2x} - e^x\right]_0^2 = \left(\dfrac{1}{2}e^4 - e^2\right) - \left(\dfrac{1}{2}e^0 - e^0\right) = \dfrac{1}{2}e^4 - e^2 + \dfrac{1}{2}$

問 13.8 1) 　$t = x + 2$ とおくと, $dt = dx$

また, x が $0 \sim 1$ の範囲のとき, t は $2 \sim 3$ の範囲となる.

与式 $= \displaystyle\int_2^3 \dfrac{t-2}{t^3}dt = \int_2^3 \left(\dfrac{1}{t^2} - \dfrac{2}{t^3}\right)dt = \left[-\dfrac{1}{t} + \dfrac{1}{t^2}\right]_2^3 = \left(-\dfrac{1}{3} + \dfrac{1}{9}\right) - \left(-\dfrac{1}{2} + \dfrac{1}{4}\right) = \dfrac{1}{36}$

2) 　$t = -x + 1$ とおくと, $dt = -dx$

また, x が $0 \sim \log 2$ の範囲のとき, t は $1 \sim 1 - \log 2$ の範囲となる.

与式 $= \displaystyle\int_1^{1-\log 2} e^t(-dt) = -[e^t]_1^{1-\log 2} = -(e^{1-\log 2} - e^1)$

ここで, $X = e^{1-\log 2}$ とすると, $\log X = 1 - \log 2 = \log \dfrac{e}{2}$ より, $X = \dfrac{e}{2}$

したがって, 与式 $= -\left(\dfrac{e}{2} - e\right) = \dfrac{e}{2}$

問 13.9 1) 与式 $= \int_0^1 x^2 (e^x)' dx$

$= [x^2 e^x]_0^1 - \int_0^1 2x e^x dx$

$= (e - 0) - 2\int_0^1 x(e^x)' dx$

$= e - 2\left\{ [xe^x]_0^1 - \int_0^1 e^x dx \right\}$

$= e - 2\{(e - 0) - [e^x]_0^1\}$

$= e - 2\{e - (e - 1)\}$

$= e - 2$

2) 与式 $= \int_1^e \left(\frac{1}{2}x^2\right)' \log x \, dx$

$= \left[\frac{1}{2}x^2 \log x\right]_1^e - \int_1^e \left(\frac{1}{2}x^2\right) \cdot \frac{1}{x} dx$

$= \left(\frac{1}{2}e^2 - 0\right) - \frac{1}{2}\int_1^e x \, dx$

$= \frac{1}{2}e^2 - \frac{1}{2}\left[\frac{1}{2}x^2\right]_1^e$

$= \frac{1}{2}e^2 - \frac{1}{2}\left(\frac{1}{2}e^2 - \frac{1}{2}\right)$

$= \frac{1}{4}e^2 + \frac{1}{4}$

問 13.10 $1 \leqq x \leqq 2$ で $f(x) \leqq 0$, $2 \leqq x \leqq 3$ で $f(x) \geqq 0$ なので

面積 $= \int_1^3 |x^2 - 2x| dx$

$= \int_1^2 (-x^2 + 2x) dx + \int_2^3 (x^2 - 2x) dx$

$= \left[-\frac{1}{3}x^3 + x^2\right]_1^2 + \left[\frac{1}{3}x^3 - x^2\right]_2^3$

$= \left(-\frac{8}{3} + 4\right) - \left(-\frac{1}{3} + 1\right) + (9 - 9) - \left(\frac{8}{3} - 4\right)$

$= 2$

問 13.11 2つの曲線の交点の x 座標は

方程式 $-x^2 + 2x + 3 = x^2 - 1$ の解である．

これを解いて，$x = -1, 2$

また，$-1 \leqq x \leqq 2$ の範囲では，

$-x^2 + 2x + 3 \geqq x^2 - 1$ （右図参照）

したがって，

面積 $= \int_{-1}^2 \{(-x^2 + 2x + 3) - (x^2 - 1)\} dx$

$= \int_{-1}^2 (-2x^2 + 2x + 4) dx$

$= \left[-\frac{2}{3}x^3 + x^2 + 4x\right]_{-1}^2$

$= \left(-\frac{16}{3} + 4 + 8\right) - \left(\frac{2}{3} + 1 - 4\right)$

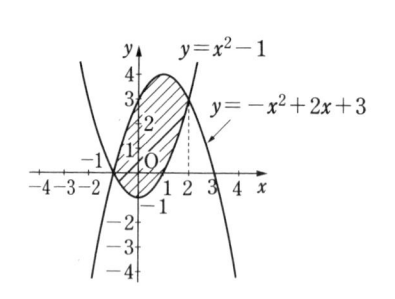

$= 9$

問 13.12 1) 与式 $= \sqrt{2x + 1}$ 2) 与式 $= \sqrt{x^2 + 1} - \sqrt{x^2 + 1} \cdot (-1) = 2\sqrt{x^2 + 1}$

補講

問 1

階級（秒）以上～未満	度数（人）	相対度数
10.0～10.5	1	0.03
10.5～11.0	8	0.21
11.0～11.5	11	0.29
11.5～12.0	16	0.42
12.0～12.5	2	0.05
合計	38	1

問 2
$\bar{x} = \dfrac{1}{38}(10.25 \times 1 + 10.75 \times 8 + 11.25 \times 11 + 11.75 \times 16 + 12.25 \times 2)$

$= \dfrac{432.5}{38}$

$\fallingdotseq 11.38 (秒)$

問 3 メジアン ： 11.25 秒
モード ： 11.75 秒

問 4 分散 $= s^2 = \dfrac{1}{5}\{(55-50)^2 + (45-50)^2 + (55-50)^2 + (45-50)^2 + (50-50)^2\}$

$= \dfrac{100}{5}$

$= 20$

標準偏差 $= s = \sqrt{20} = 4.472\cdots \fallingdotseq 4.47$

問 5 英語の平均点は $\bar{x} = \dfrac{35+70+80+45+65}{5} = 59$, 数学の平均点は $\bar{y} = \dfrac{85+40+25+50+55}{5} = 51$ である.

学生	x_k	y_k	$x_k - \bar{x}$	$y_k - \bar{y}$	$(x_k - \bar{x})^2$	$(y_k - \bar{y})^2$	$(x_k - \bar{x})(y_k - \bar{y})$
1	35	85	-24	34	576	1156	-816
2	70	40	11	-11	121	121	-121
3	80	25	21	-26	441	676	-546
4	45	50	-14	-1	196	1	14
5	65	55	6	4	36	16	24
合計	295	255	0	0	1370	1970	-1445

上の表より, 英語の標準偏差は $s_x = \sqrt{\dfrac{1370}{5}} \fallingdotseq 16.5$ であり, 数学の標準偏差は $s_y = \sqrt{\dfrac{1970}{5}} \fallingdotseq 19.8$ である. また, 両者の共分散は $s_{xy} = \dfrac{-1445}{5} = -289$.

したがって, 相関係数は $r = \dfrac{s_{xy}}{s_x s_y} = \dfrac{-289}{16.5 \times 19.8} \fallingdotseq -0.88$ である.

<<< まとめの解答 >>>

第1章
a) 自然数　b) 有理数　c) 循環小数　d) 無理数　e) 倍数　f) 約数
g) 素数　h) 互いに素　i) 既約分数　j) 通分　k) 逆数　l) 分配法則

第2章
a) 文字式　b) 代入　c) 項　d) 次数　e) 1次式　f) 係数
g) 定数項　h) a^{m+n}　i) 同類項　j) 整式　k) 展開
l) $a^2 + 2ab + b^2$

第3章
a) 因数分解　b) 因数　c) たすきがけ　d) 因数定理　e) 4　f) x
g) $x(x+1)(x+2)$　h) 分数式　i) 約分　j) 既約分数式　k) 通分

第4章
a) 方程式　b) 未知数　c) 移項　d) 平方根　e) 有理化　f) 重解
g) 判別式

第5章
a) 関数　b) $(0,0)$　c) 比例　d) 比例定数　e) 傾き　f) 切片
g) 放物線　h) 頂点　i) 軸　j) 接する

第6章
a) 不等式　b) 1次不等式　c) 連立方程式　d) 絶対値　e) 4

第7章
a) 部分集合　b) 空集合　c) 共通部分　d) 互いに素　e) 合併集合　f) ϕ
g) $\overline{A} \cup \overline{B}$

第8章
a) 数列　b) 等差数列　c) 公差　d) 等比数列　e) 公比　f) 級数
g) 階差数列

第9章
a) 指数　b) 底　c) 平方根　d) 立方根　e) 1　f) $\log_a x$
g) 対数　h) 真数　i) 0　j) 常用対数

第10章
a) 収束　b) 極限（値）　c) 発散　d) e　e) 無限級数
f) 無限等比級数　g) 2

第 11 章

a) 平均変化率　b) 微分係数　c) 導関数　d) 微分
e) $f'(x)g(x)+f(x)g'(x)$　f) 自然対数　g) 対数微分法　h) px^{p-1}
i) $6x$

第 12 章

a) 区間　b) 増加　c) 極大　d) 極大値　e) 増減表　f) 変曲点

第 13 章

a) 不定積分　b) 置換積分　c) 部分積分　d) 定積分

補講

a) 折れ線グラフ　b) 階級値　c) 変量　d) 相対度数　e) メジアン
f) 標準偏差　g) 相関係数　h) 1

<<<　復習問題の解答　>>>

第 1 章

[1] 80点　$(=73-(-7))$

[2] 1) $\dfrac{9}{8}=1.125$　2) $\dfrac{11}{9}=1.222\cdots=1.\dot{2}$

[3] 1) $0.\dot{6}=\dfrac{6}{10-1}=\dfrac{6}{9}=\dfrac{2}{3}$　2) $0.\dot{1}\dot{5}=\dfrac{15}{100-1}=\dfrac{15}{99}=\dfrac{5}{33}$

[4] 1) $99=3^2\times 11$　2) $256=2^8$

[5] 1) $42=2\times 3\times 7,\ 105=3\times 5\times 7$ より
　　　最大公約数 $=3\times 7=21$, 最小公倍数 $=2\times 3\times 5\times 7=210$
　　1) $90=2\times 3^2\times 5,\ 150=2\times 3\times 5^2$ より
　　　最大公約数 $=2\times 3\times 5=30$, 最小公倍数 $=2\times 3^2\times 5^2=450$

[6] 1) $\dfrac{90}{150}=\dfrac{30\times 3}{30\times 5}=\dfrac{3}{5}$　2) $\dfrac{105}{42}=\dfrac{21\times 5}{21\times 2}=\dfrac{5}{2}$

[7] 1) $\dfrac{35}{24}+\dfrac{17}{36}=\dfrac{105}{72}+\dfrac{34}{72}=\dfrac{139}{72}$　2) $\dfrac{19}{14}-\dfrac{2}{21}=\dfrac{57}{42}-\dfrac{4}{42}=\dfrac{53}{42}$

　　3) $\dfrac{49}{12}\times\dfrac{18}{35}=\dfrac{7}{2}\times\dfrac{3}{5}=\dfrac{21}{10}$　4) $\dfrac{121}{100}\div\dfrac{11}{20}=\dfrac{121}{100}\times\dfrac{20}{11}=\dfrac{11}{5}$

[8] 与式 $=(32+51-73)\times 47=10\times 47=470$

[9] 1) 27.7　2) 59.69　3) 0.135　4) 486

[10] 1) 0.352　2) 1.23

第 2 章

[1] 1) 与式 $=\dfrac{5}{3}$　2) 与式 $=\dfrac{9}{25}-\dfrac{1}{4}=\dfrac{36-25}{100}=\dfrac{11}{100}$

[2] 1) $5x-1$　2) 与式 $=\left(\dfrac{2}{7}-\dfrac{1}{5}\right)y-\left(\dfrac{1}{4}-\dfrac{1}{3}\right)=\dfrac{10-7}{35}y-\dfrac{3-4}{12}=\dfrac{3}{35}y+\dfrac{1}{12}$

3)　与式 $=\left(\dfrac{5}{3}+\dfrac{3}{4}\right)a+\left(\dfrac{2}{3}-\dfrac{9}{2}\right)b=\dfrac{20+9}{12}a+\dfrac{4-27}{6}b=\dfrac{29}{12}a-\dfrac{23}{6}b$

4)　$-2t^2-26t+15$

[3]　1)　$\dfrac{8}{15}x^3y^2+\dfrac{1}{6}x^2y^5$　　2)　$9t^2-6t+1$　　3)　$4a^2-1$

4)　y^2+y-12　　5)　$10x^2+19x-15$　　6)　x^4+x^2+1

第 3 章

[1]　1)　$2xy(3x^2-2y)$　　2)　$(t+5)^2$　　3)　$(5a+1)(5a-1)$

4)　$(a-2b)(a-5b)$　　5)　与式 $=\{(x-1)+2\}\{(x-1)-7\}=(x+1)(x-8)$

6)　$(3y+2)(y+2)$

[2]　1)　商 $\cdots$ x^2+1, 余り $\cdots$ 0

2)　商 $\cdots$ x^3+x^2+x+1, 余り $\cdots$ 1

[3]　1)　$P(x)=(x-2)^2$, $Q(x)=(x-2)(x-3)$ より

最大公約数 $\cdots$ $x-2$, 最小公倍数 $\cdots$ $(x-2)^2(x-3)$

2)　$P(x)=x(x-1)$, $Q(x)=(x-1)(x^2+x+1)$ より

最大公約数 $\cdots$ $x-1$, 最小公倍数 $\cdots$ $x(x-1)(x^2+x+1)$

[4]　1)　与式 $=\dfrac{(x-1)(x-4)}{(x-2)(x-3)}\times\dfrac{x-2}{x-4}=\dfrac{x-1}{x-3}$

2)　与式 $=\dfrac{a(a-2)}{a(a-1)}\times\dfrac{(a-1)(a-4)}{(a-2)(a-5)}=\dfrac{a-4}{a-5}$

3)　与式 $=\dfrac{1}{t(t-1)}-\dfrac{1}{t(t+1)}=\dfrac{(t+1)-(t-1)}{t(t-1)(t+1)}=\dfrac{2}{t(t-1)(t+1)}$

第 4 章

[1]　1)　$5x=15$　　2)　$4t=8$　　3)　$3a=7$

　　　$x=3$　　　　　$t=2$　　　　　$a=\dfrac{7}{3}$

4)　$4x-3=2x+1$　　5)　$x-16=12(x+0.5)$

　　$2x=4$　　　　　　　　$-11x=6+16$

　　$x=2$　　　　　　　　　$x=-2$

[2]　1)　①×3+② より, $14x=28$. したがって, $x=2$

これを①に代入して, $y=3$

2)　①+② より, $2x=\dfrac{3}{2}+\dfrac{2}{3}=\dfrac{9+4}{6}=\dfrac{13}{6}$. したがって, $x=\dfrac{13}{12}$

これを①に代入して, $y=\dfrac{3}{2}-\dfrac{13}{12}=\dfrac{18-13}{12}=\dfrac{5}{12}$

3)　①×6−②×5 より, $y=0$. これを①に代入して, $x=2$

[3]　1)　与式 $=\left(\sqrt{2}\right)^2+2\sqrt{2}\times\sqrt{3}+\left(\sqrt{3}\right)^2=2+2\sqrt{6}+3=5+2\sqrt{6}$

2)　与式 $=\dfrac{\sqrt{3}+\sqrt{2}}{\left(\sqrt{3}-\sqrt{2}\right)\left(\sqrt{3}+\sqrt{2}\right)}=\dfrac{\sqrt{3}+\sqrt{2}}{3-2}=\sqrt{3}+\sqrt{2}$

[4]　1)　$x(x-3)=0$ より, $x=0, 3$

2)　$(x+4)(x-4)=0$ より, $x=\pm 4$

3) $(x+1)(x-4) = 0$ より，$x = -1, 4$

4) $(2x+3)(x-3) = 0$ より，$x = -\dfrac{3}{2}, 3$

5) 解の公式より，$x = \dfrac{1 \pm \sqrt{1-4 \cdot 1 \cdot (-1)}}{2} = \dfrac{1 \pm \sqrt{5}}{2}$

第 5 章

[1] 1) $f(1) = 1 - 3 = -2$ 2) $f(-3) = -27 + 9 = -18$

[2] $f(x) = 3x^2 - 2x$ とおく．

1) $f(-2) = 12 + 4 = 16,\ y = 6$
    $y \neq f(-2)$ なので，グラフ上の点ではない．

2) $f(3) = 27 - 6 = 21,\ y = 21$
    $y = f(3)$ なので，グラフ上の点である．

[3] 1) y の変化量 $= 4 \times (5-2) = 12$ 2) y の変化量 $= (-3) \times (5-2) = -9$

[4] 1) $y = 2x - 5$ において，
    $y = 0$ とすると，$x = \dfrac{5}{2}$．また，$x = 0$ とすると，$y = -5$．
    したがって，求める交点の座標は，$\left(\dfrac{5}{2}, 0\right),\ (0, -5)$

2) $y = -4x + 2$ において，
    $y = 0$ とすると，$x = \dfrac{1}{2}$．また，$x = 0$ とすると，$y = 2$．
    したがって，求める交点の座標は，$\left(\dfrac{1}{2}, 0\right),\ (0, 2)$

[5] 1) $y = 2(x-2)^2 + 3 = 2x^2 - 8x + 11$

2) $y = -(x-2)^2 + 3 = -x^2 + 4x - 1$

[6] 1) $y = x^2 - 3x + 2 = \left(x - \dfrac{3}{2}\right)^2 - \dfrac{1}{4}$ となるので，
    軸の方程式は $x = \dfrac{3}{2}$，頂点の座標は $\left(\dfrac{3}{2}, -\dfrac{1}{4}\right)$

2) $y = -2x^2 - 10x + 1 = -2\left(x + \dfrac{5}{2}\right)^2 + \dfrac{27}{2}$ となるので，
    軸の方程式は $x = -\dfrac{5}{2}$，頂点の座標は $\left(-\dfrac{5}{2}, \dfrac{27}{2}\right)$

[7] 1) 判別式 $D = (-2)^2 - 4 \cdot 1 \cdot 0 = 4 > 0$ より，共有点は 2 個．

2) 判別式 $D = 0^2 - 4 \cdot (-1) \cdot (-4) = -16 < 0$ より，共有点は 0 個．

第 6 章

[1] 1) $x < 3$ 2) $2 \leqq x \leqq 5$

[2] 1) 4, 5   2) 2, 3

[3] 1) $f(-1) = -2 - 1 = -3,\ f(2) = 4 - 1 = 3$ より，$-3 < f(x) < 3$

2) $f(x) = -(x^2 - 2x) + 1 = -(x-1)^2 + 2$ であり，
    $f(-1) = -2,\ f(1) = 2,\ f(2) = 1$ なので，$-2 < f(x) \leqq 2$

1) $y=2x-1$ 2) $y=-x^2+2x+1$

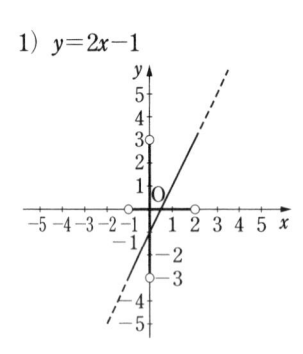

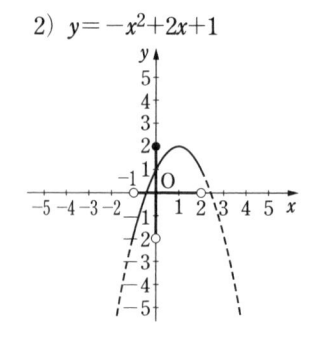

[4] 1) $3x<15$ より $x<5$

2) $x-5<10$ より $x<15$, $10\leqq 2x+2$ より $4\leqq x$
    したがって，$4\leqq x<15$

3) $(2x-1)(x-1)\leqq 0$ より $\dfrac{1}{2}\leqq x\leqq 1$

4) $(x-2)(x+1)>0$ より $x<-1$, $2<x$

[5] 1) $3\sqrt{2}<5$ より 与式 $=5-3\sqrt{2}$ 2) $2\pi>4$ より 与式 $=2\pi-4$

第7章

[1] 1) 成り立つ   2) 成り立たない
[2] 1) $\{-3,-2,-1,0,1,2\}$ 2) $\{1,2\}$
[3] 1) $\{3,4,5\}$ 2) $\{x\mid 1\leqq x<4\}$
[4] 1) $\{3,4\}$ 2) $\{2,3,4,5,6,7\}$
    3) $\{1,2,8,9,10\}$ 4) $\{1,2,5,6,7,8,9,10\}$
[5] 1) $\{x\mid 3\leqq x<4\}$ 2) $\{x\mid 1<x\leqq 7\}$
    3) $\{x\mid 1<x<3\}$ 4) $\{x\mid 0\leqq x<3, 4\leqq x\leqq 10\}$

第8章

[1] 1) $a_5=-50+20=-30$

2) $a_{n+1}=-2(n+1)^2+4(n+1)=-2(n^2+2n+1)+4n+4=-2n^2+2$

[2] 初項を a，公差を d とすると，
    第3項が10より，$a+2d=10$,
    第5項が6より，$a+4d=6$
    これを解いて，$a=14$, $d=-2$
    したがって，$a_n=14-2(n-1)=-2n+16$

[3] 初項を a，公比を r とすると，
    第2項が192より，$ar=192$,
    第5項が24より，$ar^4=24$
    これを解いて，$a=384$, $r=\dfrac{1}{2}$
    したがって，$a_n=384\left(\dfrac{1}{2}\right)^{n-1}$

[4] 1) $\displaystyle\sum_{k=1}^{n}4=4n$ 2) $\displaystyle\sum_{k=1}^{n}(2k+1)=2\cdot\dfrac{1}{2}n(n+1)+n=n^2+2n$

3) $\sum_{k=1}^{n}(k^2+k) = \frac{1}{6}n(n+1)(2n+1) + \frac{1}{2}n(n+1) = \frac{1}{6}n(n+1)\{(2n+1)+3\}$
$= \frac{1}{6}n(n+1)(2n+4) = \frac{1}{3}n(n+1)(n+2)$

4) $x=1$ のとき，与式 $=n$

$x \neq 1$ のとき，与式 $= \dfrac{x(x^n-1)}{x-1}$

[5] 1) $a_1=2,\ a_2=3\times 2-1=5,\ a_3=3\times 5-1=14,\ a_4=3\times 14-1=41,$
$a_5=3\times 41-1=122$

2) $a_1=1,\ a_2=2\times 1+1=3,\ a_3=2\times 3+1=7,\ a_4=2\times 7+1=15,$
$a_5=2\times 15+1=31$

第 9 章

[1] 1) 与式 $= a^{\frac{5}{7}+\frac{1}{3}} = a^{\frac{22}{21}}$ 2) 与式 $= a^{\frac{1}{2}+\frac{4}{3}-\frac{2}{5}} = a^{\frac{15+40-12}{30}} = a^{\frac{43}{30}}$

[2] 1) $81^{\frac{1}{4}} = (3^4)^{\frac{1}{4}} = 3^{4\times \frac{1}{4}} = 3^1 = 3$

2) $\left(\dfrac{64}{125}\right)^{-\frac{2}{3}} = \left(\dfrac{5^3}{2^6}\right)^{\frac{2}{3}} = \left(\dfrac{5}{4}\right)^{3\times \frac{2}{3}} = \left(\dfrac{5}{4}\right)^2 = \dfrac{25}{16}$

[3] 1) $7^{2x} = (7^x)^2 = 9^2 = 81$ 2) $7^{-x+1} = \dfrac{7}{7^x} = \dfrac{7}{9}$

[4] $2^{20} = (2^2)^{10} = 4^{10} > 3^{10}$

[5] 1) $\log_9 81 = \log_9 9^2 = 2\log_9 9 = 2$

2) $\log_{64} 16 = \dfrac{\log_2 16}{\log_2 64} = \dfrac{\log_2 2^4}{\log_2 2^6} = \dfrac{4\log_2 2}{6\log_2 2} = \dfrac{4}{6} = \dfrac{2}{3}$

[6] $\log_2 5 = (\log_2 3)(\log_3 5) = pq$ より

$\log_{15} 90 = \dfrac{\log_2 90}{\log_2 15} = \dfrac{\log_2(2\times 3^2\times 5)}{\log_2(3\times 5)} = \dfrac{\log_2 2+2\log_2 3+\log_2 5}{\log_2 3+\log_2 5} = \dfrac{1+2p+pq}{p+pq}$

[7] $\log_{10} 2^{32} = 32\log_{10} 2 = 32\times 0.301 = 9.632$

したがって，10 桁

第 10 章

[1] 1) 与式 $= \lim_{n\to\infty} \dfrac{6+\dfrac{1}{n^2}}{3-\dfrac{4}{n}} = \dfrac{6}{3} = 2$

2) 与式 $= \lim_{n\to\infty} \dfrac{(n^2+n)-(n^2-n)}{\sqrt{n^2+n}+\sqrt{n^2-n}} = \lim_{n\to\infty} \dfrac{2}{\sqrt{1+\dfrac{2}{n}}+\sqrt{1-\dfrac{1}{n}}} = \dfrac{2}{1+1} = 1$

3) 与式 $= \lim_{n\to\infty} \dfrac{\left(\dfrac{2}{3}\right)^n-1}{1+\left(\dfrac{2}{3}\right)^n} = \dfrac{0-1}{1+0} = -1$

4) 与式 $= \lim_{n\to\infty} \dfrac{(4n^2+3n-4)-4n^2}{\sqrt{4n^2+3n-4}+2n} = \lim_{n\to\infty} \dfrac{3-\dfrac{4}{n}}{\sqrt{4+\dfrac{3}{n}-\dfrac{4}{n^2}}+2} = \dfrac{3-0}{2+2} = \dfrac{3}{4}$

5) 与式 $= \lim_{n\to\infty} \left(1+\dfrac{a}{n}\right)^{\frac{n}{a}\cdot a} = \left\{\lim_{m\to\infty}\left(1+\dfrac{1}{m}\right)^m\right\}^a = e^a$ $\left(m=\dfrac{n}{a}\ \text{とした}\right)$

[2]　$r=\dfrac{2}{3}$ なので 与式 $=\dfrac{6}{1-\dfrac{2}{3}}=6\times 3=18$

[3]　1)　与式 $=\displaystyle\lim_{x\to 3}\dfrac{x(x-3)}{(x-1)(x-3)}=\lim_{x\to 3}\dfrac{x}{x-1}=\dfrac{3}{3-1}=\dfrac{3}{2}$

　　2)　与式 $=\displaystyle\lim_{x\to 2}\dfrac{x-2}{(x-2)(\sqrt{x}+\sqrt{2})}=\lim_{x\to 2}\dfrac{1}{\sqrt{x}+\sqrt{2}}=\dfrac{1}{\sqrt{2}+\sqrt{2}}=\dfrac{1}{2\sqrt{2}}=\dfrac{\sqrt{2}}{4}$

　　3)　与式 $=\displaystyle\lim_{x\to\infty}\dfrac{2-\dfrac{1}{x}}{\sqrt{1+\dfrac{1}{x}-\dfrac{1}{x^2}}+\dfrac{1}{x}}=\dfrac{2-0}{1+0}=2$

　　4)　与式 $=\displaystyle\lim_{x\to\infty}\log_3\left\{\dfrac{1}{3+\left(\dfrac{2}{3}\right)^x}\right\}=\log_3\left(\dfrac{1}{3+0}\right)=\log_3\dfrac{1}{3}=\log_3 3^{-1}=-1$

第 11 章

[1]　1)　$f(1)=2-3=-1$, $f(3)=18-9=9$ より,

　　　　平均変化率 $C=\dfrac{f(3)-f(1)}{3-1}=\dfrac{9-(-1)}{3-1}=5$

　　2)　$f'(a)=4a-3=5$ より, $a=2$

[2]　1)　$f(x+h)=(x+h)^2+2(x+h)=h^2+(2x+2)h+(x^2+2x)$ より,

　　　　$f'(x)=\displaystyle\lim_{h\to 0}\dfrac{f(x+h)-f(x)}{h}=\lim_{h\to 0}\dfrac{h^2+(2x+2)h}{h}=\lim_{h\to 0}\{h+(2x+2)\}=2x+2$

　　2)　$f'(x)=\displaystyle\lim_{h\to 0}\dfrac{\dfrac{1}{x+h+1}-\dfrac{1}{x+1}}{h}=\lim_{h\to 0}\dfrac{(x+1)-(x+h+1)}{h(x+h+1)(x+1)}=\lim_{h\to 0}\dfrac{-1}{(x+h+1)(x+1)}$

　　　　$=-\dfrac{1}{(x+1)^2}$

[3]　1)　$f'(x)=2\cdot 5x^{5-1}=10x^4$

　　2)　$f'(x)=(2x+1)(x^2-x-1)+(x^2+x+1)(2x-1)$

　　3)　$f'(x)=4\cdot 5(4x+1)^{5-1}=20(4x+1)^4$

　　4)　$f'(x)=\dfrac{1}{2x+1}\cdot(2x+1)'=\dfrac{2}{2x+1}$

　　5)　$f'(x)=\dfrac{1}{x+\sqrt{x}}\cdot(x+\sqrt{x})'=\dfrac{1}{x+\sqrt{x}}\cdot\left(1+\dfrac{1}{2\sqrt{x}}\right)=\dfrac{2\sqrt{x}+1}{2\sqrt{x}(x+\sqrt{x})}$

　　6)　$f'(x)=e^{\sqrt{x}}\cdot(\sqrt{x})'=e^{\sqrt{x}}\left(\dfrac{1}{2\sqrt{x}}\right)=\dfrac{e^{\sqrt{x}}}{2\sqrt{x}}$

　　7)　$f'(x)=\dfrac{e^x-e^{-x}}{2}$

　　8)　$f'(x)=\dfrac{(e^x+e^{-x})^2-(e^x-e^{-x})^2}{(e^x+e^{-x})^2}=\dfrac{4}{(e^x+e^{-x})^2}$

第 12 章

[1]　1)　$f'(x)=3x^2-2$ より, $f'(0)=0-2=-2$

　　　　したがって, 接線の方程式は, $y-2=-2\cdot(x-0)$

　　　　すなわち, $y=-2x+2$

2) 接点の座標を $(a, f(a))$ とする.
$f(a) = a^3 - 2a + 2$, $f'(a) = 3a^2 - 2$ であるから,
接線の方程式は, $y - (a^3 - 2a + 2) = (3a^2 - 2)(x - a)$
これが原点 $(0,0)$ を通るので,
$0 - (a^3 - 2a + 2) = (3a^2 - 2)(0 - a)$
これを解いて, $a = 1$
$f(1) = 1 - 2 + 2 = 1$, $f'(1) = 3 - 2 = 1$ より,
接線の方程式は $y - 1 = 1 \cdot (x - 1)$, すなわち, $y = x$
また, 接点は $(1, 1)$

[2] 1) $f'(x) = 3x^2 - 8x + 4 = (3x - 2)(x - 2) = 0$ より $x = \dfrac{2}{3}, 2$

$f\left(\dfrac{2}{3}\right) = \dfrac{8}{27} - \dfrac{16}{9} + \dfrac{8}{3} = \dfrac{32}{27}$, $f(2) = 8 - 16 + 8 = 0$

したがって, 極大値は $\dfrac{32}{37}$ ($x = \dfrac{2}{3}$ のとき), 極小値は 0 ($x = 2$ のとき)

2) $f'(x) = -3x^2 - 12x = -3x(x + 4) = 0$ より $x = -4, 0$
$f(-4) = 64 - 96 + 2 = -30$, $f(0) = 2$
したがって, 極大値は 2 ($x = 0$ のとき), 極小値は -30 ($x = -4$ のとき)

1) $y = x^3 - 4x^2 + 4x$ 2) $y = -x^3 - 6x^2 + 2$

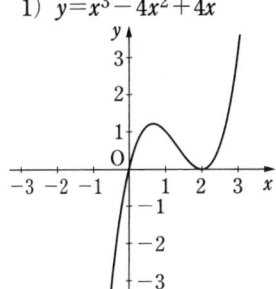

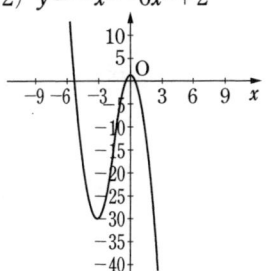

[3] $f'(x) = 3x^2 - 12x = 3x(x - 4)$ より $x = 0, 4$
$f(-1) = -1 - 6 = -7$
$f(0) = 0$
$f(4) = 64 - 96 = -32$
$f(5) = 125 - 150 = -25$
以上から, 最大値は 0 ($x = 0$ のとき), 最小値は -32 ($x = 4$ のとき)

[4] 1) $f'(x) = 3x^2 - 4$, $f''(x) = 6x = 0$ より, $x = 0$. また, $f(0) = 0$
したがって, 変曲点は $(0, 0)$

2) $f'(x) = -3x^2 + 12x$, $f''(x) = -6x + 12 = 0$ より, $x = 2$.
また, $f(2) = -8 + 24 = 16$
したがって, 変曲点は $(2, 16)$

第 13 章

[1] 1) $\displaystyle\int \left(x^2 + x + 1 + \dfrac{1}{\sqrt{x}}\right) dx = \dfrac{1}{3}x^3 + \dfrac{1}{2}x^2 + x + 2\sqrt{x} + C$

2) $\displaystyle\int\left(e^x+\frac{1}{x}\right)dx=e^x+\log|x|+C$

3) $\displaystyle\int(2x+3)^5\,dx=\frac{1}{2}\cdot\frac{1}{6}(2x+3)^6+C=\frac{1}{12}(2x+3)^6+C$

4) $\displaystyle\int(3x+2)e^{2x}dx=\frac{1}{2}(3x+2)e^{2x}-\frac{3}{2}\int e^{2x}dx=\frac{1}{2}(3x+2)e^{2x}-\frac{3}{4}e^{2x}+C$
$\displaystyle\qquad\qquad\qquad\qquad =\left(\frac{3}{2}x+\frac{1}{4}\right)e^{2x}+C$

[2] 1) $\displaystyle\int_0^2(x^3+x^2)dx=\left[\frac{1}{4}x^4+\frac{1}{3}x^3\right]_0^2=\left(4+\frac{8}{3}\right)-(0+0)=\frac{20}{3}$

2) $\displaystyle\int_0^1 e^{3x}dx=\left[\frac{1}{3}e^{3x}\right]_0^1=\frac{1}{3}e^3-\frac{1}{3}$

3) $\displaystyle\int_0^2 xe^{-x}dx=[-xe^{-x}]_0^2+\int_0^2 e^{-x}dx=-2e^{-2}+[-e^{-x}]_0^2=-2e^{-2}+(-e^{-2}+1)=1-3e^{-2}$

[3] $f(x)=-x^2+2x=-x(x-2)=0$ より，$x=0,\ 2$
したがって，求める面積は
面積 $\displaystyle=\int_0^2(-x^2+2x)\,dx=\left[-\frac{1}{3}x^3+x^2\right]_0^2=\left(-\frac{8}{3}+4\right)-(0+0)=\frac{4}{3}$

<<< 発展問題の解答 >>>

第1章

【1】 1) 与式 $=\dfrac{3}{6}+\dfrac{2}{6}=\dfrac{5}{6}$　よって，逆数は $\dfrac{6}{5}$

2) 与式 $=2+\dfrac{1}{\left(\dfrac{5}{2}\right)}=2+\dfrac{2}{5}=\dfrac{12}{5}$　よって，逆数は $\dfrac{5}{12}$

【2】 1) 与式 $=\dfrac{1}{6}\times\left(\dfrac{1}{5}+\dfrac{2}{3}\times\dfrac{1}{2}\right)=\dfrac{1}{6}\times\left(\dfrac{1}{5}+\dfrac{1}{3}\right)=\dfrac{1}{6}\times\dfrac{8}{15}=\dfrac{4}{45}$

2) 与式 $=\left(\dfrac{9}{5}\times\dfrac{3}{5}-\dfrac{11}{10}\times\dfrac{5}{22}\right)\div\dfrac{5}{2}=\left(\dfrac{27}{25}-\dfrac{1}{4}\right)\times\dfrac{2}{5}=\dfrac{108-25}{100}\times\dfrac{2}{5}=\dfrac{83}{250}$

【3】 400万円 $\times(1-0.73-0.22)=400$ 万円 $\times 0.05=20$ 万円

【4】 購入金額 $=8000\times 15=120000$ 円，売上金額 $=(8000\times 1.13\times 0.9)\times 5=40680$ 円
売上金額 $-$ 購入金額 $=40680-120000=-79320$ 円
よって，損失は 79320 円

【5】 $\dfrac{6\text{km}}{48\,分}=\dfrac{6000\text{m}}{48\,分}=125\text{m}/分$，
また，$\dfrac{125\text{m}}{1\,分}=\dfrac{125\times 60\text{m}}{60\,分}=\dfrac{7500\text{m}}{1\,時間}=\dfrac{7.5\text{km}}{1\,時間}=7.5\text{km}/時間$

第2章

【1】 連続する奇数は $2n+1,\ 2n-1$（ただし，n は整数）とおくことができる．そのとき，
$(2n+1)^2-(2n-1)^2=(4n^2+4n+1)-(4n^2-4n+1)=8n$ であるから，8の倍数となる．

【2】1) 与式 $= \dfrac{9x+3y}{12} + \dfrac{4x+8y}{12} = \dfrac{13x+11y}{12}$

2) 与式 $= \dfrac{a+3b}{2} - 2\left(\dfrac{2a+2b+2}{6} - \dfrac{3a-9}{6}\right) = \dfrac{3a+9b}{6} - 2\left(\dfrac{-a+2b+11}{6}\right) = \dfrac{5a+5b-22}{6}$

【3】1) 与式 $= \dfrac{2a^3b^2}{ab^2} = 2a^2$　　2) 与式 $= \dfrac{(3x^2y)(x^2y^6)}{4x^2y^2} = \dfrac{3}{4}x^2y^5$

【4】1) 与式 $= x^3 + 2x^2 + 2x + 1$

2) 与式 $= (x^4 - 8x^2 - 3x) - (x^3 - 2x) = x^4 - x^3 - 8x^2 - x$

【5】1) $99^2 = (100-1)^2 = 10000 - 200 + 1 = 9801$

2) $51 \times 49 = (50+1)(50-1) = 2500 - 1 = 2499$

【6】1) $x^2 + \dfrac{1}{x^2} = \left(x + \dfrac{1}{x}\right)^2 - 2 = 3^2 - 2 = 7$

2) $x^3 + \dfrac{1}{x^3} = \left(x + \dfrac{1}{x}\right)^3 - 3\left(x + \dfrac{1}{x}\right) = 3^3 - 3 \times 3 = 27 - 9 = 18$

第 3 章

【1】1) 与式 $= (x+y)^2 - z^2 = (x+y+z)(x+y-z)$

2) 与式 $= x^2 - (y-z)^2 = (x+y-z)(x-y+z)$

【2】1) 与式 $= (55+25)(55-25) = 80 \times 30 = 2400$

2) 与式 $= (73+27) \times (73-27) = 100 \times 46 = 4600$

【3】1) 与式 $= (x^2+5x+4)(x^2+5x+6) - 3$
$= (x^2+5x)^2 + 10(x^2+5x) + 21$
$= (x^2+5x+3)(x^2+5x+7)$

2) 与式 $= (a^2+8a+7)(a^2+8a+15) + 15$
$= (a^2+8a)^2 + 22(a^2+8a) + 120$
$= (a^2+8a+10)(a^2+8a+12)$
$= (a^2+8a+10)(a+2)(a+6)$

【4】$2x^3 + 5x^2 + 4 = (2x+1)P + (-6x+2)$ より,
$P = \{(2x^3+5x^2+4) - (-6x+2)\} \div (2x+1)$
$= (2x^3+5x^2+6x+2) \div (2x+1)$
$= x^2 + 2x + 2$

【5】$P(-1) = 0$, $P(2) = 0$ となるので, $P(x)$ は $x+1$ と $x-2$ で割り切れる. 実際,
$P(x) = (x+1)(x-2)(x^2-x+3)$

【6】1) 与式 $= \dfrac{2xy - y(x+y)}{x+y} \div \dfrac{x(x+y) - 2xy}{x+y} = \dfrac{(x-y)y}{x+y} \div \dfrac{x(x-y)}{x+y}$
$= \dfrac{(x-y)y}{x+y} \times \dfrac{x+y}{x(x-y)} = \dfrac{y}{x}$

2) 与式 $= \dfrac{-(x-y)}{xy} \div \dfrac{-(x+y)(x-y)}{x^2y^2} = \dfrac{-(x-y)}{xy} \times \dfrac{x^2y^2}{-(x+y)(x-y)} = \dfrac{xy}{x+y}$

第 4 章

【1】お父さんの年齢を x 才, 太郎の年齢を y 才とする.

方程式 $\begin{cases} x = 25 + y \\ x + 5 = 2(y + 5) \end{cases}$

これを解いて，$x = 45$, $y = 20$

したがって，お父さんは 45 才，太郎は 20 才

【2】底辺を $x(\mathrm{m})$ とすると，高さは $x+7(\mathrm{m})$, 斜辺は $x+8(\mathrm{m})$ である．

したがって，ピタゴラスの定理（三平方の定理）より，方程式は
$$(x+8)^2 = x^2 + (x+7)^2$$
となる．これを解くと，$x = 5, -3$

$x > 0$ より，$x = -3$ は不適．したがって，$x = 5$

すなわち，底辺は 5 m，高さは 12 m．

よって，面積は $\dfrac{1}{2} \times 5 \times 12 = 30(\mathrm{m}^2)$

【3】第2式より $x = 2y + 3$

これを第1式に代入して整理すると $(3y+4)(y+3) = 0$

これを解いて，$y = -\dfrac{4}{3}, -3$

$y = -\dfrac{4}{3}$ のとき $x = \dfrac{1}{3}$. また $y = -3$ のとき $x = -3$.

しかし，条件 $x > 0$ より，$x = -3$ は不適．

したがって，$x = \dfrac{1}{3}, y = -\dfrac{4}{3}$

【4】縦の長さを $x(\mathrm{m})$, 横の長さを $y(\mathrm{m})$ とする．そのとき，

縦の木の本数 … $\dfrac{x}{10} + 1$ 本

横の木の本数 … $\dfrac{y}{10} + 1$ 本

したがって，方程式は

$\begin{cases} xy = 4000 \\ 2\left(\dfrac{x}{10} + 1\right) - 3 = \dfrac{y}{10} + 1 \end{cases}$

これを解いて，$x = 50, y = 80$

したがって，木の本数は $(50 + 80) \times 2 \div 10 = 26$ 本．

第 5 章

【1】1) $x + 4 = 2x - 6$ を解いて，$x = 10$. そのとき，$y = 14$.

したがって，交点の座標は，$(10, 14)$

2) 第2式を第1式に代入すると，$2x - (3x - 5) - 2 = 0$.

これを解いて，$x = 3$. また，そのとき，$y = 4$.

したがって，交点の座標は，$(3, 4)$

【2】1) $y = (x-2)^2$

したがって，頂点の座標は $(2, 0)$, 共有点の座標は $(2, 0)$ のみ

2) $y = 2x^2 - x = 2\left(x^2 - \dfrac{1}{2}x\right) = 2\left(x - \dfrac{1}{4}\right)^2 - \dfrac{1}{8}$ より，頂点の座標は $\left(\dfrac{1}{4}, -\dfrac{1}{8}\right)$.

一方，$2x^2 - x = 0$ を解いて，$x = 0, \dfrac{1}{2}$.

したがって，共有点の座標は $(0,0)$ と $\left(\dfrac{1}{2}, 0\right)$

【3】1) $x^2-x+3=2x+1$ を解いて，$x=1, 2$.
$x=1$ のとき $y=3$, $x=2$ のとき $y=5$.
したがって，共有点の座標は，$(1,3)$ と $(2,5)$

2) $x^2-2x=-x^2+2x$ を解いて，$x=0, 2$.
$x=0$ のとき $y=0$, $x=2$ のとき $y=0$.
したがって，共有点の座標は，$(0,0)$ と $(2,0)$

【4】1) $y=ax+b$ に $(0,3)$ を代入すると，$b=3$,
$(2,4)$ を代入すると，$4=2a+3$ より，$a=\dfrac{1}{2}$
よって，求める方程式は，$y=\dfrac{1}{2}x+3$

2) $y=ax+b$ に $(1,-3)$ を代入すると，$a+b=-3$,
$(-2,6)$ を代入すると，$-2a+b=6$
これを解いて，$a=-3$, $b=0$
よって，求める方程式は，$y=3x$

【5】1) $y=ax^2+bx+c$ に $(0,0)$ を代入すると，$c=0$,
$(2,0)$ を代入すると，$4a+2b=0$
$(-1,3)$ を代入すると，$a-b=3$
これを解いて，$a=1$, $b=-2$
よって，求める方程式は，$y=x^2-2x$

2) $y=ax^2+bx+c$ に $(1,2)$ を代入すると，$a+b+c=2$,
$(2,1)$ を代入すると，$4a+2b+c=1$
$(-1,-2)$ を代入すると，$a-b+c=-2$
これを解いて，$a=-1$, $b=2$, $c=1$
よって，求める方程式は，$y=-x^2+2x+1$

第 6 章

【1】$-x^2+2x-2 \geqq x-4$ を整理して，
$x^2-x-2 \leqq 0$
$(x+1)(x-2) \leqq 0$
よって，$-1 \leqq x \leqq 2$

【2】第 1 式より $(x-1)^2>0$, よって，$x \neq 1$ … ①
第 2 式より $x(x-3)<0$, よって，$0<x<3$ … ②
①，②より，$0<x<1$, $1<x<3$

【3】ⅰ）$x^2-4x \geqq 0$ のとき（すなわち $x \leqq -2, 2 \leqq x$ … ①のとき）
$x^2-4 \geqq 3x$ より $(x+1)(x-4) \geqq 0$.
これを解いて，$x \leqq -1, 4 \leqq x$ … ②
①，②より，$x \leqq -2, 4 \leqq x$

ⅱ）$x^2-4x<0$ のとき（すなわち $-2<x<2$ … ③のとき）
$-x^2+4 \geqq 3x$ より $(x+4)(x-1) \leqq 0$.

これを解いて，$-4 \leqq x \leqq 1$ … ④

③，④より，$-2 < x \leqq 1$

ⅰ），ⅱ）より，$x \leqq 1, 4 \leqq x$

【4】 1） $x^2+x-2=(x+2)(x-1)$ より

$x \leqq -2, 1 \leqq x$ のとき $y=(x^2+x-2)+1=x^2+x-1$

$-2 < x < 1$ のとき $y=-(x^2+x-2)+1=-x^2-x+3$

2） $x \geqq 0$ のとき $y=x^2-2x$

$x < 0$ のとき $y=x^2+2x$

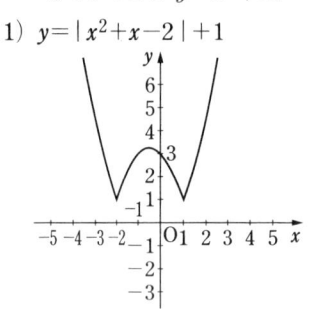

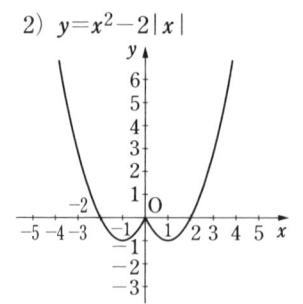

1） $y=|x^2+x-2|+1$ 2） $y=x^2-2|x|$

第7章

【1】 $n(U)=1000$，$n(A)=500$，$n(B)=\dfrac{1000}{3}=333$ である．

1） $A \cap B$ は 6 の倍数なので，$n(A \cap B)=\dfrac{1000}{6}=166$

2） $n(A \cup B)=n(A)+n(B)-n(A \cap B)=500+333-166=667$

3） $n(\overline{B})=n(U)-n(B)=1000-333=667$

4） $n(\overline{A} \cap \overline{B})=n(\overline{A \cup B})=n(U)-n(A \cup B)=1000-667=333$

【2】 経済学部全体を U，ヨーロッパ旅行経験者の集合を A，アメリカ旅行経験者の集合を B とする．

条件より，$n(U)=300$，$n(A)=80$，$n(B)=120$，$n(A \cap B)=25$．

$n(A \cup B)=n(A)+n(B)-n(A \cap B)=80+120-25=175$ なので，

$n(\overline{A} \cap \overline{B})=n(\overline{A \cup B})=n(U)-n(A \cup B)=300-175=125$

したがって，どちらも経験していない学生は 125 人

第8章

【1】 第2項を x，公差を d とすると，$(x-d)+x+(x+d)=18$ より，$x=6$．

また，$(x-d)x(x+d)=192$ より，$d=\pm 2$．

したがって，求める 3 数は 4, 6, 8

【2】 $a_n=40+(-3)(n-1)=-3n+43$．

$a_n>0$ となる n は，$-3n+43>0$ より $n<14\dfrac{1}{3}$，すなわち，$n \leqq 14$．

よって，S_n が最大となる n は $n=14$．

また，$S_n=\displaystyle\sum_{k=1}^{n}(-3k+43)=-\dfrac{3}{2}n(n+1)+43n=\dfrac{1}{2}n(-3n+83)$ より，$S_{14}=287$

【3】 第2項を x，公比を r とすると，$\dfrac{x}{r} \cdot x \cdot (xr)=216$ より，$x=6$．

また，$\dfrac{x}{r}+x+xr=21$ より，$r=\dfrac{1}{2}, 2$.

したがって，求める3数は 3, 6, 12

【4】 $a\left(1+\dfrac{r}{100}\right)^n - d\left\{\left(1+\dfrac{r}{100}\right)^{n-1}+\left(1+\dfrac{r}{100}\right)^{n-2}+\ldots+1\right\}$ 円

【5】 $\alpha=2\alpha-1$ を解いて，$\alpha=1$.

したがって，$a_n=(a_1-\alpha)2^{n-1}+\alpha=(2-1)2^{n-1}+1=2^{n-1}+1$

第9章

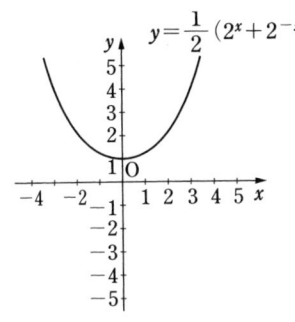

【1】

（$y=\dfrac{1}{2}(2^x+2^{-x})$ のグラフ）

【2】 $X=3^x$ とおくと，$X^2-8X-9=0$.

$(X-9)(X+1)=0$ より，$X=9, -1$

ここで，$X=3^x>0$ より，$X=9$. したがって，$x=2$

【3】 $X=2^x+2^{-x}$ とおくと，$4^x+4^{-x}=X^2-2$ となるので，$2X^2-5X+2=0$

$(2X-1)(X-2)=0$ より，$X=\dfrac{1}{2}, 2$.

ここで，$X=2^x+2^{-x}\geqq 2$ より，$X=2$.

すなわち，$2^x+2^{-x}=2$. これを解いて，$x=0$

【4】 $X=2^x$ とおくと，$2X^2-5X+2<0$.

$(2X-1)(X-2)<0$ を解いて，$\dfrac{1}{2}<X<2$.

すなわち，$\dfrac{1}{2}<2^x<2$. したがって，$-1<x<1$

【5】 $f(x)=2^{x+2}-4^x=-(2^x)^2+4\cdot 2^x$.

$X=2^x$ とおくと，$F(X)=-X^2+4X=-(X-2)^2+4$

ここで，$x\leqq 3$ より，$0<X\leqq 8$

$F(0)=0$, $F(2)=4$, $F(8)=-32$ なので，$-32\leqq F(X)\leqq 4$

$X=2$ のとき $x=1$. $X=8$ のとき $x=3$.

したがって，最大値 4 ($x=1$ のとき)，最小値 -32 ($x=3$ のとき)

【6】 $X=\log_{10}x$ とおくと，$X^2-2X-3=0$

$(X-3)(X+1)=0$ より，$X=3, -1$.

$X=3$ のとき $x=1000$. $X=-1$ のとき $x=\dfrac{1}{10}$.

したがって，$x=1000, \dfrac{1}{10}$

【7】 $X=\log_{10}x$ とおくと，$2X^2-5X+2\leqq 0$

$(2X-1)(X-2) \leqq 0$ より，$\dfrac{1}{2} \leqq X \leqq 2$，すなわち $\dfrac{1}{2} \leqq \log_{10} x \leqq 2$．

したがって，$\sqrt{10} \leqq x \leqq 100$

【8】 $f(x) = (\log_{10} x)^2 + 2\log_{10} x - 2$．

$X = \log_{10} x$ とおくと，$F(X) = X^2 + 2X - 2 = (X+1)^2 - 3$

よって，$X = -1$ のとき，最小値 -3

ここで，$X = -1$ のとき，$x = \dfrac{1}{10}$

したがって，最小値は -3（$x = \dfrac{1}{10}$ のとき）

第10章

【1】 $|x-2| < 1$ のとき，すなわち $1 < x < 3$ のとき $\dfrac{x}{3-x}$ に収束

【2】 $\displaystyle\lim_{x\to 1}(x^2 + ax - 2) = 0$ より，$1 + a - 2 = 0$．したがって，$a = 1$

そのとき，$\displaystyle\lim_{x\to 1} \dfrac{x^2 + ax - 2}{x^2 - (b+1)x + b} = \lim_{x\to 1} \dfrac{(x-1)(x+2)}{(x-1)(x-b)}$

$= \displaystyle\lim_{x\to 1} \dfrac{x+2}{x-b}$

$= \dfrac{1+2}{1-b}$

$= 1$

これを解いて，$b = -2$

以上から，$a = 1$，$b = -2$

【3】 1) $0 < a < 1$ のときは $\displaystyle\lim_{x\to\infty} a^x = 0$ より，与式 $= \dfrac{0 \cdot \dfrac{1}{a}}{0+1} = 0$，

$a = 1$ のときは 与式 $= \dfrac{1}{1+1} = \dfrac{1}{2}$，

$1 < a$ のときは 与式 $= \displaystyle\lim_{x\to\infty} \dfrac{\left(\dfrac{1}{a}\right)}{1 + \dfrac{1}{a^x}} = \dfrac{\left(\dfrac{1}{a}\right)}{1+0} = \dfrac{1}{a}$

2) 与式 $= 2^0 = 1$

【4】 $\displaystyle\lim_{x\to\infty} \dfrac{ax^3 + bx^2 + cx + d}{x^2 - 1} = \lim_{x\to\infty} \dfrac{ax + b + \dfrac{c}{x} + \dfrac{d}{x^2}}{1 - \dfrac{1}{x^2}} = 1$ より，$a = 0$，$b = 1$

一方，$\displaystyle\lim_{x\to 1} \dfrac{x^2 + cx + d}{x^2 - 1} = 2$ より，$\displaystyle\lim_{x\to 1}(x^2 + cx + d) = 1 + c + d = 0$ でなければならないから，$d = -c - 1$

そのとき，$\displaystyle\lim_{x\to 1} \dfrac{x^2 + cx - c - 1}{x^2 - 1} = \lim_{x\to 1} \dfrac{(x-1)(x+c+1)}{(x-1)(x+1)} = \dfrac{1+c+1}{1+1} = 2$．

これを解いて，$c = 2$．したがってまた，$d = -3$．

以上から，$a = 0$，$b = 1$，$c = 2$，$d = -3$

第11章

【1】 1) 与式 $= \displaystyle\lim_{h\to 0} \dfrac{2\{f(a+2h) - f(a)\}}{2h} = 2\lim_{2h\to 0} \dfrac{f(a+2h) - f(a)}{2h} = 2f'(a)$

2) 与式 $= \lim_{h \to 0} \dfrac{\{f(a+h)-f(a)\}-\{f(a-h)-f(a)\}}{h}$

$\qquad = \lim_{h \to 0} \left\{ \dfrac{f(a+h)-f(a)}{h} + \dfrac{f(a-h)-f(a)}{-h} \right\}$

$\qquad = f'(a)+f'(a)$

$\qquad = 2f'(a)$

3) 与式 $= \lim_{x \to a} \dfrac{(x-a)f(a)-a\{f(x)-f(a)\}}{x-a}$

$\qquad = \lim_{x \to a} \left\{ f(a)-a\dfrac{f(x)-f(a)}{x-a} \right\}$

$\qquad = f(a)-af'(a)$

【2】 $f(x)$ を $(x-\alpha)^2$ で割ったときの商を $Q(x)$,余りを $ax+b$ とすると,

$f(x)=(x-\alpha)^2 Q(x)+(ax+b)$ と表すことができる.

条件より,$f(\alpha)=a\alpha+b=0$ … ①

また,$f'(x)=2(x-\alpha)Q(x)+(x-\alpha)^2 Q'(x)+a$ であるから,$f'(\alpha)=a=0$

これを①に代入して $b=0$

$a=b=0$ なので,余りは 0.

すなわち,$f(x)$ は $(x-\alpha)^2$ で割り切れる.

【3】 $f(x)=ax^2+bx+c$ とすると,$f'(x)=2ax+b$

$f(1)=0$ より,$a+b+c=0$ … ①

$f'(0)=1$ より,$b=1$ … ②

$f'(1)=3$ より,$2a+b=3$ … ③

②を③に代入して,$a=1$

また,これらを①に代入して,$c=-2$

したがって,$f(x)=x^2+x-2$

第 12 章

【1】 $f(x)$ が増加関数であるためには,$f'(x)=3x^2+2ax+3a>0$

2 次関数がつねに正であるためには,その判別式が負となればよい.

判別式 $D=4a^2-4\cdot 3\cdot 3a=4a(a-9)<0$

したがって,$0<a<9$

【2】 1) $f'(x)=3x^2+2ax+b$

題意より,$f'(x)=0$ の解が $x=\pm 2$

したがって,$f'(-2)=12-4a+b=0$

$\qquad\qquad f'(2)=12+4a+b=0$

これを解いて,$a=0$, $b=-12$

また,$f(-2)=-8+24+c=5$ より,$c=-11$

すなわち,$a=0$, $b=-12$, $c=-11$

2) $f(x)=x^3-12x-11$ より,極小値は,$f(2)=8-24-11=-27$

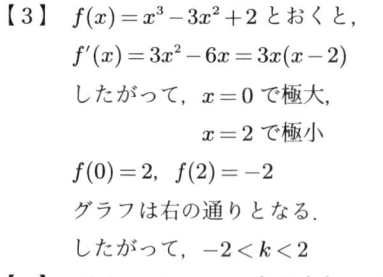

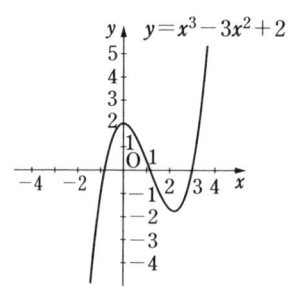

【3】 $f(x) = x^3 - 3x^2 + 2$ とおくと,
$f'(x) = 3x^2 - 6x = 3x(x-2)$
したがって, $x=0$ で極大,
$x=2$ で極小
$f(0) = 2$, $f(2) = -2$
グラフは右の通りとなる.
したがって, $-2 < k < 2$

【4】 $f(x) = e^{-x} + x - 1$ とおくと, $f'(x) = -e^{-x} + 1$
$f'(x) = 0$ を解いて, $x = 0$
$x > 0$ のとき $f'(x) > 0$ すなわち $f(x)$ は増加
また, $f(0) = 1 + 0 - 1 = 0$ なので,
$x > 0$ のとき $f(x) > 0$ となる.
すなわち, $x > 0$ のとき $e^{-x} > 1 - x$

第13章

【1】 $f'(x) = 2x + 4$ より, $f(x) = \int (2x+4)\,dx = x^2 + 4x + C$ … ①
また, $f'(x) = 2x + 4 = 0$ を解いて, $x = -2$
すなわち, $x = -2$ のとき極小値 2 をとる.
そこで, ①に $x = -2$ を代入すると, $f(-2) = 4 - 8 + C = 2$ より, $C = 6$
したがって, $f(x) = x^2 + 4x + 6$

【2】 $x^2 - 4x + 3 = (x-1)(x-3)$ なので,
$1 \leqq x \leqq 3$ のとき $x^2 - 4x + 3 \leqq 0$, その他のとき $x^2 - 4x + 3 \geqq 0$
したがって, 与式 $= \int_0^1 (x^2 - 4x + 3)\,dx + \int_1^3 (-x^2 + 4x - 3)\,dx$

$= \left[\dfrac{1}{3}x^3 - 2x^2 + 3x\right]_0^1 + \left[-\dfrac{1}{3}x^3 + 2x^2 - 3x\right]_1^3$

$= \left(\dfrac{1}{3} - 2 + 3\right) - (0 - 0 + 0) + (-9 + 18 - 9) - \left(-\dfrac{1}{3} + 2 - 3\right)$

$= \dfrac{8}{3}$

【3】 2つの曲線の交点の x 座標は
方程式 $x^2 - 2x - 5 = -x^2 + 2x + 1$ の解である.
これを解いて, $x = -1, 3$
また, $-1 \leqq x \leqq 3$ の範囲では,
$-x^2 + 2x + 1 \geqq x^2 - 2x - 5$ (右図参照)
したがって,
面積 $= \int_{-1}^{3} \{(-x^2 + 2x + 1) - (x^2 - 2x - 5)\}\,dx$

$= \int_{-1}^{3} (-2x^2 + 4x + 6)\,dx$

$= \left[-\dfrac{2}{3}x^3 + 2x^2 + 6x\right]_{-1}^{3}$

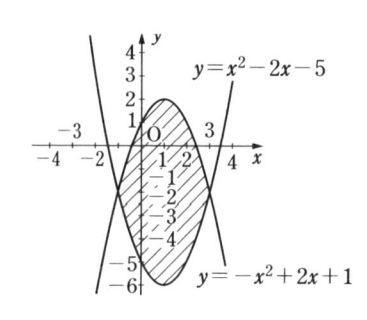

$$= (-18+18+18) - \left(\frac{2}{3}+2-6\right)$$
$$= \frac{64}{3}$$

【4】 1) $\int_1^x f(t)dt = x^2 - 4x + a$ … ①の両辺を x で微分すると，$f(x) = 2x - 4$

2) ①に $x=1$ を代入すると，$\int_1^1 f(t)dt = 0$ より，$1 - 4 + a = 0$

したがって，$a = 3$

<<< 参考文献 >>>

1) 岡本和夫 「新版数学Ⅱ」 （実教出版）
2) 岡本和夫 「新版数学B」 （実教出版）
3) 鑰山徹 「ソフトウェアのための基礎数学」 （工学図書）
4) 学研編 「ニューコース問題集 小5算数」 （学研）
5) 学研編 「ニューコース問題集 小6算数」 （学研）
6) 瀬山士郎 「ゼロから学ぶ数学の1，2，3」 （講談社）
7) 寺田文行監修 「サンライズ中1数学」 （旺文社）
8) 寺田文行監修 「サンライズ中2数学」 （旺文社）
9) 寺田文行監修 「サンライズ中3数学」 （旺文社）
10) 東京電機大学出版局編 「電気用基礎数学の計算演習」
11) 藤田宏編著 「理解しやすい数学Ⅰ」 （文英堂）
12) 藤田宏編著 「理解しやすい数学A」 （文英堂）
13) 藤田宏編著 「理解しやすい数学Ⅱ」 （文英堂）
14) 藤田宏編著 「理解しやすい数学B」 （文英堂）
15) 藤田宏編著 「理解しやすい数学Ⅲ」 （文英堂）
16) 藤田宏編著 「理解しやすい数学C」 （文英堂）
17) 宮口祐司 「算数・数学をやりなおす本」 （技術評論社）

索　引

【ア行】

以下 …………………………………… 81
移項 …………………………………… 49
以上 …………………………………… 81
1次関数 …………………………… 68, 82
1次式 …………………………… 23, 49, 101
1次不等式 …………………………… 84
1次方程式 …………………………… 49, 84
一般項 ………………………………… 100
因子 …………………………………… 34
因数 ……………………………… 34, 130
因数定理 ……………………………… 43
因数分解 ………………………… 34, 130
インタセクション …………………… 93
インテグラル ………………………… 155
上に凸 …………………………… 72, 150
右辺 ……………………………… 48, 81
x 座標 ……………………………… 64
x 軸 ………………………………… 64
円グラフ ……………………………… 168
演算子 ………………………………… 12
演算の優先順位 ……………………… 12
円周率 ………………………………… 72
帯グラフ ……………………………… 168
折れ線グラフ ………………………… 168

【カ行】

解 ………………………………… 49, 54, 85
外延的記法 …………………………… 91
階級 …………………………………… 169
階級値 ………………………………… 169
階級の幅 ……………………………… 169
階差数列 ……………………………… 107
解の公式 ……………………………… 59
加減法 ………………………………… 55
傾き …………………………… 69, 82, 134, 175
合併集合 ……………………………… 94
仮分数 ……………………………… 8, 21
関数 …………………………………… 63
奇数 ……………………………… 6, 21, 26
帰納的定義 …………………………… 108

既約 …………………………………… 44
逆関数 …………………………… 121, 139
逆数 ……………………………… 11, 27
既約分数 ……………………………… 9
既約分数式 …………………………… 44
級数 …………………………………… 103
級数の和 ……………………………… 127
共通因数 ……………………………… 34
共通部分 ………………………… 87, 93
共分散 ………………………………… 175
共有点 …………………………… 75, 76
極限 ……………………………… 124, 129, 134
極限値 …………………………… 124, 129
極小 …………………………………… 146
極小値 ………………………………… 146
極値 …………………………………… 146
距離 …………………………………… 17
空集合 ………………………………… 92
偶数 ……………………………… 6, 21, 26
グラフ ………………………………… 64
黒丸 …………………………………… 83
係数 …………………………………… 23
係数分離法 …………………………… 42
元 ……………………………………… 91
検算 ……………………………… 40, 51
原始関数 ……………………………… 155
原点 ……………………………… 4, 64
項 ………………………………… 23, 100
交換法則 ……………………………… 12
公差 …………………………………… 101
高次導関数 …………………………… 142
合成関数 ………………………… 138, 157
恒等式 ………………………………… 48
公倍数 …………………………… 7, 44
公比 …………………………………… 102
降ベキの順 …………………………… 28
公約数 …………………………… 7, 44
根号 …………………………………… 57

【サ行】

最小公倍数 …………………………… 7, 44, 54
最小値 ………………………………… 148

最大公約数	7, 44
最大値	148
最頻値	172
座標	64
左辺	48, 81
算術式	12
散布図	174
時間	17
式の値	22
軸	73, 83
軸の方程式	73, 74
シグマ	103
試行錯誤	38
指数	113
次数	23, 28
指数関数	120, 139
指数法則	25, 26
自然数	1
自然数（正の整数）	5
自然対数	138
四則演算	12
下に凸	72, 150
実数	4, 5, 113, 114
実数解	59
重解	59
集合	91
収束	127, 128
循環小数	3, 5
商	21
消去	55
小数の加減算	14
小数の乗算	14
小数の除算	14
消費税	16
乗法公式	30
常用対数	119
初項	100
白丸	83
真数	117
振動	124
真部分集合	92
真分数	2
数直線	4
数列	100
整式	28
整数	2, 5
整数以外の有理数	5
正の相関関係	174
積	21
積分	155
積分区間	161
積分定数	155
積分変数	155
絶対値	88
切片	69
0 の性質	12
漸化式	108
全体集合	92
線分図	53
素因数	6, 10
素因数分解	6, 34
相関係数	175
相関図	174
増減表	147
相対度数	170
相対度数分布表	170
増分	135
添え字	100
速度	17
素数	6, 34
損失	16

【タ行】

第 n 次導関数	142
対数	117
対数関数	120, 139
対数微分法	141
第 2 次導関数	141
代入	22, 42, 63, 100
代入法	55
帯分数	8, 21
互いに素	7, 93
多項式	23, 28
たすきがけ	39
単項式	23, 26
値域	82
置換積分	156, 161
中央値	172
頂点	73, 74, 147
直交座標	64

通分	7, 9, 45	標準偏差	173
底	113	比例	65, 72
定義域	82, 149	比例定数	65, 66, 72
定式化	51, 56, 60	フィボナッチ数列	108
定数項	23	複素数	4, 34, 59, 113
定積分	159	符号	2
手順	86	不定形の極限	129
デルタ	135	不定積分	155
Δx	135	不等号	81
Δy	135	不等式	81
展開	30, 34	不等式表現	81
導関数	135	負の整数	5
等差級数	104	負の相関関係	174
等差数列	101	部分集合	92
等式	48	部分積分	158, 162
等比級数	105	部分和	127
等比数列	102, 125	分散	173
同類項	28	分子	2
解く	49	分数式	44
度数	169	分配法則	13, 24, 96
度数分布表	169	分母	2
ド・モルガンの法則	96	平均値	171
		平均変化率	134
【ナ行】		平行移動	72
内包的記法	91	平方完成	59
2元1次方程式	54	平方公式	30
2次関数	74, 83, 85, 147	平方根	57, 113
2次式	85	ベキ	113
2次不等式	85	変化率	134
2次方程式	49, 58	変化量	134
		変曲点	151
【ハ行】		ベン図	92
場合分け	88	変数	63
パイ	4, 72	変量	169
π	4, 72	棒グラフ	168
倍数	5, 44	方程式	48, 113
発散	124, 128	放物線	72, 147
反比例	66	補集合	95
判別式	60, 75, 85		
ヒストグラム	170	**【マ行】**	
被積分関数	155	未知数	49, 60
微積分の基本定理	165	未満	81
微分	135	無限級数	126
微分係数	134	無限小数	3
百分率	15	無限大	124

無限等比級数 ································ 128
無理数 ································ 4, 5, 34, 57, 125
メジアン ································ 172
文字式 ································ 13, 20
モード ································ 172

【ヤ行】

約数 ································ 5, 44
約分 ································ 3, 7, 9, 10, 44, 130
有限小数 ································ 3, 5
有理化 ································ 57, 125, 130
有理数 ································ 2, 5, 114
ユニオン ································ 94
要素 ································ 91
要素数 ································ 97

【ラ行】

利益 ································ 16
離散変量 ································ 169
立方公式 ································ 30
立方根 ································ 113
両辺 ································ 48, 81
累乗 ································ 21, 25, 113
累乗根 ································ 113
ルート ································ 57
連続 ································ 129, 149
連続関数 ································ 129
連続変量 ································ 170
連立不等式 ································ 87
連立方程式 ································ 54

【ワ行】

y 座標 ································ 64
y 軸 ································ 64
和集合 ································ 94
割合 ································ 15
割り切れる ································ 5, 41

──著者略歴──

鍮山　徹（かぎやま　とおる）

昭和51年　東京工業大学理学部情報科学科　卒業
現　　在　千葉経済大学経済学部経済学科　教授

主要著書

Prologプログラミング入門　工学図書（1987）
C言語とアルゴリズム演習　工学図書（1990）
C言語とプログラミング　工学図書（1991）
C言語と関数定義　工学図書（1994）
新CASLプログラミング入門　工学図書（1995）
CASLで学ぶコンピュータの仕組み　共立出版（1996）
Cによるプログラム表現法　共立出版（1996）
続・C言語とアルゴリズム演習　工学図書（1999）
ソフトウェアのための基礎数学　工学図書（2002）
Javaとアルゴリズム演習　工学図書（2003）

これから学ぶ　文科系の基礎数学　　　　Printed in Japan

平成15年12月12日　初　版
令和 6 年 4 月25日　第12版

著　者　鍮　山　　徹
発行者　萬　上　圭　輔

発行所　工学図書株式会社
東京都文京区本駒込 2-25-32
電　話　03（3946）8591番
ＦＡＸ　03（3946）8593番
http://www.kougakutosho.co.jp

印刷所　恵友印刷株式会社

Ⓒ　鍮山　徹　　2003
ISBN 978-4-7692-0457-2 C3041
☆定価はカバーに表示してあります。